国家出版基金项目
NATIONAL PUBLICATION FOUNDATION

"十二五""十三五"国家重点图书出版规划项目

风力发电工程技术丛书

风力发电机组塔架与基础

张燎军 等 编著

中国水利水电出版社
www.waterpub.com.cn

·北京·

内 容 提 要

　　本书是《风力发电工程技术丛书》之一，系统全面地介绍了风力发电机组塔架和基础的相关知识，内容包括塔架设计原理和方法，荷载及荷载组合，塔架结构，陆上风力发电机组基础和设计要求、地基设计计算、扩展基础设计、桩基础设计、地基处理等，海上风力发电机组型式及特点、单桩基础设计、导管架基础设计、高桩承台设计、整机模态分析及振动频率校核、基础防冲刷等。

　　本书参考国内外风力发电机组塔架与基础方面的理论方法、技术成果和典型工程案例编著而成，可作为高等院校相关专业的教学参考用书，也可供从事相关专业的科研、设计、施工人员参考。

图书在版编目（ＣＩＰ）数据

风力发电机组塔架与基础 / 张燎军等编著. -- 北京：
中国水利水电出版社，2017.3（2024.4重印）
　　（风力发电工程技术丛书）
　　ISBN 978-7-5170-4658-5

Ⅰ. ①风… Ⅱ. ①张… Ⅲ. ①风力发电机－发电机组
－基本知识 Ⅳ. ①TM315

中国版本图书馆CIP数据核字（2017）第048036号

书　　名	风力发电工程技术丛书 **风力发电机组塔架与基础** FENGLI FADIAN JIZU TAJIA YU JICHU
作　　者	张燎军 等 编著
出版发行	中国水利水电出版社 （北京市海淀区玉渊潭南路1号D座　100038） 网址：www.waterpub.com.cn E - mail：sales@mwr.gov.cn 电话：（010）68545888（营销中心）
经　　售	北京科水图书销售有限公司 电话：（010）68545874、63202643 全国各地新华书店和相关出版物销售网点
排　　版	中国水利水电出版社微机排版中心
印　　刷	清淞永业（天津）印刷有限公司
规　　格	184mm×260mm　16开本　18.5印张　439千字
版　　次	2017年3月第1版　2024年4月第2次印刷
印　　数	3001—4000册
定　　价	**62.00元**

主要参编单位（排名不分先后）

河海大学

中国长江三峡集团公司

中国水利水电出版社

水资源高效利用与工程安全国家工程研究中心

水电水利规划设计总院

水利部水利水电规划设计总院

中国能源建设集团有限公司

上海勘测设计研究院有限公司

中国电建集团华东勘测设计研究院有限公司

中国电建集团西北勘测设计研究院有限公司

中国电建集团中南勘测设计研究院有限公司

中国电建集团北京勘测设计研究院有限公司

中国电建集团昆明勘测设计研究院有限公司

中国电建集团成都勘测设计研究院有限公司

长江勘测规划设计研究院

中水珠江规划勘测设计有限公司

内蒙古电力勘测设计院

新疆金风科技股份有限公司

华锐风电科技股份有限公司

中国水利水电第七工程局有限公司

中国能源建设集团广东省电力设计研究院有限公司

中国能源建设集团安徽省电力设计院有限公司

华北电力大学

同济大学

华南理工大学

中国三峡新能源有限公司

华东海上风电省级高新技术企业研究开发中心

浙江运达风电股份有限公司

本书编委会

主　　编　张燎军

副 主 编　陆忠民　俞华锋　齐志诚　申宽育　曹　青

参编人员　（按姓氏笔画排序）

弓建新　王　斌　伏亮明　邬　俊　刘　蔚

孙杏建　李桂庆　邹　辉　张汉云　张宇亭

陈　娟　林毅峰　钟廷英　黄春芳　黄春林

梁花荣　雷定演　颜　彪

前　言

　　风能作为一种绿色、清洁的可再生能源，越来越受到世界各国的重视。据世界风能协会发布的全球风电发展报告显示，1998—2011 年，全球风电装机容量都以 20% 以上的增长速度迅猛发展，截至 2015 年，全球风电装机容量达 432883MW。

　　2011 年 10 月 19 日《中国风电发展路线图 2050》正式发布，设定的发展目标是：到 2020 年、2030 年和 2050 年，中国风电装机容量将分别达到 2 亿 kW、4 亿 kW 和 10 亿 kW，成为中国的主要电源之一；到 2050 年，风电将满足国内 17% 的电力需求。中国的风力发电规模已占全球的约三成，2015 年中国风电并网装机容量超过 1 亿 kW，居全球首位。国家能源局发布的《风电发展"十三五"规划》明确指出，将持续增加风电在能源消费中的比重，实现风电从补充能源向替代能源的转变。到 2020 年年底，风电累计并网装机容量将达到 2.1 亿 kW 以上，风电年发电量将达到 4200 亿 kW·h，约占全国总发电量的 6%。

　　风力发电机组塔架与基础是风力发电机组的主要承载部件，并将发电机组支撑到需要的高度，其稳定安全性对整个系统来说至关重要。一旦发生事故将对整个系统造成毁灭性破坏并将造成巨大的经济损失。塔架结构有别于普通高耸建筑结构，其坐落在各种不同地质条件的地基上，所处的环境条件复杂，不仅有风轮运行、调节和静止等不同运行工况，还受到随机性强、非定常风甚至地震的作用；海上风力发电机组还要受到海浪、海流、海冰、台风等特殊动荷载作用，结构静力和动力响应复杂。在这些复杂的静动荷载、疲劳荷载作用下，结构的内力超过承受能力后，就会造成塔架筒壁的线性、非线性静动力屈曲，导致结构失稳。近年发生了多起风力发电机组事故，如在大风时塔架基础连根拔起、塔架倒塌、叶片损毁，在施工中塔架倒塌、运行时机舱烧毁等，造成很大的经济损失，这要求不仅要追求发展速度更要注重风力发电机组塔架与基础的质量和维护。

本书在参考国内外风力发电机组塔架与基础方面的理论方法、技术成果和典型工程案例的基础上编著而成，共分为三大部分：第一部分，风力发电机组塔架，主要介绍风力发电机组塔架设计，荷载及荷载组合，塔架结构等；第二部分，陆上风力发电机组基础，主要介绍陆上风力发电机组基础型式和设计要求，地基设计，扩展基础设计，桩基础设计，地基处理等；第三部分，海上风力发电机组基础，主要介绍海上风力发电机组单桩基础，导管架基础，高桩承台基础，整机模态分析及振动频率校核，基础防冲刷等。

本书由河海大学、上海勘测设计研究院有限公司、中国电建集团华东勘测设计研究院有限公司、中国电建集团西北勘测设计研究院有限公司、中国电建集团北京勘测设计研究院有限公司、蒙古电力勘测设计院等单位的人员编写而成。

由于编著水平有限，书中不足之处恳请广大读者批评指正！

编者

2017 年 1 月

目　　录

第1章 绪 论

1.1 风能与风力发电

1.1.1 风能资源及分布

随着煤、石油和天然气等化石燃料资源的日益减少，空气污染、水源枯竭、地球温室效应等环境问题日趋严重，风力发电作为可再生的、无污染的、技术成熟的清洁能源，受到人们越来越多的重视。全球可利用的风能资源非常丰富，风能总量比地球上可开发利用的水能总量大 10 倍以上。

风能资源潜力的大小是风能利用的关键，收集能量的成本是由风力发电机组设备的成本、安装费用和维护费等与实际的产能量所确定的。因此，选择一种风力发电机组，不但要着重考虑节省基本投资，而且要根据当地风能资源选择适当的风力发电机组。使风力发电机组与风能资源二者相匹配，才能获得最大的经济效益。评价风能资源的指标主要有风速、年利用小时数和平均风能密度等。

1981 年，世界气象组织（WMO）主持绘制了一份世界范围的风能资源图，该图给出了不同区域的平均风速和平均风能密度。但由于风速会随季节、高度、地形等因素的不同而变化，因此各地区风的资源量只是一个近似评估。风能利用是否经济取决于风力发电机组轮毂中心高处最小年平均风速，这一界线值目前大约取为 5m/s，根据实际的利用情况，这一界线值可能高一些或低一些，例如，由于风力发电机组制造成本降低以及常规能源价格的提高，或者考虑生态环境，这一界线值有可能会下降。

在全球范围内，高风速从海面向陆地吹，由于地面的粗糙度，使风速逐步降低。在沿海地区，风能资源很丰富，向陆地不断延伸。相等的年平均风速随高度变化，其趋势总是向上移动。根据风能资源估计，地球陆地表面 $1.07 \times 10^8 \text{km}^2$ 中 27% 的面积平均风速高于 5m/s（距地面 10m 处），这部分面积总共约为 $3 \times 10^7 \text{km}^2$。表 1-1 给出了地面平均风速高于 5m/s 在世界各地区所占的比例和面积。

表 1-1 世界范围的风能资源

地 区	陆地面积 /($\times 10^3 \text{km}^2$)	风力为 3～7 级所占的比例和面积	
		比例/%	面积/($\times 10^3 \text{km}^2$)
北美	19339	41	7876
拉丁美洲和加勒比海湾	18482	18	3310
西欧	4742	42	1968
东欧和独联体	23047	29	6783

续表

地 区	陆地面积/(×10³km²)	风力为3~7级所占的比例和面积	
		比例/%	面积/(×10³km²)
中东和北非	8142	32	2566
撒哈拉以南非洲	7255	30	2209
太平洋地区	21354	20	4188
中亚和南亚	4299	6	243
总计	106660	27	29143

注：1. 根据地面风力情况将全球分为8个区域，其中中国陆地面积9597×10³km²，风力为3~7级所占比例为11%，面积为1056×10³km²。

2. 3级风力代表离地面10m处的年平均风速在5~5.5m/s；4级代表风速在5.5~6.0m/s；5~7级代表风速在6.0~8.8m/s。

中国地域辽阔，风能资源丰富，据测算，在距地面10m高处我国风能理论资源储量为32.26亿kW。实际可供开发的量按风能资源储量的1/10估计，则可开发量为3.226亿kW。考虑到风力发电机组风轮的实际扫掠面积为圆形，对于1m直径风轮的面积为 $0.25 \times \pi = 0.785$（m²），再乘以面积系数0.785，即为经济可开发量。由此，得到全国风能经济可开发量为2.53亿kW。可利用小时数和有效风功率密度代表了风能资源丰歉的指标值。如果年利用小时数按2000~2500h计，风电的发电量可达5060亿~6325亿kW·h。

一般认为，可将风电场分为三类：年平均风速达6m/s时为较好；年平均风速达7m/s为好；年平均风速达8m/s以上为很好。我国现有风电场场址的年平均风速均达到6m/s以上。在全国范围内相当于6m/s以上的地区，仅限于较少数几个地带。特别是东南沿海及其附近岛屿，不仅风能密度大，年平均风速也高，发展风能利用的潜力很大。就内陆而言，大约占全国总面积的1/100。这些地区是我国最大的风能资源区，包括山东半岛、辽东半岛、黄海之滨、南澳岛以西的南海沿海、海南岛和南海诸岛、内蒙古从阴山山脉以北到大兴安岭以北、新疆达坂城和阿拉山口、河西走廊、松花江下游、张家口北部等地区以及分布各地的高山山口和山顶。

中国沿海水深在2~10m的海域面积很大，而且风能资源好，靠近我国东部主要用电负荷区域，适宜建设海上风电场。

由于我国风能丰富的地区主要分布在东南沿海和岛屿，以及西北、华北和东北的草原或戈壁，这些地区一般都缺少煤炭等常规能源。在时间上，冬春季风大、降雨量少，夏季风小、降雨量大，与水电的枯水期和丰水期有较好的互补性。表1-2列出了我国风能资源比较丰富的省（自治区），可以看出，我国有比较大的发展利用风能的潜能。

1.1.2 风力发电原理及风力发电机组系统构成

把风能转变为电能是风能利用中最基本的一种方式。风力发电机组一般由风轮、发电机（包括传动装置）、调向器、塔架、限速安全机构、储能装置和基础等构件组成。风力发电的原理比较简单，风轮在风力的作用下旋转，把风的动能转变为风轮轴的机械能，发电机在风轮轴的带动下旋转发电。风力发电机组有很多种分类方式，目前普遍流行的是水平轴风力发电机组，如图1-1所示。

表1-2 我国风能资源比较丰富的省（自治区）

省（自治区）	风能资源/万 kW	省（自治区）	风能资源/万 kW
内蒙古	6178	山东	394
新疆	3433	江西	293
黑龙江	1723	江苏	238
甘肃	1143	广东	195
吉林	638	浙江	164
河北	612	福建	137
辽宁	606	海南	64

（a）实物图

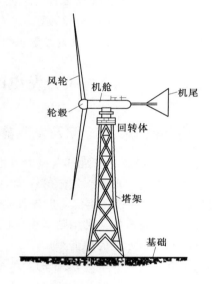

（b）示意图

图1-1 水平轴风力发电机组的基本组成

　　水平轴风力发电机组主要由风轮、轮毂、机舱、塔架和基础几部分组成。风轮是集风装置，它的作用是把流动空气具有的动能转变为风轮旋转的机械能。一般风力发电机组的风轮由2个或3个叶片构成。叶片在风的作用下，产生升力和阻力，设计优良的叶片可获得大的升力和小的阻力。风轮叶片的材料因风力发电机组的型号和功率大小不同而定，如玻璃钢、碳素纤维等。

　　在风力发电机组的机舱里主要有发电机、齿轮箱、偏航装置、风向标、控制柜等。发电机是风力机产生电能的设备，由于发电机转速高，风轮转速低，风轮需通过齿轮箱增加转速后才能使发电机得以正常工作；风向标测量风向发出信号给控制柜；控制柜控制风轮的对风、转速等；偏航装置按控制柜的信号推动风力机对风。

　　塔架和基础是风力发电机组的支撑机构，它们将风轮支撑到能良好地捕获风能的高度，并将所有荷载传递到地基上，是风力发电机组的重要组成部分。

风力发电机组的输出功率与风速的大小有关。风力发电机组的性能特性是由风力发电机组的输出功率曲线来反映的。风力发电机组的输出功率曲线是风力发电机组的输出功率与场地风速之间的关系曲线，用计算公式表示为

$$P=\frac{1}{8}\pi\rho D^2 v^2 C_P \eta_t \eta_g \tag{1-1}$$

式中　　P——风力发电机组的输出功率，kW；

　　　　ρ——空气密度，kg/m³；

　　　　D——风力发电机组风轮直径，m；

　　　　v——场地风速，m/s；

　　　　C_P——风轮的功率系数，一般在 0.2~0.5，最大为 0.593；

　　　　η_t——风力发电机组传动装置的机械效率；

　　　　η_g——风力发电机组的机械效率。

因而风能利用系数是评价风力发电机组性能的非常重要的指标。

1.2　风力发电的现状及应用前景

1.2.1　国内外风力发电现状及发展前景

19 世纪末，丹麦最早开始研究风力发电技术。随着煤、石油和天然气等化石燃料资源的日益减少，空气、水源、气温等环境问题日益严重，风力发电作为可替代的新能源引起人们的关注。20 世纪 70 年代，世界发生石油危机后，科学家开始重视利用风力发电，但那时的注意力重心是如何利用陆地上的风能。随着科技的发展，现在已经逐步发展至从陆地到海上风能的全方位的风能利用。

世界风能协会（WWEA）发布的全球风电发展报告显示，1998—2011 年，全球风电装机容量都以 20% 以上的增长速度迅猛发展，截至 2015 年，全球风电装机容量达432883MW，如图 1-2 所示。由图 1-3 可以看出，其中中国和美国占了一半的容量，除中、美之外尚有八个国家可被看作是全球主要风能市场，分别为德国、巴西、印度、加拿大、波兰、法国、英国、土耳其。

全球风能协会（GWEC）发布的统计报告显示，全球风力发电能力在 2015 年年底达到 43242 万 kW，较 2014 年年底增长 17%，首次超过核能发电。

中国的可再生能源事业发展迅猛，风力发电规模已占全球的约三成。在中国的引领下，亚洲的新增风电装机容量连续多年超过欧洲和北美洲。到 2014 年年底，亚洲的累计风电装机容量也首次超过了欧洲，位居世界第一位。2015 年中国风电并网装机容量超过 1亿 kW，居全球首位。预计未来五年间，以中国为首的亚洲仍然是增长的主动力，亚洲装机增量有望达到 140GW，其中中国有望保持每年 25GW 以上的装机容量。这说明全球风电产业的重心已经从欧洲移到了亚洲。除中国以外，东欧和南欧国家的风电装机容量也呈现显著增长趋势。

由于陆地资源的逐渐稀少，而海上风能资源具有储量丰富、风速稳定、对环境的负面

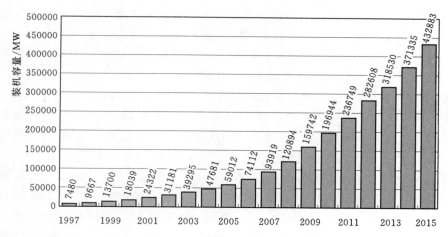

（a）1997—2015 年全球风电累计装机容量

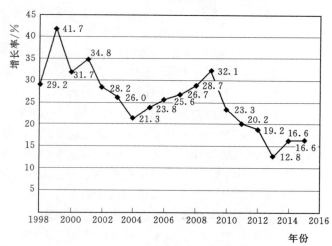

（b）全球风电累计装机容量的增长率

图 1-2 全球风电总装机容量及增长率

影响较少等优点，同时，海上风电的风电机组距离海岸较远，视觉干扰很小；允许机组制造更为大型化，从而可以增加单位面积的总装机量，可以大规模开发，一直受到风电开发商的关注，因此，海上风电的发展呈现出一派繁荣景象。但是，海上风电也存在施工困难、对风机质量和可靠性要求高等问题。

世界上第一个海上风电场于

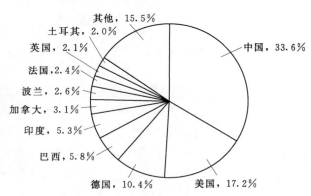

图 1-3 2015 年全球风电装机累计容量分布

5

1991年建于丹麦，由于海上风电的建设难度较大、维护成本高，世界海上风电的建设一直停滞不前。2008年以后，欧洲的海上风电建设开始逐步进入蓬勃发展阶段，2008年和2009年，世界海上风电新增容量连续两年超过50万kW。2014年，全球新增海上风电装机容量1720MW，比2013年同比增长5.46%。

据统计，2015年海上风电累计装机容量为12055MW，新增装机容量3856.1MW，相当于之前三年的新增装机容量总和。到2015年年底，欧洲累计安装3230台海上风电机组，装机容量达到11027.3MW。包括在建的风电场在内，欧洲目前共有84个海上风电场，分布于11个国家。其中，英国的装机容量居首，为5060.5MW，占比45.9%；德国仅次于英国，达到3294.6MW，占比29.9%；丹麦居第三位，为1271.3MW，占比11.5%；紧随其后的是比利时（712.2MW，6.5%）、荷兰（426.5MW，3.9%）、瑞典（201.7MW，1.8%）、芬兰（26MW，0.2%）、爱尔兰（25.2MW，0.2%）、西班牙（5MW，0.05%）、挪威（2MW，0.02%）、葡萄牙（2MW，0.02%）。2016年预计海上风电装机容量将有所下滑，但全球海上市场在2015—2024年的长期发展中仍将保持19%增长率的强劲态势，发展动力主要源于欧洲核心市场及中国。截至2024年年末，预计累计海上风电装机容量将达92GW，占全球风电总装机容量的10%。

从水域分布而言，欧洲海上风电总装机容量中的69.4%集中在北海，达到7656.4MW；爱尔兰海的装机容量为1943.2MW，占比17.6%；波罗的海的装机容量为1420.5MW，占比12.9%；另有7MW的机组吊装在大西洋。

2010—2015年，海上风电机组单机容量增加41.1%。2015年，新吊装机组的平均单机容量为4.2MW，比2010年的3MW有了显著提高，这反映出一定周期内为提升海上风电产出而在机组技术方面做出的持续性改进。2015年，4～6MW的风力发电机组得以投用，而到2018年年底，7～10MW的风力发电机组将会被逐渐引入到海上风电场中。

从世界风能报告中可以看出，全球金融危机的大背景下，近10年风力发电仍保持了快速发展的势头，再次证明，风电产业不但已经成为世界能源市场的重要力量，而且在拉动经济增长和创造就业方面，也发挥着越来越重要的作用。但是，在经过高速发展后一些国家的发展速度开始有所放缓，且随着技术的发展，新的问题也随之出现，如并网运行和最大效益地利用风能等问题。

1.2.2 全球风电产业技术发展及趋势

纵观世界风电产业技术现实和前沿技术的发展，目前全球风电制造技术发展主要呈现如下特点：

（1）水平轴风力发电机组技术成为主流。水平轴风力发电机组技术因其具有风能转换效率高、转轴较短，在大型风力发电机组上更显出经济性等优点，使水平轴风力发电机组成为世界风电发展的主流机型，并占到95%以上的市场份额。同期发展的垂直轴风力发电机组因转轴过长，风能转换效率不高，启动、停机和变桨困难等问题，目前市场份额很小、应用数量有限，但由于其全风向对风、变速装置及发电机可以置于风轮下方或地面等优点，近年来，国际上相关研究和开发也在不断进行，并取得一定进展。

（2）单机容量持续增大。近年来，世界风电市场中风力发电机组的单机容量不断增大。世界上主流机型已经从 2000 年的 500～1000kW 增加到 2015 年的 4～6MW，丹麦预计在 2018 年投产 180m（世界上最高）高度的、每个叶片长度达 88.4m 的 8MW 风力发电机组，足以满足 10000 个家庭的用电需求。近年来，海上风电场的开发进一步加快了大容量风力发电机组的发展，2007 年年底世界上已运行的最大风力发电机组单机容量已达到 6MW，风轮直径达到 127m。2012 年已经开始 8～10MW 风力发电机组的设计和制造。容量增大必然要求叶片更长、重量更轻、塔架更高、结构更柔，为结构的设计和材料提出更大的挑战。

（3）变桨变速功率调节技术得到广泛采用。由于变桨距功率调节方式具有荷载控制平稳、安全和高效等优点，近年在大型风力发电机组上得到了广泛采用。2006 年，全球 92％的风力发电机组中采用了变桨变速方式，而且比例还在逐渐上升。我国 2007 年安装的兆瓦级风力发电机组中，也都是变桨距机组。2MW 以上的风力发电机组大多采用三个独立的电控调桨机构，通过三组变速电机和减速箱对桨叶分别进行闭环控制。

（4）近海风电技术成为重要发展方向。由于海上风能资源比陆地上好，风速比沿岸陆地上约高 25％，湍流强度小，且有稳定的主导风向，能够减小机组疲劳荷载，延长寿命。对于陆上风力发电机组占用土地、影响自然景观、噪声、对周围居民生活带来不便以及运输的困难等问题都可以比较好地解决，因而，海上风电场近几年来得到很高的重视，也成为风电发展的主方向。

（5）标准与规范逐步完善。德国、丹麦、荷兰、美国、希腊等国家加快完善了风电技术标准，建立了认证体系和相关的检测和认证机构，同时也采取了相应的贸易保护性措施，如欧盟对风力发电的电磁兼容问题实施了强制标准，德国即将实施的风电新标准要求接入电网的风电设备在电网出现短路故障时能提供较大的短路电流，这一规定使德国 Enercon 公司在竞争中保持了主动地位。自 1988 年国际电工委员会成立了 IEC/TC88 "风力发电技术委员会"以来，到目前已发布了 10 多项国际标准，这些标准绝大部分是由欧洲国家制定的，是以欧洲的技术和运行环境为依据编制的，也为保证产品质量、规范风电市场、提高风力发电机组的性能和推动风电发展奠定了重要基础。

1.2.3 国内风电现状、发展前景及存在的问题

中国现代风电技术的开发利用起源于 20 世纪 70 年代初，经过单机分散研究、示范应用、重点攻关、实用推广、系列化和标准化几个阶段的发展，无论科学研究、设计制造、还是试验示范、应用推广等方面均取得了长足的进步，并取得了很好的经济效益和社会效益。尤其近几年，在国家的政策支持下，我国的风力发电技术保持着快速发展的强劲势头。

我国风能资源主要分布在西北、华北、东北等"三北地区"，2008 年以来，在国家能源局的组织下，以各省（自治区、直辖市）和地区风能资源普查及风电建设前期工作为基础，选择甘肃、新疆、河北、内蒙古东部地区、内蒙古西部地区、吉林、江苏沿海这七个风能资源最丰富的省（自治区）和地区，为其设立 2020 年的发展目标，共建成七个千万千瓦级风电基地，分别为甘肃酒泉风电基地、新疆哈密风电基地、河北风电基地、内蒙古东部风电基地、内蒙古西部风电基地、吉林风电基地、江苏沿海地区风电基地。

根据《中国风电发展路线图 2050》，我国并网风电发展分为四个阶段：早期示范阶段
（1986—1993 年）、产业化探索阶段（1994—2003 年）、产业化发展阶段（2004—2007 年）
和大规模发展阶段（2008 年至今）。2006 年后，我国风电装机容量呈现爆发式增长。
2014 年，中国（不包括台湾地区）新增装机容量 23196MW，同比增长 44.2％；累计装
机容量 114609MW，同比增长 25.4％。新增装机容量和累计装机容量两项数据均居世界
第一。2015 年，中国新增装机容量 30500MW，同比增长 31.5％；累计装机容量 1.45 亿
kW，同比增长 26.6％。2015 年上半年，全国风电上网电量 977 亿 kW·h，同比增长
20.7％。综合上述数据来看，国内的现阶段的风电发展已取得巨大的成就。

　　中国海上风电相对陆上风电发展缓慢。《中国风电发展路线图 2050》对我国水深 5～
50m 区域的海上风能资源进行了详细分析，根据对我国陆地和近海 100m 高度风能资源技
术开发量的分析计算结果，我国近海水深 5～50m 范围内，风能资源潜在开发量达到
500GW。中国海上风电从 2007 年起，在渤海湾安装试验样机，直到 2010 年东海大桥
102MW 海上风电场建成，标志着中国首个真正意义上的海上风电场建成。截至 2014 年
年底，我国海上风电累计装机容量为 658MW。据 GWEC 数据统计，2015 年中国风电新
增装机容量和累计装机容量均位居全球之首，海上风电新增装机容量和累计装机容量分别
位居全球第三和第四位。而截至 2015 年年底，中国海上风电装机容量仅占全国风电装机
容量的 0.7％。到 2020 年，预计我国风电总装机容量达到 2 亿 kW，其中海上风电装机容
量达 3000 万 kW，年发电量达 3900 亿 kW·h，风电发电量在全部发电量中的比重超
过 5％。

　　我国风电发展主要存在几个问题，即发电能力受风速限制较大、设备大型化及控制技
术难度大和风电入网难。受材料限制，我国多数风力发电装置在风速 3m/s 以下不能发
电；风电叶片的基材多为玻纤增强环氧树脂，台风来袭时若不拆下叶片就会造成损坏。国
内风电的装机容量很大，但折算发电能力满负荷才 2300h，利用率不足 1/3。近海风电建
设成本很高，要求至少是 5MW 的设备，最好是 10MW，但我国技术还达不到国外的水
平。自控技术、轴和叶片技术等大型化设备的技术差距制约了风电，特别是海上风电的发
展。我国风电入网难，目前规定风电入网比例不能超过 10％，其中一个重要因素就是受
电网技术制约。

　　近年来，发生了多起风力发电机组事故，如在施工中塔架倒塌、运行时风力发电机机
舱烧毁、大风时塔架基础连根拔起、塔架倒塌、叶片损毁等，造成了很大的经济损失，这
无疑为风电的发展敲响了警钟。我们不仅要求发展速度，更要注重风电的质量和维护，这
样，风电才能保持较好的发展势头。

1.3　风力发电机组塔架及基础的重要性

　　风力发电机组塔架和基础是风力发电机组的主要承载部件，将风力发电机组支撑到需
要的高度，其稳定安全性对整个系统来说格外重要，一旦发生事故，将对风力发电机组系
统造成毁灭性的破坏和巨大的经济损失。风力发电机组塔架结构系统有别于一般的高耸建
筑结构，其坐落在各种各样的地质条件的地基上，所处的环境条件非常复杂，不仅受到随

机性很强的、非定常风的作用，还有可能面对地震作用，海上风力发电机组塔架还要受到海浪、海流、海冰、台风等特殊动荷载作用，且有风轮运行、调节和静止等不同运行工况，使得结构静力和动力变形很复杂，在这些复杂的动荷载、疲劳荷载以及不同的工况作用下，结构的内力超过风力发电机组系统结构的承受能力后，就会造成风力发电机组结构的破坏或者塔架筒壁产生线性、非线性静动力屈曲，使结构失去稳定。严重时，地基失效或风力发电机组塔架连同人工基础一起拔起，造成结构整体倒塌、倾覆等毁灭性的破坏，其常见的一些破坏型式如图 1-4 所示。

（a）1/3 高度处钢筒折断

（b）塔筒开口处钢筒折断

（c）塔筒基础连根拔出

（d）塔筒基座与基础分离

图 1-4　风力发电机组塔筒和基础破坏型式

　　国内外都有风力发电机组塔架系统在台风、其他工作状态下或机组安装过程中塔架倒塌失事例子。例如，2003 年日本的 Miyako 岛风电场在台风"鸣蝉"（Maemi）中，7 台风力发电机组遭受损坏，其中 3 台倒塌。2006 年我国的苍南风电场遭受台风"桑美"的袭击，在风速为 80 m/s 的飓风作用下，造成 5 台风力发电机塔架倒塌（其中 3 台塔筒被折断、2 台连基础被拔出）的严重损失，图 1-4 为风力发电机组在遭受台风破坏后的图片。在红海湾风电场风力发电机组破坏原因分析中发现，当实测最大瞬时风速仅为 57m/s，远低于设计风速极限值 70m/s 时，叶片就遭受破坏，一个重要原因是将计算最大荷载按静力考虑，忽略台风-基础-塔架-叶片结构的耦合作用的动力效应。2008 年，一风电场中的风力发电机组突然倒塌，基础被连根拔起，塔筒底部基础环钢筋拔出，造成严重的经济损失。事故发生后，相关部门进行分析和研究发现，基础被连根拔起，基础环和基础混凝土之间没有可靠的连接，穿越台柱和底板之间的配筋太少，锚固连接不牢靠。同时，施工方面存在不安全因素，混凝土强度等级低于设计强度等级，混凝土搅拌不均匀，存在分层现象。

有一些塔架系统破坏并不是在极端天气和极端荷载条件下发生，而是在人们认为相对安全的条件下发生。例如，2008 年 4 月，一台风力发电机组塔架突然倒塌，塔筒底部基础环钢筋完整拔出，倒塌时风速仅 12m/s；2010 年 1 月，宁夏一风力发电机组在正常运行时，由于塔筒管节法兰连接破坏引起风力发电机组倒塌；2010 年 2 月，一风力发电机组正常运行时，其塔架在无任何报警信息下发生了倒塌事件，事后进行检测分析，塔筒中段与下段连接部位的法兰由于螺栓力矩承载力不足，造成塔筒倒塌；2014 年，一风力发电机倒塌，事故发生时风速约为 10m/s，现场维修人员在事发时看到，事故机组在机舱冒烟后完全停下来了，其后又迅速启机，并飞速旋转，随后塔架迅速倒塌；2015 年 12 月 24 日，Stena Renewable 公司位于瑞典 Lemnhult 风电场的一台 Vestas V112 - 3MW 机组倒塌，分析原因可知，欧洲地区冬季属大风季节，冬季平均风速高出年平均风速 1～1.5m/s，机组运行荷载较大，并且陆上风电场冬季湍流强度较低，风切变较大，导致风轮受力不平衡加剧，同时，结构件在低温环境下脆性增强，也更加加速了结构件的损伤和破坏。

从上述风力发电机组事故中可以看出，塔架系统结构的破坏形式主要有塔筒屈曲、折断、倾倒、基座与基础分离和螺栓破坏等，这些破坏往往对风力发电机组整体是致命的。风力发电机组损坏主要原因所占比例见表 1 - 3。

表 1 - 3 风力发电机组损坏主要原因所占比例

损坏原因	塔架	叶片	变速箱	发电机	变压器	机舱	控制装置	其他
占比	18%	17%	16%	13%	10%	8%	5%	13%

在风电实践中发现，风力发电机组塔架的安全性并不乐观，据表 1 - 3 给出的造成风力发电机组损坏原因调查显示，由于塔架结构原因造成机组损坏的比例达到了 18%，居各种原因之首。塔架安全的重要性随着风力发电机组的容量增加和高度增加而愈来愈明显。

另外，在风力发电机组中塔架和基础成本占风力发电机组制造成本的 15% 左右，对于海上风力发电机组其费用更大，甚至能到总成本的 30% 左右。由此可见塔架在风力发电机组设计与制造中的重要性。

综上所述，我们在设计和施工中，应给予塔架和基础相应的重视程度，才能更好地保证风力发电机组的安全并发挥更大的效益。

第 2 章　塔架设计原理和方法

2.1　设　计　原　理

风力发电机组塔架是支撑高位布置风力发电机的架子，它不仅要有一定的高度，使风力发电机处于较为理想的位置上运转，而且还应有足够的强度与刚度，以保证在台风或暴风袭击时，不会使整机倾覆。塔架结构属于特殊作用的高耸结构，与一般建筑结构设计一样，要通过初步设计、技术设计与施工图设计三个阶段。但是风力发电机组塔架结构又不同于一般的建筑物，它具有高柔、外露、无围护的特点，顶部又有大质量、大刚度的旋转风轮和机舱结构，受力随风轮运转和运行方式不同而不同，因而在设计中要解决许多特殊的问题。

风力发电机组塔架结构设计必须考虑下列特点：

（1）风力发电机组塔架结构是外露结构，风荷载是其主要荷载，在设计中需要根据风轮及机舱的空气动力设计及假定的尺寸，选出最不利工况计算作用在塔架上的荷载，解出构件内力，然后验算其强度、刚度和稳定性；如不符合要求，则对结构布置和尺寸进行调整，重新进行计算，一般总要反复计算数次，才能使荷载和结构协调。

（2）由于高耸结构无围护的特点，设计时就要考虑其围护保养问题，特别是钢结构的防锈蚀，在设计一开始就要与结构方案紧密联系。

（3）高耸塔架结构的施工条件不同于一般结构。对钢结构，必须考虑分段制作、构件运输、高空吊装和拼接技术等施工方案；对钢筋混凝土结构，必须考虑现场浇制的施工方案，包括模板提升、混凝土垂直运输等。

（4）高耸风力发电机组塔架结构主要承受风荷载、重力荷载、风轮和机舱传给塔架的交变荷载，以及波浪和地震作用，这些荷载和作用具有动力性质，设计时要考虑振动问题，在构造和计算上要采取相应措施。

（5）高耸风力发电机组塔架结构的基础有别于一般工程结构，不仅有受压问题，更重要的还有抗拔问题，有时必须考虑高耸结构与基础的共同作用。

（6）风力发电机组塔架结构所处环境和受力复杂，尤其是海上风力发电机组塔架结构，除受到与陆上风力发电机组同样的荷载和作用外，还要受到海洋环境的影响，使塔架和基础的设计、施工、围护变得更为复杂。

（7）风力发电机组塔架结构在运输、安装和使用过程中必须有足够的强度、刚度和稳定性，整个结构必须安全可靠，并尽可能节约材料，减轻结构重量。

2.2　结 构 设 计 计 算 方 法

结构设计时，必须满足一般的设计准则，即在充分满足功能要求的基础上，做到安全可靠、技术先进、确保质量和经济合理。结构计算的目的是保证结构构件在使用荷载作用下能安全可靠地工作，既要满足使用要求，又要符合经济要求。结构计算的一般过程是根据拟定的结构方案和构造，按所承受的荷载进行内力计算，确定出各部件的内力，再根据所用材料的特性，对整个结构和构件及其连接进行核算，以符合经济、安全、适用等方面的要求。但从一些现场记录、调查数据和试验资料来看，计算中所采用的标准荷载和结构实际承受的荷载之间、材料力学性能的取值和材料实际数值之间、计算截面和材料实际尺寸之间、计算所得的应力值和实际应力数值之间，以及估计的施工质量与实际质量之间，都存在着一定的差异，所以计算的结果不一定安全可靠。为了保证安全，结构设计时的计算结果必须留有余地，使之具有一定的安全度，使结构在各种不利条件下能保证其正常使用。

我国工程结构设计方法经历了采用总安全系数的容许应力计算法、多系数的极限状态计算方法、以结构极限状态为依据进行多系数分析方法、采用单一安全系数的容许应力设计法等发展过程。最后一种实质上是半概率、半经验的极限状态计算方法，这种方法仅在荷载和材料强度的设计取值上分别考虑了各自的统计变异性，没有对结构可靠度给出科学的定量描述。

目前建筑结构和高耸结构采用的准则是以概率为基础的极限状态设计法，即根据结构或构件能否满足功能要求来确定它们的极限状态。一般规定有两种极限状态，第一种是结构或构件的承载力极限状态，包括静力强度、动力强度和稳定等计算，达到此极限状态时，结构或构件达到了最大承载能力而发生破坏，或达到了不适于继续承受荷载的巨大变形；第二种是结构或构件的变形极限状态，或称为正常使用极限状态，达到此极限状态时，结构或构件虽仍保持承载能力，但在正常荷载作用下产生的变形已使结构或构件不能满足正常使用的要求（静力作用产生的过大变形和动力作用产生的剧烈振动等），或不能满足耐久性的要求。各种承重结构都应按照上述两种极限状态进行设计。极限状态设计法比安全系数设计法更加合理些、先进，它把有变异性的设计参数采用概率分析的方法引入了结构设计中。根据应用概率分析的程度可分为三种水准类型，即半概率极限状态设计法、近似概率极限状态设计法和全概率极限状态设计法。我国采用的极限状态设计法属于半概率极限状态设计法，即只有少量设计参数，如钢材的设计强度、风雪荷载等，采用概率分析确定其设计采用值，大多数荷载及其他不定性参数由于缺乏统计资料而仍采用经验值；同时结构构件的抗力（承载力）和作用效应之间并未进行综合的概率分析，因而仍然不能使所设计的各种构件得到相同的安全度。20 世纪 60 年代末，国外提出了近似概率设计法，主要是引入了可靠性设计理论（可靠性包括安全性、适用性和耐久性），把影响结构或构件可靠性的各种因素都视为独立的随机变量，根据统计分析确定失效概率来度量结构或构件的可靠性。

2.3　风力发电机组结构极限限制状态分析

2.3.1　设计方法

风力发电机组标准规定局部安全系数分析方法为风力发电机组系统构架的分析方法。局部安全系数分析方法取决于荷载和材料的不确定性和易变性、分析方法的不确定性以及失效零件的重要性。

（1）局部安全系数。为保证荷载与材料的安全设计值，荷载与材料的不确定性和易变性可用下列公式确定的荷载局部安全系数与材料局部安全系数进行补偿，即

$$F_d = \gamma_f F_k \tag{2-1}$$

式中　F_d——荷载的设计值；

γ_f——荷载局部安全系数；

F_k——荷载的特征值。

$$f_d = \frac{1}{\gamma_m} f_k \tag{2-2}$$

式中　f_d——材料特性设计值；

γ_m——材料局部安全系数；

f_k——材料性能特征值。

（2）重要失效局部安全系数 γ_n 与构件分类。引入重要失效局部安全系数 γ_n，以便进行区分构件分类。一类构件安全系数用于失效—安全结构件，结构件的失效不会引起风力发电机组重要零件的失效，如被监测的可替换轴承；二类构件安全系数用于非失效—安全结构件，结构件的失效会迅速引起风力发电机组重要零件的失效；三类构件安全系数用于非失效—安全机械结构件，连接驱动和刹车到主要结构部件的机械结构件，用于实现风力发电机组非冗余保护功能。

风力发电机组极限限制状态的分析，应按四种相应的分析类型进行，即极限强度分析、疲劳损伤分析、稳定性分析和临界挠度分析（叶片与塔架机械干扰等）。每种分析都要求用不同的极限状态函数表示，并用局部安全系数来考虑各种不确定性。

（3）材料标准的应用。确定风力发电机组结构完整性，可采用我国或国际的相应材料设计标准。

2.3.2　极限强度分析

极限状态函数可分成荷载函数 S 和抗力函数 R，不超出最大极限状态的计算公式为

$$\gamma_n S(F_d) \leqslant R(f_d) \tag{2-3}$$

极限强度分析用的荷载函数 S 为结构响应的最大值。结构抗力函数 R 是材料抗力容许的最大设计值，故 $R(f_d) = f_d$。当同时作用多个荷载时，计算公式为

$$S(\gamma_{f1} F_{r1}, \cdots, \gamma_{fn} F_{rn}) \leqslant \frac{1}{\gamma_m \gamma_n} f_k \tag{2-4}$$

为了对风力发电机组的每个构件进行评定，应用各种荷载情况进行极限强度分析。

（1）荷载局部安全系数。根据规定的正常和非正常设计工况，荷载局部安全系数应取表 2-1 中的规定值。

（2）无通用设计规范的材料局部安全系数。材料局部安全系数应根据充分有效的材料性能试验数据确定。考虑到材料强度的固有可变性。当使用 95% 存活率及 95% 置信度的典型材料性能时，所用材料的材料局部安全系数 γ_m 应不小于 1.1。该系数用于有延性的构件，且这些构件的失效会导致风力发电机组主要构件失效。

表 2 - 1 荷载局部安全系数 γ_f

非良性荷载			良性荷载
设计工况类型（见表 2-2）			所有设计工况
正常（N）	非正常（A）	运输、安装（T）	
1.35	1.1	1.5	0.9

表 2 - 2 风向随风速变化的突变情况

风速/(m·s⁻¹)	风向变化/(°)	变化时间/min	风速/(m·s⁻¹)	风向变化/(°)	变化时间/min
29.0	160	6	15.6	90	8
14.8	65	7	17.0	80	7
19.2	190	3	7.2	130	1
15.2	190	1.5～2.0			

（3）重要失效局部安全系数。对于各构件，按其在结构系统中重要程度分类，重要性越大，其重要失效局部安全系数越大，一类构件 $\gamma_n = 0.9$；二类构件 $\gamma_n = 1.0$，三类构件 $\gamma_n = 1.3$。

2.3.3 疲劳损伤分析

疲劳损伤可通过适当疲劳损伤容限计算来估计。根据麦纳（Miner）准则，累积损伤超过 1 时，达到极限状态。在风力发电机组的寿命期内，累积损伤应不大于 1。

$$\sum_i \frac{n_i}{N(\gamma_m \gamma_n \gamma_f S_i)} \leqslant 1 \qquad (2-5)$$

式中　n_i——荷载特性谱 i 区段中疲劳循环次数，包括所有荷载情况；

　　　S_i——i 区段中与循环次数相对应的应力（或应变）水平，包括平均应力和应力幅的影响；

　$N(\cdot)$——至零件失效的循环次数，它是应力（或应变）函数的变量（即 S—N 特性曲线）；

　　　γ_m——材料局部安全系数；

　　　γ_n——重要失效局部安全系数；

　　　γ_f——荷载局部安全系数。

（1）荷载局部安全系数。正常和非正常设计工况荷载局部安全系数 $\gamma_f = 1.0$。

（2）无通用设计标准的材料局部安全系数。如 S—N 曲线存活率为 50%，而变异系数小于 15%，则材料局部安全系数 $\gamma_m \geqslant 1.5$；对于大变异系数构件的疲劳强度，即变异系数为 15%～20%（如合成物制成的构件，例如钢筋混凝土或合成纤维），局部安全系数 γ_m 必须相应地增大，应有 $\gamma_m \geqslant 1.7$。

对于焊接和结构钢，传统上使用存活率为 97.7% 的 S—N 曲线，可取 $\gamma_m = 1.1$；在进行定期检查可能发现临界裂纹扩展的情况下，可使用 γ_m 的较低值；在所有情况下，应 $\gamma_m > 0.9$；S—N 曲线应基于 95% 存活率和 95% 的置信度，这种情况下取 $\gamma_m = 1.2$。对于其他材料也可使用同样的方法。

（3）重要失效局部安全系数。一类构件 $\gamma_n = 1.0$，二类构件 $\gamma_n = 1.15$，三类构件 $\gamma_n = 1.3$。

2.3.4 稳定性分析

在设计荷载下，非失效—安全承载零部件不允许屈曲失稳，而其他零部件允许产生弹性变形。在特征荷载作用下，任何构件不允许屈曲失稳。

荷载局部安全系数 γ_f 的最小值应根据表 2-1 选取。

2.3.5 临界挠度分析

对于设计或极限荷载情况，应使用特征荷载确定不利方向上的最大弹性变形，并将计算结果乘以荷载局部安全系数、材料局部安全系数和重要失效局部安全系数。

荷载局部安全系数 γ_f 由表 2-1 选取；弹性材料局部安全系数 $\gamma_m = 1.1$，但当弹性材料特性是由实尺寸试验确定时，γ_m 可减少到 1.0。应特别注意几何形状的不确定性和挠度计算方法的准确性。

重要失效局部安全系数：一类构件 $\gamma_n = 1.0$，二类构件 $\gamma_n = 1.0$，三类构件 $\gamma_n = 1.3$。

在风力发电机组设计规范中规定，风力发电机组设计时，应对风力发电机组及其零部件的极限限制状态和使用限制状态进行下列分析：①极限强度；②疲劳；③稳定性；④变形限制；⑤动力学。

风力发电机组零部件的强度分析可以采用应力法，疲劳分析可采用简化疲劳验证法和循环荷载谱的损伤累积法，变形限制分析一般采用传统的方法。当应力、变形和动力性都不能正确确定时，可以采用有限元等数值计算方法计算或其他相应的计算方法。

第3章 荷载及荷载组合

3.1 作用与荷载的概念

使结构产生效应（如内力、位移等）的各种原因，统称为作用。如果作用是直接施加在结构上的力，例如自重荷载、风荷载、波浪荷载、雪荷载等，可称为直接作用；如果作用是引起结构外加变形和约束变形的，例如地震、基础沉降、混凝土收缩、温度变化、焊接等，可称为间接作用。

结构上的作用力习惯上统称为荷载。塔架结构上的荷载和作用力按时间作用的变异性可分为永久荷载、可变荷载和偶然荷载三类。其中：①永久荷载有结构自重、固定的设备重、结构上的物料重、基础上的土重、土压力、结构内部的预应力等；②可变荷载有风荷载、波浪覆冰荷载、雪荷载、安装检修荷载、机舱面或平台活荷载、基础不均匀沉降引起的荷载、常遇地震作用等；③偶然荷载有塔脚绝缘子破碎、撞击、爆炸、罕遇地震作用等。

作用按结构反应可以分为：①静态作用，这种作用是逐渐地、缓慢地施加在结构上的，作用过程中不产生加速度或加速度甚微可以忽略不计，例如塔架及机舱上人员荷载、雪荷载、设备重等；②动态作用，施加这类作用时，会使结构产生显著的加速度，例如地震作用、设备振动、阵风脉动等。

在进行结构分析时，对于动态作用应当考虑其动力效应，这些动力效应在结构上产生惯性力，这些惯性力作用在结构上，就等效于这些荷载的动力作用，它与结构的动力特性有必然的联系。运用结构动力学方法考虑其影响，也可采用乘以动力系数的简化方法，将动态作用转换为等效静态作用。

在风力发电机组塔架及基础结构的各类荷载中，起主要作用的是风荷载，另外，在地震区地震也是主要的作用力，而对于海上风力发电机组而言，海洋的环境荷载也是主要荷载。

因此，荷载是结构设计的依据，它的取值是否合理和准确，直接影响到结构设计的安全和经济，因而理解及掌握荷载取值方法有着特别重要的意义。作为风力发电机组塔架和基础工程结构设计者，首先要分析它在使用过程中可能出现哪些荷载，它们产生的背景是什么，具备什么特点，哪些在时间和空间上是独立的，哪些可能是相互关联的或不能独立存在的等，然后再确定和正确计算这些荷载。

作用在工程结构上的各种荷载，都具有不同性质的变异性，不仅随地而异，而且随时而异，其量值具有明显的随机性，只是永久荷载（恒荷载）的变异性较小，可变荷载（活荷载）的变异性较大。如果在设计中直接引用反映荷载变异性的各种统计参数，通过复杂的概率运算进行具体设计，将会给设计带来许多困难。因此，在设计时，除了采用便于设计者使用的设计表达式外，对荷载仍规定具体的量值（例如，混凝土自重 25kN/m³ 等），这些确定的荷载值称为荷载的代表值。进行工程结构或结构构件设计时，可根据不同的设计目的和要求，选取不同的荷载代表值，以便更确切地反映它在设计中的特点。永久荷载只有一个代表值：标准值；可变荷载一般有 3 个代表值：标准值、频遇值和准永久值；偶然荷载的代表值，目前国内还没有比较成熟的确定方法，一般是由各专业部门根据历史记载、现场观测、试验等，并结合工程经验综合分析判断确定。例如地震作用，在《建筑抗震设计规范》（GB 50011—2010）中规定了荷载标准值的计算方法。由于设计上的需要，有些结构设计规范中，可变荷载除上述代表值外，还规定了其他代表值。荷载标准值是指结构在设计基准期内可能出现的最大荷载值。由于荷载本身的随机性，结构在使用期间的最大荷载也是随机变量，原则上也可用它的统计分布来描述：荷载标准值是具有某种保证率的荷载最大值，结构在使用期间，仍有可能出现量值大于标准值的荷载，只是出现的概率比较小。若有足够的荷载（直接作用）统计资料，能得出它的最大值的概率分布，则按统一规定的设计基准期和统一规定的概率分布的分位值百分数来确定作用代表值，原则上取概率分布特征值，该代表值即为国际标准中所称的特征值。

3.2 风 荷 载

空气从气压大的地方向气压小的地方流动，相对于地面的运动就形成了风。当风以一定的速度向前运动遇到建筑物、构筑物等阻碍物时，将对这些阻碍物产生作用力，它不仅对结构物产生顺风向水平风压作用，在垂直的横风向也产生风压，还会引起风力矩和多种类型的振动效应，这是风荷载有别于其他荷载的特点。然而风力发电机组正是利用风能的一个复杂的系统，风荷载是风力发电机组系统结构上的主要荷载之一，也是塔架及基础结构的主要荷载之一。

结构顺风向的风作用可分解为平均风和脉动风。平均风的作用可通过基本风压反映，基本风压是根据 10min 平均风速确定的，虽然它已从统计的角度体现了平均重现期为 50 年的最大风压值，但它没有反映风速中的脉动成分。脉动风是一种随机动力荷载，风压脉动在高频段的峰值周期为 1~2min，一般低层和多层结构的自振周期都小于它，因此脉动影响很小，不考虑风振影响也不会影响结构的抗风安全性，而对于风力发电机组塔架这样的高耸构筑物柔性结构，风压脉动引起的动力反应较为明显，结构的风振影响必须加以考虑。

垂直于结构物表面上的风荷载标准值的计算公式为

$$w_{cz} = \beta_z \mu_s \mu_z w_0$$

或
$$P_{cz} = \beta_z \mu_s \mu_z w_0 A_z \tag{3-1}$$

式中　w_{cz}——平均风荷载单位面积标准值，kN/m^2；

　　　β_z——风荷载风振系数；

　　　μ_s——风荷载体型系数；

　　　μ_z——风荷载高度变化系数；

　　　w_0——基本风压，kN/m^2；

P_{cz}——平均风荷载标准值，kN；

A_z——垂直于结构物表面上平均风荷载受风面积，m^2。

3.2.1 基本风速和基本风压

3.2.1.1 基本风速

风的强度常用风速表示，各气象台站记录下的多为风速资料。确定作用于工程结构上的风荷载时，必须依据当地风速资料确定基本风压。风速随离地面高度的不同而变化，还与地貌环境等多种因素有关。

为了设计上的方便，可按规定的量测高度、地貌环境等标准条件确定风速，对于非标准条件下的情况则要进行换算。在规定的标准条件下确定的风速称为基本风速，它是结构抗风设计必须具有的基本数据。

基本风速通常按以下规定的条件定义：

（1）风速随高度而变化，离地表越近，摩擦力越大，因而风速越小。《建筑结构荷载规范》（GB 50009—2012）对建筑取距地面 10m 为标准高度。

（2）同一高度处的风速与地貌粗糙程度有关，地面粗糙程度高，风能消耗多，风速则低。测定风速处的地貌要求空旷平坦，一般应远离城市，大城市中心地区房屋密集，对风的阻碍及摩擦均大。

（3）平均风速的时距。风速随时间不断变化，常取某一规定时间内的平均风速作为计算标准。风速记录表明，10min 的平均风速已趋于稳定。时距太短，容易突出风的脉动峰值作用；时距太长，势必把较多的小风平均进去，致使最大风速偏低。根据我国风的特性，大风约 1min 重复一次，风的卓越周期约为 1min，如取 10min 时距，可覆盖 10 个周期的平均值，在一定长度的时间和一定次数的往复作用下，才有可能导致结构破坏。

（4）由于气候的重复性，风有着它的自然周期，我国和世界上绝大多数国家一样，取年最大风速记录值为统计样本。取年最大风速为统计样本可获得各年的最大风速，每年的最大风速值是不同的，为一随机变量。工程设计时，一般应考虑结构在使用过程中几十年时间范围内可能遇到的最大的风速。该最大风速不是经常出现，而是间隔一段时间后再出现，这个间隔时间称为重现期。

设基本风速重现期为 T_0 年，则 $1/T_0$ 为超过设计最大风速的概率，因此不超过该设计最大风速的概率（或保证率）P_0 为

$$P_0 = 1 - \frac{1}{T_0} \tag{3-2}$$

由式（3-2）可知重现期越长，保证率越高。我国《建筑结构荷载规范》（GB 50009—2012）规定：对于一般结构，重现期为 50 年。可以看出，重现期 50 年，则意味着超越概率为 $1/T_0 = 1/50 = 0.02$，重现期 50 年的保证率为 $P_0 = 1 - 0.02 = 98\%$。

3.2.1.2 基本风压

根据以上规定可求出在空旷平坦的地面上离地面 10m 高处，经统计所得的 50 年一遇的 10min 平均最大风速。风速和风压之间的关系可由流体力学中的伯努利方程得到，自由气流的风速产生的单位面积上的风压为

$$w=\frac{1}{2}\rho v^2=\frac{\gamma}{2g}v^2 \tag{3-3}$$

式中　　w——单位面积上的风压，kN/m^2；

　　　　ρ——空气密度，t/m^3；

　　　　γ——空气重度，kN/m^3；

　　　　g——重力加速度，m/s^2；

　　　　v——风速，m/s。

在标准大气压下，$\gamma=0.012018kN/m^3$，$g=9.80m/s^2$，可得

$$w=\frac{v^2}{1630}(kN/m^2) \tag{3-4}$$

在不同的地理位置，大气条件是不同的，γ 和 g 值也不相同。重力加速度 g 不仅随高度变化，而且与纬度有关；空气重度 γ 是气压、气温的函数。因此，各地的 $\gamma/2g$ 的值均不相同，沿海地区的上海该值约为 1/1740，内陆地区随高度增加而减小，高原地区的拉萨该值约为 1/2600。

3.2.1.3　风速或风压的换算

当建设场地基本风压值在《建筑结构荷载规范》（GB 50009—2012）中没有给出时，可按基本风压定义，根据当地风速资料确定。基本风压是按照规定的标准条件得到的，在分析当地风速资料时，往往会遇到实测风速的高度、时距、重现期不符合标准条件的情况，因而必须将非标准条件下实测风速资料换算为标准条件下的风速资料，再进行分析。

（1）不同高度换算。当实测风速高度不足 10m 标准高度时，应由气象台站根据不同高度的风速对比观测资料，考虑风速大小影响，给出非标准高度风速与 10m 标准高度风速的换算系数。当缺乏观测资料时，实测风速高度换算系数可按表 3-1 取值。

表 3-1　实测风速高度与 10m 标准高度风速换算系数

实测风速高度/m	4	6	8	10	12	14	16	18	20
换算系数	1.158	1.085	1.036	1.000	0.971	0.948	0.928	0.910	0.895

（2）不同时距换算。我国和世界上绝大多数国家均采用 10min 作为实测风速平均时距的标准。但有时天气变化剧烈，气象台站瞬时风速记录时距小于 10mim，因此在某些情况下需要进行不同时距之间的平均风速换算。实测结果表明，各种不同时距间平均风速的比值受到多种因素影响，具有很大的变异性，不同时距与 10min 时距的风速换算系数可近似按表 3-2 取值。

表 3-2　不同时距与 10min 时距的风速换算系数

实测风速时距	50min	10min	5min	2min	1min	0.5min	20s	10s	5s	瞬时
换算系数	0.940	1.00	1.07	1.16	1.20	1.26	1.28	1.35	1.39	1.50

（3）不同重现期换算。重现期不同，最大风速的超越概率也就不同，我国目前按重现期 50 年确定基本风压。重现期的取值直接影响到结构的安全度，对于风荷载比较敏感的结构，重要性不同的结构，设计时有可能采用不同重现期的基本风压，以调整结构的安全

水准。不同重现期风速或风压之间的换算系数可按表 3-3 取值。

表 3-3　不同重现期与 50 年重现期基本风速（压）换算系数

重现期/年	100	60	50	40	30	20	10	5
换算系数	1.10	1.03	1.00	0.97	0.93	0.87	0.77	0.68

3.2.1.4　远海海面和海岛基本风压

　　风对海面的摩擦力小于对陆地的摩擦力，所以海上风速比陆地风速要大；同时，沿海地带存在一定的海陆温差，能够促使空气对流，使海边风速增大。基于上述原因，远海海面和海岛的基本风压值大于陆地平坦地区的基本风压值，并随海面或海岛距海岸距离的增大而增大。根据沿海陆地与海面、海岛上同期观测到的风速资料对比分析，可得出不同海岸距离对应的海风风速比值，即远海海面和海岛基本风压修正系数，见表 3-4。

表 3-4　远海海面和海岛基本风压修正系数

距海岸距离/km	<40	40~60	60~100
修正系数	1.0	1.0~1.1	1.1~1.2

3.2.2　风速、风压高度变化系数

　　地球表面的凸起对空气水平运动产生阻力，从而使靠近地表的气流速度减慢，该阻力对气流的作用随高度增加而减弱，只有在离地表 $300 \sim 500 \mathrm{m}$ 以上的高度，风才不受地表粗糙层的影响，能够以梯度风速度流动。大气以梯度风速度流动的起点高度称为梯度风高度，又称大气边界层高度，用 H_{T} 表示。如图 3-1 所示，不同地表粗糙度有不同的梯度风高度，地表粗糙度越小，风速变化越快，其梯度风高度越低；反之，地表粗糙度越大，梯度风高度将越高。边界层以上的大气可以自由流动，其中的风流动是层流，基本上沿着等压线以梯度风速度流动；边界层以下的大气受到地表阻碍作用，近地层气流是湍流，湍流速度与地表粗糙度和离地高度密切相关。

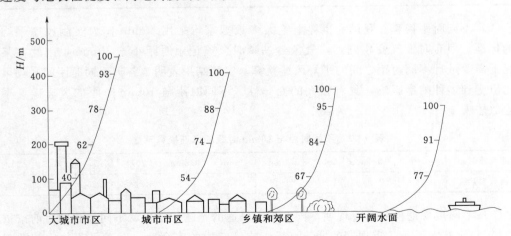

图 3-1　不同地表粗糙度下的平均风速剖面（单位：m/s）

根据实测结果分析，大气边界层以下平均风速沿高度变化的规律可用指数函数来描述，即

$$\frac{v}{v_0} = \left(\frac{z}{z_0}\right)^a \tag{3-5}$$

式中　v——任一高度 z 处平均风速，m/s；

　　　v_0——标准高度处平均风速，m/s；

　　　z——离地表任一高度，m；

　　　z_0——离地表标准高度，通常取为 10m；

　　　a——与地表粗糙度有关的指数，地表粗糙度越大，a 越大。

整理式（3-4）、式（3-5），并将标准高度 $z_0 = 10$m 代入，可得

$$w_a(z) = w_{0a}\left(\frac{z}{10}\right)^{2a} \tag{3-6}$$

设标准地貌下梯度风高度为 H_{T0}，粗糙度指数为 a_0，基本风压值为 w_0，任一地貌下梯度风高度为 H_{Ta}。根据梯度风高度处风压相等的条件，由式（3-6）可导出

$$w_0\left(\frac{H_{T0}}{10}\right)^{2a_0} = w_{0a}\left(\frac{H_{Ta}}{10}\right)^{2a} \tag{3-7}$$

$$w_{0a} = \left(\frac{H_{T0}}{10}\right)^{2a_0}\left(\frac{H_{Ta}}{10}\right)^{-2a} w_0 \tag{3-8}$$

将式（3-8）代入式（3-6），可得任一地貌条件下，高度 z 处的风压为

$$w_a(z) = \left(\frac{H_{T0}}{10}\right)^{2a_0}\left(\frac{H_{Ta}}{10}\right)^{-2a}\left(\frac{z}{10}\right)^{2a} w_0 = \mu_z^a w_0 \tag{3-9}$$

式中　μ_z^a——任意地貌下的风压高度变化系数，应按地面粗糙度指数 a 和假定的梯度风高度 H_T 确定，并随离地面高度 z 而变化；

　　　H_{T0}——取 350m；

　　　a_0——取 0.16。

《建筑结构荷载规范》（GB 50009—2012）将地表粗糙度分为 A、B、C、D 四类，分类情况及相应的地表粗糙度指数 a 和梯度风高度 H_T 如下：

（1）A 类指近海海面和海岛、海岸、湖岸及沙漠地区，取 $a_A = 0.12$，$H_{TA} = 300$m。

（2）B 类指田野、乡村、丛林、丘陵以及房屋比较稀疏的乡镇，取 $a_B = 0.16$，$H_{TB} = 350$m。

（3）C 类指有密集建筑群的城市市区，取 $a_C = 0.22$，$H_{TC} = 400$m。

（4）D 类指有密集建筑群且房屋较高的城市市区，取 $a_D = 0.30$，$H_{TD} = 450$m。

将以上数据代入式（3-9），可得 A、B、C、D 四类风压高度变化系数为

A 类　　　　　　　　　　$\mu_z^A = 1.379(z/10)^{0.24}$ 　　　　　　　　　（3-10）

B 类　　　　　　　　　　$\mu_z^B = 1.000(z/10)^{0.32}$ 　　　　　　　　　（3-11）

C 类　　　　　　　　　　$\mu_z^C = 0.616(z/10)^{0.44}$ 　　　　　　　　　（3-12）

D 类　　　　　　　　　　$\mu_z^D = 0.318(z/10)^{0.60}$ 　　　　　　　　　（3-13）

但我国规定不同地面粗糙度类别的标准参考高度（用 z_{ba} 表示）以下的风压高度变化系数取常数值，并规定 $z_{ba} = 5$m（A 类）、10m（B 类）、15m（C 类）、30m（D 类），μ_z^a 中

的常数值分布为 1.17（A 类）、1.0（B 类）、0.74（C 类）、0.62（D 类）。

3.2.3　风荷载体型系数

当构筑物处于风速为 v 的风流场，自由气流的风速因阻碍而完全停滞时，对构筑物表面所产生的风压与风速的关系可由伯努利方程导出，即按式（3-3）计算。但一般情况下，自由气流并不能理想地停滞在构筑物表面，而是以不同途径从构筑物表面绕过。风作用在构筑物表面的不同部位将引起不同的风压值，此值与来流风压之比称为风荷载体型系数，它表示构筑物表面在稳定风压作用下的静态压力分布规律，主要与建筑物的体型和尺寸有关。

土木工程中的构筑物，当风作用到钝体上，其周围气流通常呈分离型，并形成多处涡流。风力在构筑物表面上分布是不均匀的，一般取决于构筑物平面形状、立面体型和高宽比。在风的作用下，迎风面由于气流正面受阻产生风压力，侧风面和背风面由于旋涡作用引起风吸力。迎风面的风压力在结构中部最大，侧风面和背风面的风吸力在构筑物角部最大。

作用于风轮叶片上的风荷载与风轮叶片的体型及风力发电机组的工作状态有关，可参见相关风力发电机组资料确定。风力发电机组塔架结构的主要结构体型为柱型悬臂结构。局部计算时表面分布的体型系数 μ_s 示意如图 3-2 所示，μ_s 值见表 3-5。

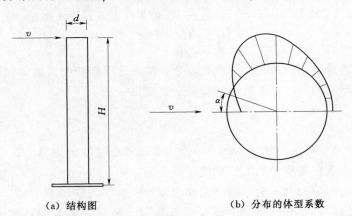

（a）结构图　　　　　　　　（b）分布的体型系数

图 3-2　柱型悬臂结构局部计算时表面分布的体型系数示意图

表 3-5　局部计算时表面分布的体型系数 μ_s 值

α	$H/d \geqslant 25$	$H/d = 7$	$H/d = 1$
0°	+1.0	+1.0	+1.0
15°	+0.8	+0.8	+0.8
30°	+0.1	+0.1	+0.1
45°	-0.9	-0.8	-0.7
60°	-1.9	-1.7	-1.2
75°	-2.5	-2.2	-1.5

续表

α	$H/d \geqslant 25$	$H/d = 7$	$H/d = 1$
90°	−2.6	−2.2	−1.7
105°	−1.9	−1.7	−1.2
120°	−0.9	−0.8	−0.7
135°	−0.7	−0.6	−0.5
150°	−0.6	−0.5	−0.4
165°	−0.6	−0.5	−0.4
180°	−0.6	−0.5	−0.4

注：表中数值适用于 $\mu_z w_0 d^2 \geqslant 0.015$ 的表面光滑情况，其中 w_0 单位为 kN/m^2，d 单位为 m。

整体计算时表面分布的体型系数示意如图 3－3 所示，μ_s 值见表 3－6。

表 3－6　整体计算时表面分布的体型系数 μ_s 值

$\mu_z w_0 d^2$	表面情况	$H/d \geqslant 25$	$H/d = 7$	$H/d = 1$
	$\Delta \approx 0$	0.6	0.5	0.5
$\geqslant 0.015$	$\Delta = 0.02d$	0.9	0.8	0.7
	$\Delta = 0.08d$	1.2	1.0	0.8
$\leqslant 0.002$		1.2	0.8	0.7

注：中间值按插值法计算，Δ 为表面凸出高度。

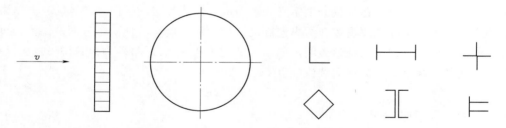

图 3－3　柱型悬臂结构整体计算时表面分布　　图 3－4　各种型钢及组合型钢
　　　　　的体型系数示意图

各种型钢（角钢、工字钢、槽钢）及其组合结构（图 3－4）的风荷载体型系数一律为 $\mu_s = 1.3$。

角钢塔架的整体体型系数 μ_s 值见表 3－7；管子及圆钢塔架的整体体型系数 μ_s 值为：当 $\mu_z w_0 d^2 \leqslant 0.002$ 时，μ_s 值按角钢塔架的 μ_s 值乘 0.8 采用；当 $\mu_z w_0 d^2 \geqslant 0.015$ 时，μ_s 值按角钢塔架的 μ_s 值乘 0.6 采用；当 $0.002 < \mu_z w_0 d^2 < 0.015$ 时，μ_s 值按角钢塔架的 μ_s 值按插入法计算。

当塔式结构由不同类型截面组合而成时，应按不同类型杆件迎风面积加权平均选用 μ_s 值。

表 3 - 7 角钢塔架的整体体型系数 μ_s 值

ϕ	方形			三角形
	风向①	风向②		任意风向
		单角钢	组合角钢	③④⑤
≤0.1	2.6	2.9	3.1	2.4
0.2	2.4	2.7	2.9	2.2
0.3	2.2	2.4	2.7	2.0
0.4	2.0	2.2	2.4	1.8
0.5	1.9	1.9	2.0	1.6

注: 1. 挡风系数 ϕ＝迎风面杆件和节点净投影面积/迎风面轮廓面积，均按塔架迎风面的一个塔面计算。

2. 六边形及八边形塔架的 μ_s 值可近似地按表 3 - 7 方形塔架参照对应的风向①或风向②采用。

3. 各种形状塔架结构迎风面及风向①～⑤如图 3 - 5 所示。

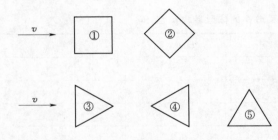

图 3 - 5 各种形状塔架结构迎风面及风向

3.2.4 脉动风的主要特性

大气湍流的两个主要特性为湍流强度和湍流积分尺度（又称紊流长度尺度），脉动风的两个主要概率特性为脉动风速谱和相干函数。

3.2.4.1 湍流强度

描述大气湍流的最简单参数是湍流强度（Turbulence Intensity）。湍流强度可在三个正交方向上的瞬时风速分量分别定义，但一般大气边界中的纵向（顺风向）分量要比其他两个分量大，本处主要具体介绍纵向脉动风的湍流强度，其他两个方向的湍流强度定义是类似的。风速仪记录的统计表明，脉动风速均方根 $\sigma_{vf}(z)$ 与平均风速 $\bar{v}(z)$ 成比例，因此，定义某一高度 z 的顺风向湍流强度 $I(z)$ 为

$$I(z)＝\sigma_{vf}(z)/\bar{v}(z) \tag{3-14}$$

式中 $I(z)$——高度 z 处的湍流强度；

$\sigma_{vf}(z)$——顺风向脉动风速均方根值；

$\bar{v}(z)$——高度 z 处的平均风速。

湍流强度 $I(z)$ 是地表粗糙度类别和离地高度 z 的函数，但它与风的长周期变化无关。$\sigma_{vf}(z)$ 一般随高度的增加相应减少，而平均风速则随高度 z 的增加而增加，故 $I(z)$ 随高度增加而降低。

3.2.4.2 湍流积分尺度

湍流积分尺度（Turbulence Integral Length）又称紊流长度尺度。通过某一点气流中的速度脉动，可以认为是由平均风所输运的一些理想旋涡叠加而引起的，若定义旋涡的波长就是旋涡大小的量度，湍流积分尺度则是气流中湍流旋涡平均尺寸的量度。

上述旋涡都可以看成在某一点作周期脉动，圆频率为 $\omega＝2\pi n$。可以定义波长 $\lambda＝\bar{v}/n$，这个旋涡波长就是旋涡大小的量度，则旋涡波数 $K＝2\pi/\lambda$。这里 $\bar{v}$ 为风速，n 为频率。

从两个随机变量 y 和 z 的互相关系数定义一个表示平均旋涡尺度的量，即湍流尺度为

$$L = \int_0^\infty \rho(r)\mathrm{d}r = \int_0^\infty \frac{E[y(r_1,t)z(r_1+r,t+\tau)]}{\sigma_y(r_1)\sigma_z(r_1+r)}\mathrm{d}r \qquad (3-15)$$

式中　$\rho(r)$——互相关系数；

　　　　r——两点连线间的距离，相关系数可了解旋涡在空间的结构。

式（3-15）中的分子代表互协方差函数，分母代表均方根值。

由式（3-15）可定义三个方向的湍流积分尺度为

$$\left.\begin{array}{l} L_u = \int_0^\infty \dfrac{E[u(r_1)u(r_1+r)]}{\sigma_u(r_1)\sigma_u(r_1+r)}\mathrm{d}r \quad（水平纵向）\\[3mm] L_v = \int_0^\infty \dfrac{E[v(r_1)v(r_1+r)]}{\sigma_v(r_1)\sigma_v(r_1+r)}\mathrm{d}r \quad（水平横向）\\[3mm] L_w = \int_0^\infty \dfrac{E[w(r_1)w(r_1+r)]}{\sigma_w(r_1)\sigma_w(r_1+r)}\mathrm{d}r \quad（竖向方向） \end{array}\right\} \qquad (3-16)$$

式（3-16）中，u、v、w 分别代表水平纵向（顺风向）、水平横向和竖向方向的脉动风速。如果式（3-16）中三个方向的湍流尺度又在 x、y、z 三个坐标方向表达的话，则共有九个湍流积分尺度表达式。

当脉动风空间两点位置小于湍流平均尺度时，说明这两点处于同一个旋涡内，则两点的脉动速度相关，旋涡作用将增强；相反，处于不同旋涡中两点的速度是不相关的，旋涡的作用将减弱。湍流积分尺度的大小也说明湍流影响的强弱，湍流积分尺度大，则湍流影响强，反之则弱。

由式（3-16）可将纵向平均湍流积分尺度 L_u 写为

$$L_u = \int_0^\infty \frac{R_{u_1 u_2}(r)}{\sigma_{u_1}\sigma_{u_2}}\mathrm{d}r = \frac{1}{\sigma_u^2}\int_0^\infty R_{u_1 u_2}(r)\mathrm{d}r \qquad (3-17)$$

式中　$R_{u_1 u_2}(r)$——两个纵向（顺风向）速度分量 $u_1(x,y,z,t)$ 和 $u_2(x',y',z',t)$ 的互协方差函数；

　　　　σ_u——u_1 和 u_2 的均方根值。

式中已用到 $\sigma_u \approx \sigma_{u_1} \approx \sigma_{u_2}$，在大气运动中的脉动风中，该关系基本是满足的。

3.2.4.3　纵向脉动风速谱

前面已经讲述到了湍流速度脉动可认为是许多旋涡叠加引起的，相应地，湍流运动的总能量可以认为是气流中每一旋涡贡献能量的总和。

这里仅讨论水平阵风功率谱。Van Der Hoven 在更广的频率范围内对风速谱进行了研究，图 3-6 表明，在风的能量中出现了峰值：第一峰值出现在 4d 周期处，相当于天气系统（低气压）整个运转的变换时间；第二个峰值出现在 12h 周期处，相当于昼夜间的温度变化；第三峰值出现在 1min 周期处，反映了大气的脉动，可见与脉动有关的风速谱处于横坐标末端的高频范围。

有许多风工程专家对水平阵风功率谱进行了研究，得到了不同形式的风速谱表达式，其中最著名和应用较为广泛的是加拿大 A. G. 达文波特（A. G. Davenport）脉动风速谱，下面分别加以介绍。

（1）达文波特风速谱。达文波特提出的通用功率谱表达式为

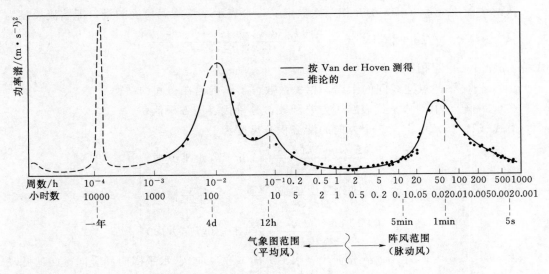

图 3 - 6 由 Van Der Hoven 测得的风速谱

$$\frac{nS_v(n)}{k\,\overline{v}(z)^2}=f\left(\frac{nL}{\overline{v}(z)}\right) \tag{3-18}$$

式中 $S_v(n)$ ——脉动风速功率谱，$(m/s)^2$；

$\quad\quad k$ ——地面粗糙度系数；

$\quad\quad \overline{v}(z)$ —— z 高度处的平均风速，m/s；

$\quad\quad n$ ——脉动风频率，Hz；

$\quad\quad L$ ——湍流积分尺度，m。

达文波特根据世界上不同地点、不同高度实测得到的 90 多次强风记录，并假定水平阵风谱中的湍流积分尺度 L 沿高度不变，取常数值 1200m，并取脉动风速谱为不同离地高度实测值的平均值，建立了如下经验数学表达式：

$$\frac{nS_v(n)}{\overline{v}_{10}^2}=\frac{4kx^2}{(1+x^2)^{4/3}} \tag{3-19}$$

$$\sigma_v^2=6k\,\overline{v}_{10}^2=6u_*^2$$

其中

$$x=\frac{1200n}{\overline{v}_{10}}$$

式中 $\overline{v}_{10}$ ——标准高度为 10m 处的平均风速，m/s；

$\quad\quad \sigma_v$ ——脉动风速标准差；

$\quad\quad u_*$ ——纵向摩擦速度。

按达文波特的资料，k 值变化范围较大，为 $0.003\sim0.03$，它取决于地形地貌条件。达文波特风速谱表达式（3-19）绘于图 3-7 中，由图 3-7 可看出，它与图 3-6 中高频末端风速谱类似，对应于谱峰值处的卓越周期约为 1min，大于一般构筑物的自振周期。达文波特风速谱是离地 10m 高处的风速谱，且湍流积分尺度取常数（1200m），在高频带的谱值有些偏高。达文波特风速谱对土木工程的风工程应用是偏保守的。

（2）美国西谬（Simiu）脉动风速谱。西谬提出的风速谱采用分段表示，其数学表达

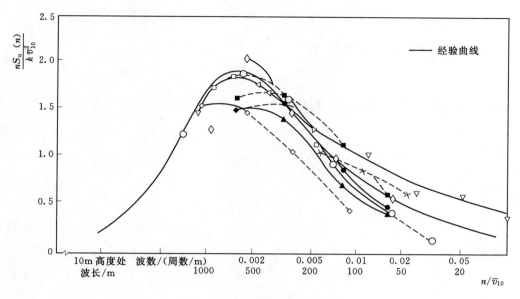

图 3-7 强风中水平脉动风速谱

式为

$$S_v(z,n) = 200u_*^2 \frac{f}{n(1+50f)^{5/3}} \tag{3-20}$$

其中

$$f = \frac{zn}{\overline{v}_{10}\left(\frac{z}{10}\right)^2} \tag{3-21}$$

$$u_*^2 = \frac{\sigma_v^2}{6}$$

式中 u_*——纵向摩擦速度（或剪切速度）。

式（3-20）一般适用于全部风速谱，但对于 $f > 0.2$ 时，下列公式更为适合：

$$S_v(z,n) = 0.26u_*^2 \frac{1}{nf^{2/3}} \tag{3-22}$$

（3）日本盐谷、新井（Hino）脉动风速谱。盐谷、新井于 1971 年发表的脉动风速谱的数学表达式为

$$S_v(z,n) = 6k\,\overline{v}_{10}^2 \frac{k_1 x_1}{(1+x_1^2)^{5/6}} \tag{3-23}$$

其中

$$k_1 = 0.4751$$

$$x_1 = 5344.341 \frac{k^{3/\alpha}\left(\dfrac{z}{10}\right)^{1-4\alpha}}{\alpha^3\,\overline{v}_{10}^2}$$

$$\sigma_v^2 = 6k\,\overline{v}_{10}^2 = 6u_*^2$$

（4）卡曼（Kaimal）脉动风速谱。卡曼提出的脉动风速谱的数学表达式为

$$S_v(z,n) = 200u_*^2 \frac{f}{n(1+50f)^{5/3}} \tag{3-24}$$

其中
$$f = \frac{zn}{\overline{v}_z}$$

式中　　$\overline{v}_z$——z 高度处的平均风速，m/s。

$$u_*^2 = \frac{\sigma_v^2}{6}$$

（5）英国哈里斯（Harris）脉动风速谱。哈里斯脉动风速谱的表达式为

$$S_v(n) = 4u_*^2 \frac{x}{n(2+x^2)^{5/6}} \qquad (3-25)$$

其中
$$x = \frac{1800n}{\overline{v}_{10}}$$

$$u_*^2 = \frac{\sigma_v^2}{6.677}$$

（6）卡门（Karman）脉动风速谱。卡门脉动风速谱是 1948 年由卡门根据湍流各向同性假设提出的，表达式为

$$S_u(z,n) = 4\sigma_u^2 \frac{f}{n(1+70.8f^2)^{5/6}} \qquad (3-26)$$

其中
$$f = \frac{nL_u(u)}{\overline{v}_z}$$

$$L_u(z) = 100\left(\frac{z}{30}\right)^{0.5}$$

式中　　L_u——纵向湍流积分尺度。

由以上六种脉动风速谱可知，达文波特脉动风速谱和哈里斯脉动风速谱不随高度发生变化，实际上是 10m 高处的脉动风速谱；其余四种风速谱则考虑了近地层中湍流积分尺度随高度发生的变化。

3.2.4.4　脉动风空间相干函数

当空间上一点 l 的脉动风速达到最大值时，与 l 点距离为 r 的 p 点的脉动风速一般不会同时达到最大值，在一定的范围内，离开 l 点越远，脉动风速同时达到最大值的可能性越小，这种性质称为脉动风的空间相关性。

许多学者对脉动风速作了大量的观察和研究，认为脉动风的阵风脉动可近似作为各态历经的平稳随机过程。由随机过程理论可知，在 l 点和 p 点测得的随机过程 $u_1(t)$ 和 $u_2(t)$，即 l 点和 p 点两个脉动风速分量的连续记录的数学期望为时域内的相干函数，用 $R_{u_1 u_2}(\tau)$ 表示，该互相相干函数由维纳-辛钦关系可得频域内的互谱密度函数 $S_{u_1 u_2}(r, n)$，再由相干函数的定义，相干函数的平方根为

$$Coh(r,n) = \frac{S_{u_1 u_2}(r,n)}{\sqrt{S_{u_1}(l,n)S_{u_2}(p,n)}} \qquad (3-27a)$$

式中　　　　$Coh(r,\ n)$——相干函数的平方根；

$S_{u_1}(l,\ n)$、$S_{u_2}(p,\ n)$——空间 l 点和 p 点的脉动风速谱密度函数，或称自功率谱，与
　　　　　　　　　　　前文的 $S_v(z,\ n)$ 或 $S_v(n)$ 相同。

由于互谱密度函数 $S_{u_1 u_2}(r,\ n)$ 是复数，若其实部用 $S_{u_1 u_2}^R(r,\ n)$ 表示，虚部用 $S_{u_1 u_2}^I(r,\ n)$ 表示，则式（3-27a）可写为

$$Coh(r,n)=\left\{\frac{[S_{u_1 u_2}^R(r,n)]^2+[S_{u_1 u_2}^I(r,n)]^2}{S_{u_1}(l,n)S_{u_2}(p,n)}\right\}^{1/2} \tag{3-27b}$$

一般地，互谱密度函数 $S_{u_1 u_2}(r,n)$ 的虚部比实部的影响小，故式（3-27b）还可写为

$$Coh(r,n)\approx\frac{S_{u_1 u_2}^R(r,n)}{\sqrt{S_{u_1}(l,n)S_{u_2}(p,n)}} \tag{3-27c}$$

在一般情况下，也将互谱密度函数的实部 $S_{u_1 u_2}^R(r,n)$ 中的上标"R"略去，其形式变得与式（3-27a）相同，因此，常直接将式（3-27a）中的分子理解为实部。

相干函数是频域内的相关，由式（3-27）可知

$$0\leqslant Coh^2(r,n)\leqslant 1 \tag{3-28}$$

在顺风向，对于如高层建筑那样的需同时考虑高度和宽度方向的尺度的建筑物，一般考虑水平（x 方向）与竖向（z 方向）的相关性，对此，达文波特提出了如下指数形式的经验公式：

$$Coh(r,n)=R_{xz}(x,x',z,z',n)=e^{-c} \tag{3-29}$$

其中

$$c=\frac{n[c_x^2(x-x')^2+c_z^2(z-z')^2]^{1/2}}{\overline{v}_{10}}$$

或

$$c=\frac{n[c_x^2(x-x')^2+c_z^2(z-z')^2]^{1/2}}{\frac{1}{2}[\overline{v}(z)+\overline{v}(z')]}$$

式中　$\overline{v}_{10}$、$\overline{v}(z)$、$\overline{v}(z')$ ——10m，z，z' 高度处的平均风速；

　　　　　n——脉动风的频率，Hz；

　　　　　c_z、c_x——系数，$c_z=10$，$c_x=16$。

对于高耸结构类的细长构筑物，一般只考虑竖直方向的相关，建议的经验公式仍为如下的指数形式：

$$Coh(r,n)=R_z(z,z',n)=e^{-c_1} \tag{3-30}$$

其中

$$c_1=\frac{7n|z-z'|}{\overline{v}(z)}$$

对于高层建筑类的构筑物，加拿大国家建筑规范采用了达文波特提出的另一类表达式如下：

$$R_{xz}(x,x',z,z',n)=e^{-(c_1+c_2)} \tag{3-31}$$

其中

$$c_2=\frac{8n|x-x'|}{\overline{v}(z)}$$

式中　c_1——与式（3-29）中相同。

式（3-30）实际上仅考虑水平（x 方向）相关，因此，式（3-31）的形式为竖向相关与水平相关的乘积。

湍流互谱密度函数与湍流积分尺度的物理关系很密切，因此，上面给出的指数衰减形式和相关表达式也同样会带来不确定性。除此之外，指数形式的衰减系数 c、c_x、c_1 和 c_2 还与地面粗糙度、离地高度、风速及湍流强度等因素有关，由于还缺乏充分的资料，脉动风的相干函数是结构风工程中一个不确定的内容。一些近期的研究表明，从工程结构设计应用的观点看，上文给出的指数衰减的相干函数是允许的，但可能有些偏保守。

3.2.5　顺风向风振

水平流动的气流作用在构筑物的表面上，会在其表面上产生风压，将风压沿表面积分可求出作用在构筑物上的风力，风力又可分为顺风向风力、横风向风力和风扭力矩。国家规范采用振型的惯性力定义"风振系数"，考虑风荷载的动力影响。

脉动风是一种随机动力作用，其对结构产生的作用效应需采用随机振动理论进行分析。首先，惯性风荷载方法是要表达第 j 振型的惯性力，第 j 振型峰值（或设计）分布惯性力 $p_{dj}(z)$ 为

$$p_{dj}(z)=m(z)(2\pi n_j)^2\varphi_j(z)g\sigma_{yj}(z) \tag{3-32}$$

式中　$m(z)$——分布质量；

n_j、$\varphi_j(z)$——第 j 阶频率和第 j 阶振型。

第 j 阶位移标准差为

$$\sigma_{yj}(z)=\left[\frac{\rho^2\overline{C}_D(M_1)\overline{C}_D(M_2)\,\overline{v}_H^2\varphi_j^2(z)}{M_j^{*2}}\int_0^\infty\int_0^H\int_0^H\int_0^{B(z)}\int_0^{B(z')}\varphi_j(z)\varphi_j(z')\cdot\right.$$
$$\left.\left(\frac{zz'}{H^2}\right)^aR_{xz}(M_1,M_2,n)\,|\,H_j(in)\,|^2dxdx'dzdz'dn\right]^{\frac{1}{2}}$$
$$=\frac{\rho\overline{v}_H\varphi_j(z)}{M_j^*}\left[\overline{C}_D(M_1)\,\overline{C}_D(M_2)\int_0^H\int_0^H\int_0^{B(z)}\int_0^{B(z')}\varphi_j(z)\varphi_j(z')\cdot\right.$$
$$\left.\int_0^\infty\left(\frac{zz'}{H^2}\right)^aR_{xz}(M_1,M_2,n)\,|\,H_j(in)\,|^2dxdx'dzdz'dn\right]^{\frac{1}{2}} \tag{3-33}$$

其中
$$M_j^*=\int_0^Hm(z)\varphi_j^2(z)dz$$

式中　H——建筑物的总高；

$B(x)$——建筑物 z 高度处的迎风面宽度；

M_j^*——建筑物第 j 振型的广义质量。

分析结果表明，对于一般悬臂型风力发电机组塔架结构，由于频谱比较稀疏，第 1 振型起到控制作用，此时可以仅考虑结构第 1 振型的贡献，这样，式（3-32）为

$$p_{dj}(z)=p_{d1}(z)=m(z)(2\pi n_1)^2\varphi_1(z)g\sigma_{y1}(z) \tag{3-34}$$

式（3-33）中的下标 j 也改为 1，$\sigma_{y1}(z)$ 的表达式为

$$\sigma_{y1}(z)=\frac{\rho\overline{v}_H\varphi_1(z)\mu_s}{M_1^*}\left[\int_0^H\int_0^H\int_0^{B(z)}\int_0^{B(z')}\varphi_1(z)\varphi_1(z')\left(\frac{z\cdot z'}{H^2}\right)^a\cdot\right.$$
$$\left.\int_0^\infty R_{xz}(M_1,M_2)S_v(n)\,|\,H_1(in)\,|^2dxdx'dzdz'dn\right]^{\frac{1}{2}} \tag{3-35}$$

式（3-35）中，已将点 M_1 和点 M_2 的风压系数 $\overline{C}_D(M_1)$、$\overline{C}_D(M_2)$ 按我国荷载规范的习惯用法，改用体型系数 μ_s 表达。

由于 z 高度处静动力集中风荷载 $P(z)$ 由静、动两部分风荷载组成，现定义风振系数为静动力风荷载 $P(z)$ 与静力风荷载 $P_c(z)$ 的比值，用 $\beta_z(z)$ 表示，其表达式为

$$\beta_z(z)=\frac{P(z)}{P_c(z)}=\frac{P_c(z)+P_d(z)}{P_c(z)}=1+\frac{P_d(z)}{P_c(z)} \tag{3-36}$$

将式（3-34）和式（3-1）代入式（3-36），可得

$$\beta_z(z) = 1 + \frac{m(z)h(z)(2\pi n_1)^2 \varphi_1(z)g\sigma_{y1}(z)}{\mu_s \mu_z w_0 A_z} \tag{3-37}$$

其中

$$A_z = h(z)B(z)$$

式中　A_z——迎风面积；

　　　$h(z)$——z 高度处与集中风荷载有关的高度；

　　　$B(z)$——z 高度处与集中风荷载有关的迎风面宽度。

具体地，进一步代入式（3-35）后，式（3-37）改写为

$$\beta_z(z) = 1 + \frac{m(z)h(z)(2\pi n_1)^2 \varphi_1(z)g}{\mu_s \mu_z w_0 B(z)h(z)} \left[\int_0^\infty S_{y1}(z,n)\mathrm{d}n \right]^{\frac{1}{2}}$$

$$= 1 + \frac{m(z)(2\pi n_1)^2 \varphi_1(z)g\rho \bar{v}_H \mu_s}{\mu_s \mu_z w_0 B(z)M_1^*} \left[\int_0^H \int_0^H \int_0^{B(z)} \int_0^{B(z')} \varphi_1(z)\varphi_1(z') \cdot \right.$$

$$\left. \left(\frac{zz'}{H^2}\right)^a \int_0^\infty R_{xz}(M_1,M_2)S_v'(n) \mid H_1(in)\mid^2 \mathrm{d}x\mathrm{d}x'\mathrm{d}z\mathrm{d}z'\mathrm{d}n \right]^{\frac{1}{2}} \tag{3-38}$$

进一步代入 $\bar{v}_H = \bar{v}_{10}\left(\dfrac{H}{10}\right)^a$ 及 $w_0 = \dfrac{\rho}{2}\bar{v}_{10}^2$ 后，上式变为

$$\beta_z(z) = 1 + \frac{2m(z)(2\pi n_1)^2 \varphi_1(z)g}{\mu_z B(z)M_1^*} \left[\int_0^H \int_0^H \int_0^{B(z)} \int_0^{B(z')} \varphi_1(z)\varphi_1(z') \cdot \right.$$

$$\left. \left(\frac{z}{10}\right)^a \left(\frac{z'}{10}\right)^a \int_0^\infty R_{xz}(M_1,M_2)S_v'(n) \mid H_1(in)\mid^2 \mathrm{d}x\mathrm{d}x'\mathrm{d}z\mathrm{d}z'\mathrm{d}n \right]^{\frac{1}{2}} \tag{3-39}$$

其中

$$\mid H_1(in)\mid^2 = \frac{1}{(2\pi n_1)^4 \left\{ \left[1 - \left(\dfrac{n}{n_1}\right)^2\right]^2 + \left(2\xi_1 \dfrac{n}{n_1}\right)^2 \right\}}$$

式中　$\mid H_1(in)\mid^2$——频响函数。

根据式（3-39）中代入所采用的风速谱，就能求出风振系数，有些规范中采用阵风放大因子考虑。

3.2.6　横风向风振

3.2.6.1　涡激共振的产生

建筑物或构筑物受到风力作用时，不但顺风向可以发生风振，在一定条件下，横风向也能发生风振。

对于高层建筑、高耸塔架、烟囱等结构物，横风向风作用引起的结构共振会产生很大的动力效应，甚至对工程设计起着控制作用。横风向风振是由不稳定的空气动力作用造成的，它与结构的截面形状及雷诺数有关，下文以圆柱体的风力发电机组塔架结构为例，导出雷诺数的定义。

空气在流动中影响最大的两个作用力是惯性力和黏性力。空气流动时自身质量产生的惯性力等于单位面积上的压力 $\rho v^2/2$ 乘以面积，其量纲为 $\rho v^2 D^2$（D 为圆柱体直径）。黏性力反映流体抵抗剪切变形的能力，流体黏性可用黏性系数 μ 来度量，黏性应力为黏性系数 μ 乘以速度梯度 $\mathrm{d}v/\mathrm{d}y$，而流体黏性力等于黏性应力乘以面积，其量纲为 $\left(\mu\dfrac{v}{D}\right)D^2$。

雷诺数定义为惯性力与黏性力之比，雷诺数相同则流体动力相似。雷诺数 Re 可表示为

$$Re = \frac{\rho v^2 D^2}{\left(\mu \dfrac{v}{D}\right)D^2} = \frac{\rho v D}{\mu} = \frac{v D}{\nu} \qquad (3-40)$$

其中

$$\nu = \mu / \rho$$

式中　ρ——空气密度，kg/m^3；

　　　　v——计算高度处风速，m/s；

　　　　D——结构断面的直径，m；

　　　　μ——空气黏性系数；

　　　　ν——空气运动黏性系数。

将空气运动黏性系数 $1.45 \times 10^{-5} \, \text{m}^2/\text{s}$ 代入式（3-40），则雷诺数 Re 可按下式确定：

$$Re = 69000 v D \qquad (3-41)$$

雷诺数与风速的大小成比例，风速改变时雷诺数发生变化。当雷诺数很小，如 $Re < 1$ 时，流动将附着在圆柱体整个表面，即流动不分离；当雷诺数较小，处于 $5 \leqslant Re \leqslant 40$ 时，出现流动分离，分离点靠近截面中心前缘，见图 3-8（a），分离流线内有两个稳定的旋涡；当雷诺数增大，但 $Re < 3.0 \times 10^5$ 时，流体从圆柱体后分离出的旋涡将交替脱落，向下游流动形成涡列，见图 3-8（b），若旋涡脱落频率接近结构横向自振频率时引起结构涡激共振，即产生横风向风振；当雷诺数继续增加，处于 $3.0 \times 10^5 \leqslant Re < 3.5 \times 10^6$ 时，圆柱体尾流在分离后十分紊乱，出现比较随机的旋涡脱落，没有明显的周期；当雷诺数增加到 $Re \geqslant 3.5 \times 10^6$ 时，又呈现了有规律的旋涡脱落，若旋涡脱落频率与结构自振频率接近，结构将发生强风共振。由于卡门（Karman）对涡激共振现象进行了深入的分析，圆柱体后的涡列又称卡门涡列。后来斯脱罗哈（Strouhal）在研究的基础上指出旋涡脱落现象可以用一个无量纲参数来描述，此参数命名为斯脱罗哈数，可表示为

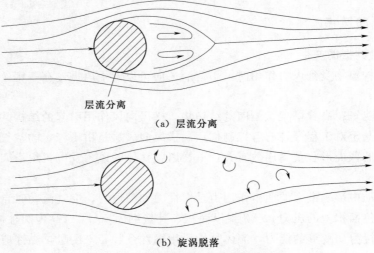

层流分离

（a）层流分离

（b）旋涡脱落

图 3-8　层流分离及旋涡脱落

$$St = \frac{D}{T_s v} \qquad (3-42)$$

式中　St——斯脱罗哈数；

　　　T_s——旋涡脱落的一个完整周期；

　　　v——来流平均速度，m/s；

　　　D——物体在垂直于平均流速平面上的投影特征尺寸，对于圆柱体为其直径，m。

　　有研究表明：对于圆形或近似圆形截面的结构物，St 为 0.18～0.20。

3.2.6.2　锁定现象及共振区高度

　　实验研究表明，一旦结构产生涡激共振，结构的自振频率就控制旋涡脱落频率。由式（3-41）可知，旋涡脱落频率随风速而发生变化，在结构产生横风向共振反应时，若风速增大，旋涡脱落频率仍维持不变，与结构自振频率保持一致，这一现象称为锁定。在锁定区内，旋涡脱落频率是不变的，锁定对旋涡脱落的影响如图3-9所示。只有当风速大于结构共振风速约1.3倍时，旋涡脱落才重新按新的频率激振。

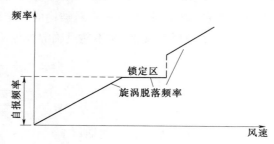

图 3-9　锁定现象

　　在一定的风速范围内将发生涡激共振，涡激共振发生的初始风速为临界风速，临界风速 v_{cr} 的计算公式为

$$v_{cr} = \frac{D}{T_j St} = \frac{5D}{T_j} \qquad (3-43)$$

式中　St——斯脱罗哈数，对圆截面结构取 0.2；

　　　T_j——结构第 j 振型自振周期。

　　由锁定现象可知，在一定的风速范围内将发生涡激共振，对图3-10所示圆柱体结构，可沿高度方向取 $(1.0～1.3)v_{cr}$ 的区域为锁定区，即共振区。对应于共振区起点高度 H_1 的风速应为临界风速 v_{cr}，由式（3-5）给出的风剖面的指数变化规律，取离地标准高度为10m，可导出以下公式：

$$\frac{v_{cr}}{v_0} = \left(\frac{H_1}{10}\right)^{\alpha} \qquad (3-44)$$

可得

$$H_1 = 10\left(\frac{v_{cr}}{v_0}\right)^{1/\alpha} \qquad (3-45)$$

　　若取离地高度为 H，得到 H_1 的另一种表达式为

$$H_1 = H\left(\frac{v_{cr}}{v_H}\right)^{1/\alpha} \qquad (3-46)$$

式中　H——结构总高度，m；

　　　v_H——结构顶部风速，m/s。

　　对应于风速 $1.3 v_{cr}$ 的高度 H_2，由式（3-5）的指数变化规律，取离地标准高度为10m，同样可导出

$$H_2 = 10\left(\frac{1.3 v_{cr}}{v_H}\right)^{1/\alpha} \qquad (3-47)$$

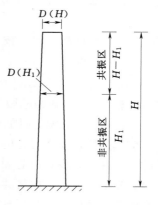

图 3-10　圆柱体结构示意图

式（3-47）计算出的 H_2 值有可能大于结构总高度 H，也有可能小于结构总高度 H，实际工程中一般均取 $H_2 = H$，即共振区范围为 $H - H_1$。

3.2.6.3　横风向风振验算

涡流脱落振动特征可根据雷诺数 Re 的大小划分为三个临界范围，涡激共振状态与斯脱罗哈数 St 有关。

对圆形截面的结构，应根据雷诺数 Re 的不同情况进行横风向风振验算。

（1）亚临界范围（$Re < 3.0 \times 10^5$）。工程中，雷诺数 $Re < 3.0 \times 10^5$ 的情况极少遇到，即便遇到也因风速过小可以忽略，因而该范围内雷诺数较小的情况实际上是不需考虑的。当 $3.0 \times 10^2 \leqslant Re < 3.0 \times 10^5$ 时，一般风速较低，即使旋涡脱落频率与结构自振频率相符，发生亚临界的强风共振，也不会对结构的安全产生严重影响。工程设计时应采取适当构造措施，控制结构顶部风速 v_H 不超过临界风速 v_{cr}，v_{cr} 和 v_H 可按下列公式确定

$$v_{cr} = \frac{D}{T_1 St} = \frac{5D}{T_1} \qquad (3-48)$$

$$v_H = \sqrt{\frac{2000 \gamma_w \mu_H w_0}{\rho}} \qquad (3-49)$$

式中　T_1——结构基本自振周期；

　　　γ_w——风荷载分项系数，取 1.4；

　　　μ_H——结构顶部风压高度变化系数。

当结构沿高度截面缩小时（倾斜度不大于 0.02），可近似取 2/3 结构高度处的风速和直径来计算雷诺数和其他参数。

（2）超临界范围（$3.0 \times 10^5 \leqslant Re < 3.5 \times 10^6$）。此范围旋涡脱落没有明显周期，结构的横风向振动呈现随机特征，不会产生共振响应，且风速也不是很大，工程上一般不考虑横风向振动。

（3）跨临界范围（$Re \geqslant 3.5 \times 10^6$）。当风速进入跨临界范围时，重新出现规则的周期性旋涡脱落，一旦旋涡脱落频率与结构横风向自振频率接近，结构将发生强烈涡激共振，有可能导致结构损坏，危及结构的安全性，必须进行横风向风振验算。

跨临界强风共振引起在 z 高处第 j 振型的等效风荷载的计算公式为

$$w_{ckj} = |\lambda_j| v_{cr}^2 \varphi_{zj} / 12800 \xi_j \qquad (3-50)$$

式中　λ_j——计算系数，按表 3-8 采用，表中临界风速起始点高度 H_1 按式（3-46）确定；

　　　φ_{zj}——在 z 高处结构的 j 振型系数，由计算确定；

　　　ξ_j——第 j 振型的阻尼比，对第 1 振型，钢结构取 0.02，混凝土结构取 0.05；对高振型的阻尼比，若无实测资料，可近似按第 1 振型的值取用。

横风向风振主要考虑的是共振影响，因而可与结构的不同振型发生共振效应。对超临界的强风共振，设计时必须按不同振型对结构予以验算。式（3-50）中的计算系数 λ_j 是对第 j 振型情况下考虑与共振区分布有关的折算系数，若临界风速起始点在结构底部，整个高度为共振区，它的振动效应最为严重，系数值最大；若临界风速起始点在结构顶部，则不发生共振，也不必验算横风向风振荷载。一般认为低振型的影响占主导作用，只需考

慮前 4 个振型即可满足要求，其中以前 2 个振型的共振最为常见。

表 3 - 8 λ_j 计 算 用 表

结构类型	振型序号	H_1/H										
		0	0.1	0.2	0.3	0.4	0.5	0.6	0.7	0.8	0.9	1.0
高耸结构	1	1.56	1.55	1.54	1.49	1.42	1.31	1.15	0.94	0.68	0.37	0
	2	0.83	0.82	0.76	0.60	0.37	0.09	−0.16	−0.33	−0.38	−0.27	0
	3	0.52	0.48	0.32	0.05	−0.19	−0.30	−0.21	0.00	0.20	0.23	0
	4	0.30	0.33	0.02	−0.20	−0.23	0.03	0.16	0.15	−0.05	−0.18	0

在风荷载作用下，结构出现横风向风振效应的同时，必然存在顺风向风荷载效应，结构的风荷载总效应应是横风向和顺风向两种效应的矢量叠加。校核横风向风振时，风的荷载效应 S 可将横风向风荷载效应 S_C 与顺风向风荷载效应 S_A 按下式组合后确定：

$$S=\sqrt{S_C^2+S_A^2} \tag{3-51}$$

对于非圆形截面的柱体，如三角形、方形、矩形、多边形等棱柱体，都会发生类似的旋涡脱落现象，产生涡激共振，但其规律更为复杂。对于重要的柔性结构的横风向风振等效风荷载，则通过风洞试验确定。

3.3 地 震 作 用

地震产生的地面运动有水平晃动和上下跳动两种。不论水平地震或竖向地震，都将使原来处于静止状态的结构在各质量处产生水平加速度或竖向加速度，从而产生水平惯性力或竖向惯性力。这些惯性力可使结构产生破损、破坏和倒塌，从而引起严重地震灾害。所以，在地震作用下对结构物的抗震计算，首先必须确定由地震作用所引起的惯性力，这些力通常称为地震力。地震力是一种反映地震对结构影响的等效力或惯性力，并不是直接作用在结构上的荷载，因而不称作地震荷载。本节将围绕地震引起的结构上的惯性力或地震力加以分析讨论。

3.3.1 震级和烈度

3.3.1.1 震级

地震的大小或地震强度的等级标度，常用震级来表示。地震的震级是根据地震释放的能量大小而定的级别。震级愈高，释放出来的能量也愈多。不同震级的地震通过地震波释放的能量见表 3 - 9。震级 M 和地震释放能量 E 之间的关系式为

$$\lg E = 11.8 + 1.5M \tag{3-52}$$

表 3 - 9 不同震级的地震通过地震波释放的能量

震级	1	2	2.5	3	4	5
能量/erg	2×10^{13}	6.3×10^{14}	3.55×10^{15}	2×10^{16}	6.3×10^{17}	2×10^{19}
震级	6	7	8	8.5	8.9	
能量/erg	6.3×10^{20}	2×10^{22}	6.3×10^{23}	3.55×10^{24}	1.41×10^{25}	

注：$1\mathrm{erg}=10^{-7}\mathrm{J}$。

由表 3－9 可知，一个 1 级地震的能量为 $2×10^{13}$ erg，一度电的能量为 $3.6×10^{13}$ erg，所以 1 级地震能量是很小的。但是震级增加一级，能量增大 31 倍多，5 级以上的地震能量便增大到足以造成结构物的破坏。8.9 级地震的能量相当于 100 万 kW 的发电厂 40 年的连续发电量，或相当于一个具有 1800 万吨级的 TNT 炸药量的氢弹，其破坏力是十分惊人的。

地震发生震动的地方，称为震源。地面上与震源垂直对应的地方称为震中。从震中到震源的垂直距离，称为震源深度。通常地震源深度在 70km 以内的，称为浅源地震，世界上绝大多数地震的震源深度为 5～20km，都属于这个范围；震源深度为 70～300km，称为中源地震；震源深度超过 300km 的，称为深源地震。一般来说，对于同样大小的地震，当震源深度较浅时，则涉及的范围小而破坏的程度大；当震源深度较深时，涉及的范围大而破坏程度小，深度超过 100km 的地震，在地面上一般不引起灾害。

3 级以下的地震，称为微震，人们可无感觉；3 级和 3 级以上、5 级以下的地震，称为弱震或小震，对一般浅源地震来说，人们才有一定的感觉；5 级和 5 级以上、7 级以下的地震称为强震或中震，可以造成地面上建筑物的损坏，故亦称为破坏地震；7 级和 7 级以上的地震称为大地震，也属于破坏地震，可以造成地面建筑物的大规模损坏。

一次地震发生，一般来说，距离震中愈近，受到的影响就愈大；距离愈远，影响也就愈小。因此震级仅表示地震的大小，对工程结构设计来说，还要根据离开震中距离的远近和建筑物的破坏程度而采用新的指标。

3.3.1.2　烈度

地震烈度是用来反映地震时某地区地面和建筑物受到影响的强弱程度的一个等级标度。一般来说，离震中距离愈近，地震影响愈大，烈度就愈高；反之离震中距离愈远，烈度就愈低。震中点的烈度称为震中烈度。我国和世界上大多数国家把烈度分为 12 度。震中烈度与震级及震源深度的关系见表 3－10。

表 3－10　震中烈度与震级及震源深度的关系

震级	震源深度/km			
	5	10	15	20
≤3	5	4	3.5	3
4	6.5	6.5	5	4.5
5	8	7	6.5	6
6	9.5	8.5	8	7.5
7	11	10	9.5	9
8	12	11.5	11	10.5

工程上关心的是地震烈度，不是震级。一次地震只有一个震级，但是随震中距离的远近和地震影响程度不同却有不同的烈度。根据历史记录和分析，可以得出某一地区在今后一定时期内可能遇到的最大地震烈度，这种烈度称为基本烈度。《高耸结构设计规范》（GB 50135—2006）规定，烈度 6 度可不作抗震验算。因此对于高耸结构，7 度和 7 度以上烈度时，才需进行抗震验算。烈度 6 度地区仅需满足抗震构造即可，7 度及以上地区既

需进行抗震验算，又需满足构造要求。

抗震设防烈度和设计基本地震加速度取值的对应关系，应符合表3-11的规定。

表3-11 抗震设防烈度和设计基本地震加速度值的对应关系

抗震设防烈度	6	7	8	9
设计基本地震加速度值	$0.05g$	$0.10(0.15)g$	$0.20(0.30)g$	$0.40g$

注：g 为重力加速度。

3.3.2 场地类别划分

不同场地上的结构对地震的反应是不同的。对结构所在场地进行类别划分，就是为了根据不同的场地类别采用相应的设计参数，从而进行结构的抗震设计。

建筑的场地类别，应根据土层等效剪切波速和场地覆盖层厚度按表3-12划分为四类。

表3-12 各类建筑场地的覆盖层厚度   单位：m

等效剪切波速	场 地 类 别			
	Ⅰ	Ⅱ	Ⅲ	Ⅳ
$v_{se} > 500$	0			
$500 \geqslant v_{se} > 250$	<5	≥5		
$250 \geqslant v_{se} > 140$	<3	3~50	>50	
$v_{se} \leqslant 140$	<3	3~15	>15~80	>80

注：表中 v_{se} 为岩石的剪切波速。

土层等效剪切波速的计算公式为

$$v_{se} = d_0/t \tag{3-53}$$

其中

$$t = \sum_{i=1}^{n} (d_i/v_{si})$$

式中 v_{se}——土层等效剪切波速，m/s；

d_0——计算深度，m，取覆盖层厚度和20m两者的较小值；

t——剪切波在地面至计算深度之间的传播时间，s；

d_i——计算深度范围内第 i 土层的厚度，m；

v_{si}——计算深度范围内第 i 土层的剪切波速，m/s；

n——计算深度范围内土层的分层数。

3.3.3 确定地震力的方法

在已知基本烈度或设防烈度之后，进行地震力或地震作用下的计算，以便得出地震作用下各项内力、位移等所需的数据。确定地震力一般有三种方法。

3.3.3.1 反应谱法

反应谱法是根据各种地震记录曲线，求出抗震计算中所必须的参数与周期的关系曲线，然后取这些曲线的包络线作为抗震计算的依据进行地震力的计算。所需的参数通常取结构最大加速度响应与重力加速度的比值，以使该参数无量纲化。该参数的示意图如图 3 -11 所示。

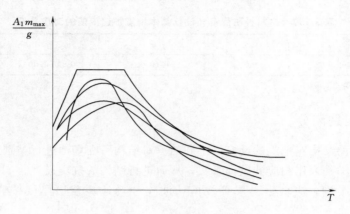

图 3 - 11　反应谱曲线

反应谱法的优点是根据此包络线图，乘以质量等参数，即可求出最大惯性力或地震力。

反应谱法计算结构的地震响应时，一般结合振型分析进行，因而也称为振型分解反应谱法，对于一般规则的高耸结构，一般取前 2～3 个振型的影响。

计算表明，对于高度不超过 40m、以剪切变形为主且质量和刚度沿高度分布比较均匀的结构，以及近似于单质点体系的结构，可只考虑第 1 振型的影响，从而演变为底部剪力法等简化方法。

3.3.3.2　时程分析法（直接动力法）

反应谱法虽然能很快求出最大地震力，从而进行抗震验算，但是它不能提供某一时刻结构的受力及破损情况，因而使工程师们无法了解在地震下的结构受力的演变过程。因此有些学者建议直接根据不同的地震地面加速度时程记录曲线进行计算，如果结构在各种地震记录曲线下都是安全的，结构设计便是可靠的。这种以时程记录曲线为基础的计算方法，常称为时程分析法或直接动力法。《建筑抗震设计规范》（GB 50011—2010）建议对特别不规则的建筑及国家重点抗震城市的生命线工程的建筑（甲类建筑）和规范所列高度范围内的高层建筑，宜采用时程分析法进行补充计算。计算得到的底部剪力不应小于反应谱法得到的结果的 80%。所选用的地震曲线，宜按烈度、近震、远震和场地类别选用适当数量的实际记录或人工模拟的加速度时程曲线。在具体应用时至少应采用 4 条不同的地震加速度曲线，其中宜包括一条本地区历史上发生地震时的实测记录；如当地无地震记录，可根据当地场地条件选用合适的其他地区的地震记录；如没有合适的地震记录，可采用人工模拟地震波。

3.3.3.3　随机振动理论方法

以上两种方法都是根据有限的地震记录对结构进行确定性的振动分析的方法。虽然在选用的地震记录中是安全的，但无法预估将来新的可能更为危险的地震记录的发生。因此只有依靠概率统计方法才能根据安全度的要求加以解决，这样就发展了以概率统计为手段的随机振动理论方法。虽然从理论上讲，这个方法更为合理，但是至今仍未成熟，目前还停留在研究阶段，在抗震规范中还未得到应用。

3.3.4 振型分解反应谱法

振型分解反应谱法是应用反应谱理论的一种普遍适用的方法，它以振型分解为基础，并考虑多个振型的影响。

3.3.4.1 基本假定

（1）假定结构地基相当于刚性平面，各点运动完全一致。由于地震波的波长远大于结构的尺寸，因而这个假定是合理的。只有对尺寸特大的结构，才需作特殊的处理。

（2）假定地面运动过程可以用强震观测仪器的记录来表示。到目前为止，还没有比强震观测记录更为可靠的资料来说明地面运动的规律，因而这一假定是必须承认的。

（3）假定结构是弹性的。实际上结构并不真正是弹性的，对于比较均匀的钢材，由于地震作用允许结构进入弹塑性阶段而不破坏，所以不是弹性的；对于钢筋混凝土结构，由于材料应力与应变关系除了初始很小一段以外，基本上是非线性的，当裂缝出现之后，非弹性性质更为明显。所以工程结构在抗震计算中都应作为非线性性质来处理。但是目前弹塑性阶段的结构分析较为复杂，根据一些实测资料分析，按弹性分析结果虽然是不准确的，但不同结构可以反映不同量的差别。目前计算上仍采用弹性假定，只是在结果上乘以一个小于 1 的系数来表示。

3.3.4.2 水平地震力（水平地震作用标准值）及响应

高耸结构风力发电机组塔架结构一般都为不完全对称结构，因此水平地震作用下应考虑扭转的影响。地震力即为惯性力，由于采用振型分解反应谱法，因而应分别求出各振型的地震力及其效应（弯矩、剪力、轴力和变形），然后考虑各振型的综合影响。

根据结构动力学，高耸悬臂型结构在水平地面加速度 $\ddot{y}_0(t)$ 作用下的第 j 振型第 i 质点的地震力或惯性力等于质量 M_i 乘以该振型的加速度 $\omega_j^2 y_{ji}$，其中 y_{ji} 为第 j 振型第 i 点的位移效应。按结构动力学求出 y_{ji} 之后，从而求出第 j 振型第 i 质点任一时刻的地震力（见图 3-12）为

$$F_{ji}(t) = \omega_j^2 y_{ji} M_i = A_j(t)\gamma_j\varphi_{ji} M_i \tag{3-54}$$

其中
$$A_j(t) = -\frac{\omega_j^2}{\omega_j'}\int_0^t \dot{y}_0(\tau)e^{-\xi_j\omega_j(t-\tau)}\cdot \sin\omega_j'(t-\tau)\mathrm{d}\tau \tag{3-55}$$

$$\gamma_j = \frac{\sum_{i=1}^n M_i g\varphi_{ji}}{\sum_{i=1}^n M_i g\varphi_{ji}^2} = \frac{\sum_{i=1}^n G_i\varphi_{ji}}{\sum_{i=1}^n G_i\varphi_{ji}^2} \tag{3-56}$$

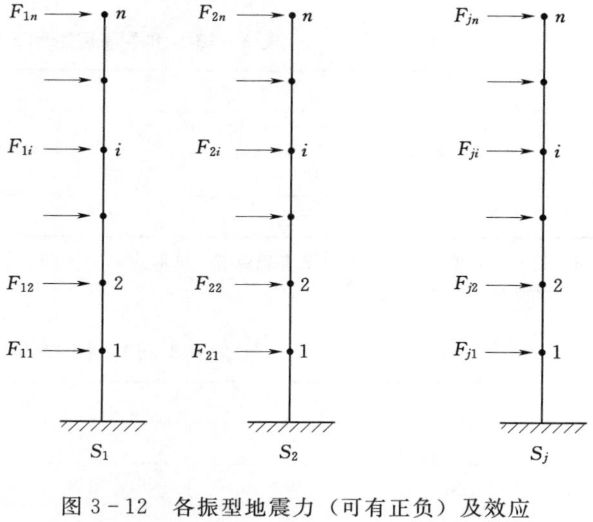

由于地震力各时刻不同，我们可取其最大值进行计算，此时公式

图 3-12 各振型地震力（可有正负）及效应

（3-54）变为

$$F_{ji}(t) = A_j(t)\gamma_j\varphi_{ji}M_i = \frac{A_j}{g}\gamma_j\varphi_{ji}M_ig = \alpha_j\gamma_j\varphi_{ji}G_i \qquad (3-57)$$

式中　A_j——相当于单质点体系（此时 $\gamma_j = \varphi_{ji} = 1$）的最大加速度，也可称为单质点体系最大地震加速度；

γ_j——第 j 振型的参与系数；

φ_{ji}——第 j 振型第 i 质点的振型系数（水平相对位移）；

G_i——质点 i 重力荷载代表值；

α_j——第 j 振型地震影响系数。

式（3-57）即为水平地震力最大值的计算公式。

（1）地震影响系数 α。根据大量的强震记录对钢筋混凝土结构进行弹性分析，求出各条的 α 值，然后取其包络线。考虑到实际结构的弹塑性变形，并结合分析结构在强烈地震时宏观破坏情况，上述用弹性方法求出的值将有所降低。《建筑抗震设计规范》（GB 50011—2010）采用的值由图 3-13、表 3-13 和表 3-14 给出。其中近震是指建筑所在地区遭受的地震影响来自本设防烈度区或比该地区设防烈度大 1 度的地区地震；远震是指来自设防烈度比该地区设防烈度大 2 度或 2 度以上的地区地震。

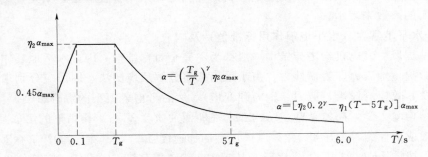

图 3-13　地震影响系数曲线

表 3-13　水平地震影响系数最大值 $\alpha_{\max}$

地震影响	烈　　度			
	6	7	8	9
多遇地震	0.04	0.08（0.12）	0.16（0.24）	0.32
罕遇地震	—	0.50（0.72）	0.90（1.20）	1.40

注：括号中数值分别用于设计基本地震加速度取为 0.15g（抗震设防烈度为 7 度）和 0.30g（抗震设防烈度为 8 度）的地区。

表 3-14　特 征 周 期 值　　　　　　　　　单位：s

远、近震	场 地 类 别			
	Ⅰ	Ⅱ	Ⅲ	Ⅳ
近震	0.20	0.30	0.40	0.65
远震	0.25	0.40	0.55	0.85

当高耸结构阻尼比的取值不等于 0.05 时，地震影响系数曲线的阻尼调整系数 η_2 及形状参数应按下列规定调整：

曲线下降段的衰减指数为

$$\gamma = 0.9 + \frac{0.05 - \zeta}{0.5 + 5\zeta} \qquad (3-58)$$

式中　γ——曲线下降段的衰减指数；

　　　ζ——结构抗震阶段阻尼比，混凝土结构取 0.05，预应力混凝土结构取 0.03，钢结构取 0.02。

直线下降段的下降斜率调整系数为

$$\eta_1 = 0.02 + (0.05 - \zeta)/8 \qquad (3-59)$$

式中　η_1——直线下降段的下降斜率调整系数，其值小于 0 时，应取 0。

阻尼调整系数为

$$\eta_2 = 1 + \frac{0.05 - \zeta}{0.06 + 1.7\zeta} \qquad (3-60)$$

式中　η_2——阻尼调整系数，其值小于 0.55 时，应取 0.55。

（2）振型参与系数 γ。根据质量（或重力）由式（3-58）确定。

（3）振型系数（模态）φ。由结构动力学计算，见第 4 章。

（4）重力荷载代表值 G。计算地震作用时，建筑的重力荷载代表值应取结构和构配件自重标准值和竖向可变荷载组合值之和。

由各振型水平地震力按结构力学求出各振型的地震力效应 S_j（弯矩、剪力、轴力、变形），如图 3-12 所示。水平地震作用产生的总作用效应 S 按平方总和开方法计算，即

$$S = \sqrt{\sum_{j=1}^{m} S_j^2} \qquad (3-61)$$

式中　m——振型个数，在一般情况下，m 可取 2～3；当基本周期大于 1.5s 时，振型个数可适当增加。

3.3.4.3　竖向地震力（竖向地震作用标准值）及响应

高耸结构竖向地震作用计算示意图如图 3-14 所示。

结构底部总竖向地震作用标准值 F_{Ev} 的计算公式为

$$F_{Ev} = \alpha_{v,max} G_{eq} \qquad (3-62)$$

质点 i 的竖向地震作用标准值 F_{vi} 的计算公式为

$$F_{vi} = \frac{G_i h_i}{\sum G_j h_j} F_{Ev} \qquad (3-63)$$

其中　　　　$G_{eq} = 0.75 G_E$

式中　$\alpha_{v,max}$——竖向地震影响系数的最大值，可取水平地震影响系数最大值 α_{max} 的 65%；

　　　G_{eq}——结构等效总重力荷载；

　　　G_E——计算地震作用时结构的总重力荷载代表值，按 $G_E = \sum_{j=1}^{n} G_j$ 计算；

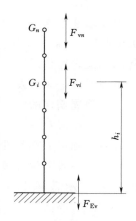

图 3-14　竖向地震作用
计算示意图

41

G_i、G_j——集中于质点 i、j 的重力荷载代表值；

h_i、h_j——集中质点 i、j 的高度。

3.4 波 浪 荷 载

海洋工程结构在海洋风浪流环境下的受载，总称为波浪荷载。波浪荷载是由波浪水质点与结构间的相对运动所引起的。波浪是水质点振动运动的发生和传播。水在外力作用下，水质点可离开原来的位置，但在内力（重力、水压力、表面张力等）作用下，它又有恢复至原来位置的趋势。因此，水质点在其平衡位置附近做封闭的圆周运动或接近于封闭的圆周运动，便产生了波浪，并引起了波浪的传播。波浪是一随机性运动，很难在数学上精确描述。

根据形成原因的不同，波浪可以分为风成波（风浪）、内波、驻（立）波以及海啸。

波浪的运动是能量的传播和转化。大的波浪对岸边的冲击力是很大的，如海中波浪对海岸的冲击力可达 $20\sim30t/m^2$，大者可达 $60t/m^2$。

波浪荷载包括：直接作用于海洋工程结构上的水动压力；海洋工程结构在风浪流中运动产生加速度导致的惯性力；海洋工程结构发生总体和局部的动态应力（应变），从而使结构受剖内部构成所谓在和效应的弯矩（剪力）和扭矩。

影响波浪荷载大小的因素很多，如波高、波浪周期、水深、结构尺寸和形状、群桩的相互干扰和遮蔽作用以及海生物附着等。当结构构件（部件）的直径小于波长的 20% 时，波浪荷载的计算通常用半经验半理论的莫里森（美国）方程；大于波长的 20% 时，应考虑结构对入射波长的影响，考虑入射波的绕射，计算时用绕射理论求解。

3.4.1 波浪对风力发电机组基础的影响

海上波浪也称为海浪，一般将浪高在 6m 以上的海浪称为灾害性海浪，这类海浪对航行在世界大洋的大多数船只已构成威胁，它能掀翻船只，摧毁海上工程和海岸工程，给航海、海上施工、海上军事活动、渔业捕捞等带来极大的危害。

我国海域分布广，不同海域的灾害性海浪分布存在明显差异：南海海域 14.1 次/年，东海海域 9.8 次/年，台湾海峡 6.1 次/年，黄海海域 5.9 次/年，渤海海域相对较小，为 0.9 次/年。统计资料表明，影响我国的台风 80% 都能形成 6m 以上的台风浪。台风及其伴随的灾害性台风浪可能会对海上风力发电机组产生破坏性影响，因此，有必要研究和评价海浪对海上风力发电机组基础的作用和影响。

海浪周期性的巨大冲击力将对风力发电机组基础带来如下影响：

（1）海浪对基础周期性的冲刷，在海浪夹带作用下，逐渐转移基础附近的泥沙土壤等，对基础造成掏空性破坏。

（2）一般来说，浪高越大，对基础的影响越大。据文献报道，上海东海大桥 100MW 海上风电示范项目基础设计时发现有效浪高为 5.81m、波周期为 7.76s、波速为 9.5570m/s 的情况下，对风力发电机组基础造成的水平冲击力达 100t 之多。

（3）海浪导致地基孔隙中水压力周期性变化，不断"松弛"地基，使其可能产生液化现象，弱化基础承载力。

（4）灾害性海浪的频率一般较低，与基础的基频比较接近，存在产生谐振的可能性。

（5）海浪与台风的荷载耦合作用对风力发电机组基础产生叠加弯矩，破坏力巨大，在极限阵风为 70m/s、浪高 6m、水深 20m 的情况下，风力发电机组基础根部受到的最大组合弯矩可以达到 $2 \times 10^5 kN \cdot m$，比纯气动弯矩增加了 125%，破坏力十分惊人。

（6）海浪还影响到风力发电机组基础的施工和正常维护保养，增加工程施工和维护难度。

因此，进行风力发电机组基础设计不但考虑风荷载对风力发电机组基础的作用，还要考虑海浪对基础的冲击、淘刷、谐振作用以及风-浪的耦合作用，提高设计裕度，确保基础安全、可靠。

3.4.2 波浪荷载计算

波浪组成要素有：波长 $2L$，波高 $2H$，波的周期 $2T$（两个相邻的波峰在某一断面处出现的时间间隔），波浪传播速度 r（波峰的移动速度），见图 3-15。

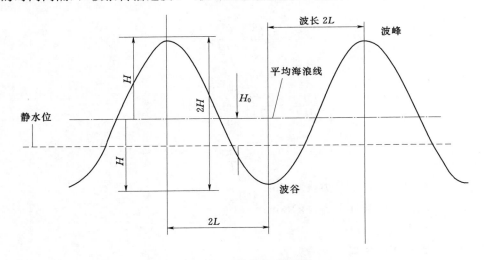

图 3-15 波浪组成要素

根据《港口与航道水文规范》（JTS 145—2015）计算波浪对桩基或墩柱的作用，平台上的波浪荷载在性质上是动态的，需按动力分析，但对于设计水深小于 15m 的近海平台，波浪荷载对平台的作用可以用等效静力来分析，即只计算作用在固定平台上的静设计波浪力，忽略平台的动力响应和由平台引起的入射波浪的变形。波浪力计算示意图如图 3-16 所示。

（1）应用莫里森公式计算波浪力。

$$p_D = \frac{1}{2} \frac{\gamma}{g} C_D D u |u|$$

$$p_I = \frac{\gamma}{g} C_M A \frac{\partial u}{\partial t} \tag{3-64}$$

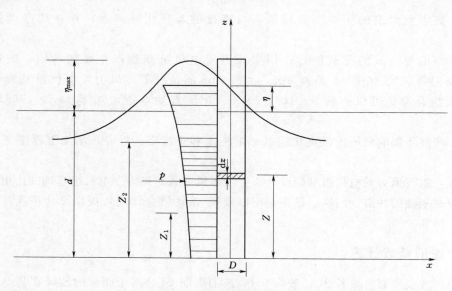

图 3－16 波浪力计算示意图

其中

$$u = \frac{\pi H}{T} \frac{\mathrm{ch}\dfrac{2\pi Z}{L}}{\mathrm{sh}\dfrac{2\pi d}{L}} \cos\omega t$$

$$\frac{\partial u}{\partial t} = -\frac{2\pi^2 H}{T^2} \frac{\mathrm{ch}\dfrac{2\pi Z}{L}}{\mathrm{sh}\dfrac{2\pi d}{L}} \sin\omega t$$

$$\omega = \frac{2\pi}{T}$$

式中　　p_D——波浪力的速度分力，kN/m；

　　　　p_I——波浪力的惯性分力，kN/m；

　　　　d——静水深度，m；

　　　　Z——距水底的距离，m；

　　　　D——柱体直径，m；

　　　　A——柱体的断面面积，m²；

　　　　C_D——速度力系数，对圆形断面取 1.2；

　　　　C_M——惯性力系数，对圆形断面取 2.0；

　　　　u——水质点轨道运动的水平速度，m/s；

　　　　$\dfrac{\partial u}{\partial t}$——水质点轨道运动的水平加速度，m/s²；

　　　　ω——圆频率，rad/s；

　　　　t——时间，s，当波峰通过柱体中心线时，$t=0$。

当 Z_1 和 Z_2 间柱体相同时，作用于该段上的 $p_{D_{max}}$ 和 $p_{I_{max}}$ 的计算公式为

$$p_{D_{max}} = C_D \frac{\gamma DH^2}{2} K_1$$

$$p_{I_{max}} = C_M \frac{\gamma AH}{2} K_2 \qquad\qquad (3-65)$$

其中
$$K_1 = \frac{\dfrac{4\pi Z_2}{L} - \dfrac{4\pi Z_1}{L} + \mathrm{sh}\dfrac{4\pi Z_2}{L} - \mathrm{sh}\dfrac{4\pi Z_1}{L}}{8\,\mathrm{sh}\dfrac{4\pi d}{L}}$$

$$K_2 = \frac{\mathrm{sh}\dfrac{2\pi Z_2}{L} - \mathrm{sh}\dfrac{2\pi Z_1}{L}}{\mathrm{ch}\dfrac{2\pi d}{L}}$$

K_1 和 K_2 可根据 Z_1/L、Z_2/L 和 d/L 分别按相关图表确定。

$p_{D_{max}}$ 和 $p_{I_{max}}$ 对 Z_1 断面的力矩 $M_{D_{max}}$ 和 $M_{I_{max}}$ 的计算公式为

$$M_{D_{max}} = C_D \frac{\gamma DH^2 L}{2\pi} K_3$$

$$M_{I_{max}} = C_M \frac{\gamma AHL}{2\pi} K_4 \qquad\qquad (3-66)$$

其中
$$K_3 = \frac{1}{\mathrm{sh}\dfrac{4\pi d}{L}}\left[\frac{\pi^2(Z_2-Z_1)^2}{4L^2} + \frac{\pi(Z_2-Z_1)}{8L}\,\mathrm{sh}\frac{4\pi Z_2}{L} - \frac{1}{32}\left(\mathrm{ch}\frac{4\pi Z_2}{L} - \mathrm{ch}\frac{4\pi Z_1}{L}\right)\right]$$

$$K_4 = \frac{1}{\mathrm{ch}\dfrac{2\pi d}{L}}\left[\frac{2\pi(Z_2-Z_1)}{L}\,\mathrm{sh}\frac{2\pi Z_2}{L} - \left(\mathrm{ch}\frac{2\pi Z_2}{L} - \mathrm{ch}\frac{2\pi Z_1}{L}\right)\right]$$

K_3 和 K_4 可根据 Z_1/L、Z_2/L 和 d/L 分别按相关图表确定。

（2）应用经验公式计算波浪力。美国海岸工程研究中心根据实验和莫里森公式，给出了最大破碎波浪力的计算公式为

$$F \approx 1.5\omega_0 gDH_b^2 \qquad\qquad (3-67)$$

式中　ω_0——海水密度；

　　　D——横断面直径；

　　　H_b——破碎波波高。

3.5　水　流　荷　载

3.5.1　水流力

水流力是由往返潮流作用于结构物上对结构产生的作用，是海工工程结构物的主要荷载之一。作用于结构上的水流力标准值的计算公式为

$$F_w = C_w \frac{\rho}{2} v^2 A \qquad\qquad (3-68)$$

式中　F_w——水流力标准值，kN；

　　　C_w——水流阻力系数；

ρ——水密度，t/m^3，淡水取 $1.0t/m^3$，海水取 $1.025t/m^3$；

v——水流设计流速，m/s，设计流速可采用港口工程结构所处范围内可能出现的最大平均流速，也可根据相应表面流速推算；

A——计算构件在与流向垂直平面上的投影面积，m^2。

水流力的作用方向与水流方向一致，合力作用点位置可根据下列情况采用：

（1）上部构件。位于阻水面积形心处。

（2）下部构件。顶面在水面以下时，位于顶面以下 1/3 高度处；顶面在水面以上时，位于水面以下 1/3 水深处。

3.5.2 计算参数的确定

水流阻力系数 C_w 与计算构件的断面形状、水深、粗糙度等因素有关，可按表 3-15 选用，并根据具体情况进行修正。

当计算作用于沿水流方向排列的梁、桁架、墩、柱等构件上的水流力时，应将各构件的水流阻力系数 C_w 乘以相应的遮流影响系数 m_1，遮流影响系数 m_1 可按表 3-16 选用。

当需要考虑构件淹没深度和水深对水流力的影响时，应根据构件淹没深度和水深将水流阻力系数 C_w 乘以相应的淹没深度影响系数 n_1 和水深影响系数 n_2，淹没深度影响系数 n_1 和水深影响系数 n_2 可按表 3-17 及表 3-18 选用。

当需要考虑墩、柱间横向影响时，应将水流阻力系数 C_w 乘以相应的横向影响系数 m_2，横向影响系数 m_2 可按表 3-19 选用。

表 3-15 水 流 阻 力 系 数 C_w

名称	简 图	C_w				
平面桁架	▽ ▨▨▨▨	μ	0.1	0.2	$\geqslant 0.3$	
		C_w	2.27	2.19	1.99	
		注：μ—挡水面积系数，$\mu = \dfrac{挡水面积}{轮廓面积}$				
墩柱	▭ (B, C)	矩形	C/B	1.0	1.5	2.0	$\geqslant 3.0$
			C_w	1.50	1.45	1.30	1.10
	→ ○ (D)	圆形	0.73			
	⬢ (θ, L, D)	尖端形	$\theta/(°)$	90	$\leqslant 60$	
			C_w	0.80	0.65	
	▭ (L, D)	圆端形	0.52			
	→ I	工字形	2.07			
	→ ◇	菱形	1.55			

表 3-16 遮流影响系数 m_1

名称	简 图	m_1										
墩柱	前墩后墩	L/D	1	2	3	4	6	8	12	16	18	>20
		后墩 m_1	−0.38	0.25	0.54	0.66	0.78	0.82	0.86	0.88	0.90	1.00
		前墩 m_1	1.0	1.0	1.0	1.0	1.0	1.0	1.0	1.0	1.0	1.0

注：对两排以上的后墩（柱），均按后墩采用。

表 3-17 淹没深度影响系数 n_1

简 图	n_1										
	d_1/h	0.5	1.0	1.5	2.0	2.25	2.5	3.0	3.5	4.0	5.0	≥6.0
	n_1	0.70	0.89	0.96	0.99	1.0	0.99	0.99	0.97	0.95	0.88	0.84

注：淹没深度 d_1 从水面起算至梁高的 1/2 处。

表 3-18 墩柱相对水深影响系数 n_2

简 图	n_2							
	H/D	1	2	4	6	8	10	12	≥14
	n_2	0.76	0.78	0.82	0.85	0.89	0.93	0.97	1.00

注：D 为墩柱迎水面宽度。

表 3-19 墩柱水流力横向影响系数 m_2

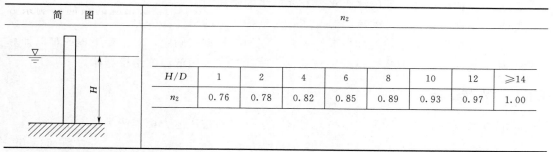

名称	简 图	m_2			
圆端墩		B/D	3	7	10	≥15
		m_2	1.83	1.25	1.15	1.00
方形墩		B/D	4	6	8	10	≥12
		m_2	1.21	1.08	1.06	1.03	1.0

当需要考虑墩、柱受斜向水流影响时，应将水流阻力系数 C_w 乘以相应的影响系数 m_3。影响系数 m_3 可按表 3-20 选用。

表 3 – 20 墩柱受斜向水流作用时的影响系数 m_3

名称	简图	m_3				
圆端墩	α	$\alpha/(°)$	0	5	10	15
		m_3	1.0	1.13	1.25	1.37
方形墩	α	$\alpha/(°)$	0	10	20	30	$\geqslant 45$
		m_3	1.0	0.67	0.67	0.71	0.75

3.6 冰 荷 载

3.6.1 概述

作用在海工工程结构物上的冰荷载包括下列内容：

（1）冰排运动中被结构物连续挤碎或滞留在结构物前时产生的挤压力。

（2）孤立流冰块产生的撞击力。

（3）冰排在斜面结构物和锥体上因弯曲破坏和碎冰块堆积所产生的冰力。

（4）与结构冻结在一起的冰因水位升降产生的竖向力。

（5）冻结在结构内、外的冰因温度变化对结构产生的温度膨胀力。

冰荷载应根据当地冰凌实际情况及港口工程的结构型式确定，对重要工程或难以计算确定的冰荷载应通过冰力物理模型试验确定，试验时宜采用低温冻结模型冰。

3.6.2 冰荷载计算

冰排在直立桩、直立墩前连续挤碎时，产生的极限挤压冰力标准值为

$$F_1 = ImkB H \sigma_c \qquad (3-69)$$

式中　F_1——极限挤压冰力标准值，kN；

　　　I——冰的局部挤压系数；

　　　m——桩、墩迎冰面形状系数，可按表 3 – 21 选用；

　　　k——冰和桩、墩之间的接触条件系数，可取 0.32；

　　　B——桩、墩迎冰面投影宽度，m；

　　　H——单层平整冰计算冰厚，m，宜根据当地多年统计实测资料按不同重现期取值，无当地实测资料时，参照《港口工程荷载规范》（JTJ 215—2010）附录取用；

　　　σ_c——冰的单轴抗压强度标准值，kPa。

表 3 – 21 桩墩迎冰面形状系数

系数 m	方形	圆形	棱角形的迎冰面夹角/(°)				
			45	60	75	90	120
	1.0	0.9	0.54	0.59	0.64	0.69	0.77

桩、墩迎冰面投影宽度与单层平整冰计算冰厚的比值不大于 6.0 时的直立桩、直立墩，冰的局部挤压系数可按表 3-22 确定。

表 3-22 冰的局部挤压系数

B/H	I	B/H	I
≤0.1	4.0	1.0	2.5
0.1<B/H<1.0	在 4.0~2.5 之间线性插值	1.0<B/H≤6.0	$\sqrt{1+5H/B}$

注：B 为桩、墩迎冰面投影宽度，m；H 为单层平整冰计算冰厚，m。

冰的单轴抗压强度标准值宜根据当地多年统计实测资料按不同重现期取值；无当地实测资料时海冰可按《港口工程荷载规范》(JTJ 215—2010) 附录采用；对河冰，河道流冰开始时可取 750kPa，最高流冰水位时可取 450kPa。

桩、墩迎冰面投影宽度与单层平整冰计算冰厚的比值大于 6.0 时，冰的局部挤压系数可取 1.35，并应考虑冰在结构前的非同时破坏，对冰力进行适当折减。

计算群桩冰力时应考虑下列因素进行适当折减：

(1) 桩中心线的横向间距小于 8 倍桩宽或桩径。

(2) 前桩对后桩冰力的掩蔽。

(3) 冰在各桩前的非同时破坏使各桩冰力峰值不同时出现。

(4) 碎冰在群桩间堵塞使群桩变成实体挡冰宽结构。

冰排作用于混凝土斜面结构时的冰力标准值的计算公式为

$$F_h = KH^2 \sigma_f \tan\alpha \tag{3-70}$$

$$F_v = KH^2 \sigma_f \tag{3-71}$$

式中　F_h——水平冰力标准值，kN；

　　　F_v——竖向冰力标准值，kN；

　　　K——系数，可取 0.1 倍斜面宽度值，斜面宽度以 m 计；

　　　H——单层平整冰计算冰厚，m；

　　　σ_f——冰弯曲强度标准值，kPa，宜根据当地多年实测资料按不同重现期取值；无当地实测资料时，可按当地有效冰温计算，海冰也可按《港口工程荷载规范》(JTJ 215—2010) 附录采用；

　　　α——斜面与水平夹角，(°)，应小于 75°。

作用于正锥体 [图 3-18 (a)] 结构上的冰力标准值的计算公式为

$$F_{H1} = [A_1 \sigma_f H^2 + A_2 \gamma_w HD^2 + A_3 \gamma_w H_R (D^2 - D_T^2)] A_4 \tag{3-72}$$

$$F_{V1} = B_1 F_{H1} + B_2 \gamma_w H_R (D^2 - D_T^2) \tag{3-73}$$

式中　　　　　F_{H1}——正锥体上的水平冰力标准值，kN；

　　　　　　　F_{V1}——竖向冰力标准值，kN；

A_1、A_2、A_3、A_4、B_1、B_2——无量纲系数，可由图 3-17 查取；

　　　　　　　σ_f——冰弯曲强度标准值，kPa；

　　　　　　　H——单层平整冰计算冰厚，m；

　　　　　　　γ_w——海水重度，kN/m³；

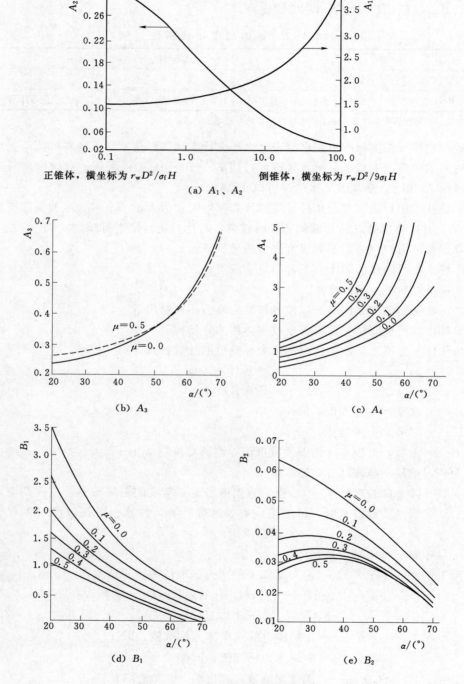

(a) A_1、A_2

(b) A_3

(c) A_4

(d) B_1

(e) B_2

图 3-17 锥体冰力计算无量纲系数

注：μ—冰与结构之间的摩擦系数，对钢结构取 $\mu=0.15$，对混凝土结构取 $\mu=0.30$；α—锥面与水平面之间的夹角，应小于 $75°$。

D——水线处锥体的直径，m；

H_R——碎冰的上爬高度，m；

D_T——锥体顶部的直径，m。

作用于倒锥体［图 3-18（b）］上的冰力标准值的计算公式为

$$F_{H2} = \left[A_1 \sigma_f H^2 + \frac{1}{9} A_2 \gamma_w H D^2 + \frac{1}{9} A_3 \gamma_w H_R (D^2 - D_T^2) \right] A_4 \qquad (3-74)$$

$$F_{V2} = B_1 F_{H2} + \frac{1}{9} B_2 \gamma_w H_R (D^2 - D_T^2) \qquad (3-75)$$

式中 　　　　　　　F_{H2}——倒锥体上的水平冰力标准值，kN；

　　　　　　　　　F_{V2}——竖向冰力标准值，kN；

A_1、A_2、A_3、A_4、B_1、B_2——无量纲系数，可由图 3-17 查取；

　　　　　　　　　σ_f——冰弯曲强度标准值，kPa；

　　　　　　　　　H——单层平整冰计算冰厚，m；

　　　　　　　　　γ_w——海水重度，kN/m³；

　　　　　　　　　D——水线处锥体的直径，m；

　　　　　　　　　H_R——碎冰的下潜高度，m；

　　　　　　　　　D_T——锥体底部的直径，m。

与结构冻结在一起的冰因水位升降对结构产生的竖向力应考虑下列三种情况，并取其最小值作为竖向冰力的标准值：

（1）冻结部位的冰与结构间黏结力破坏时产生的竖向冰力。

（2）冻结部位附近剪切破坏时产生的竖向冰力。

（3）冻结部位附近冰弯曲破坏时产生的竖向冰力。

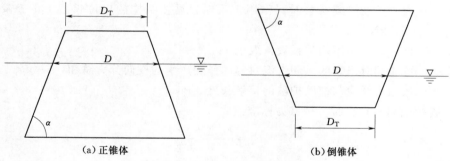

（a）正锥体　　　　　　　　　　　　　　（b）倒锥体

图 3-18 正倒锥体示意图

当冰荷载半径不小于 20 倍冰厚时，因水位上升传给孤立墩柱的竖向力的计算公式为

$$F_v = \frac{3000 H^2}{\ln \dfrac{50 H}{d}} \qquad (3-76)$$

式中 H——计算冰厚，m，采用结冰期最大冰厚；

　　　d——墩柱直径，m，当为矩形断面时，采用 $d = \sqrt{ab}$。

冰的温度膨胀力应根据结构物形状、刚度、材料、结构对冰的约束边界条件、冰温、温变率和温变时程等因素确定。

建筑物迎冰面宜做成斜坡或锥形；柱或墩迎冰面宜做成圆弧形、多边形或棱角形，并宜在受冰作用的部位缩小迎冰面宽度。

建筑物受冰作用的部位宜采用实体结构，流冰期的设计高水位以上 0.5m 到设计低水位以下 1.0m 的部位宜采取提高混凝土抗冻性、花岗石镶面等防护措施。

结冰期宜在建筑物附近冰面上凿冰沟；流冰期冰情严重时，宜采用爆破法或破冰船破冰。

3.7　船　舶　荷　载

3.7.1　一般规定

作用在固定式系船、靠船结构上的船舶荷载包括如下内容：

（1）由风和水流产生的挤靠力。

（2）船舶靠泊时产生的撞击力。

（3）系泊船舶在波浪作用下产生的撞击力。

3.7.2　挤靠力

船舶挤靠力应考虑风和水流对计算船舶作用产生的横向分力总和 $\sum F_x$。各横向分力 F_x 应根据可能同时出现的风和水流相关方法计算。

当橡胶护舷连续布置时，挤靠力标准值的计算公式为

$$F_j = \frac{K_j \sum F_x}{L_n} \tag{3-77}$$

式中　F_j——橡胶护舷连续布置时，作用于系船、靠船结构的单位长度上的挤靠力标准值，kN/m；

　　　K_j——挤靠力分布不均匀系数，取 1.1；

　　$\sum F_x$——可能同时出现的风和水流对船舶作用产生的横向分力总和，kN；

　　　L_n——船舶直线段与橡胶护舷的接触长度，m。

当橡胶护舷间断布置时，挤靠力标准值为

$$F_j' = \frac{K_j' \sum F_x}{n} \tag{3-78}$$

式中　F_j'——橡胶护舷间断布置时，作用于一组或一个橡胶护舷上的挤靠力标准值，kN；

　　　K_j'——挤靠力分布不均匀系数，取 1.3；

　　　n——与船舶接触的橡胶护舷的组数或个数。

3.7.3　撞击力

船舶靠泊时的撞击力标准值应根据船舶有效撞击能量、橡胶护舷性能曲线和靠船结构的刚度确定。

$$E_0 = \frac{\rho}{2} M v_n^2 \tag{3-79}$$

式中 E_0——船舶靠泊时的有效撞击能量，kJ；

ρ——有效动能系数，取 0.7～0.8；

M——船舶质量，t，按满载排水量计算；

v_n——船舶靠泊方向速度，m/s。

橡胶护舷吸能量 E_s 可按下列方法确定：当橡胶护舷吸能量 $E_s \geqslant 10E_j$ 时，E_j 为靠船结构的吸能量，有效撞击能量 E_0 全部由橡胶护舷吸收，即 $E_s = E_0$；当橡胶护舷吸能量 $E_s < 10E_j$ 时，有效撞击能量按护舷和靠船结构刚度进行分配。

海船法向靠泊速度 v_n 可按表 3-23 选用，河船法向靠泊速度 v_n 可按表 3-24 选用。

表 3-23 海船的法向靠泊速度

船舶满载排水量 W/t	法向靠泊速度 v_n/(m·s^{-1})	
	有掩护	开敞式
$W \leqslant 1000$	0.20～0.25	0.25～0.45
$1000 < W \leqslant 5000$	0.15～0.20	0.20～0.40
$5000 < W \leqslant 10000$	0.12～0.17	0.17～0.35
$10000 < W \leqslant 30000$	0.10～0.15	0.15～0.30
$30000 < W \leqslant 50000$	0.10～0.12	0.12～0.25
$50000 < W \leqslant 100000$	0.08～0.10	0.10～0.20
$W > 100000$	0.06～0.08	0.08～0.15

注：表中较大的值适用于靠船条件较为恶劣及海船进入流速较大的河港时的情况。

表 3-24 河船的法向靠泊速度

船舶满载排水量 W/t	法向靠泊速度 v_n/(m·s^{-1})	船舶满载排水量 W/t	法向靠泊速度 v_n/(m·s^{-1})
$W \leqslant 1000$	0.30～0.40	$2000 < W \leqslant 3000$	0.20～0.30
$1000 < W \leqslant 2000$	0.25～0.35		

系泊船舶在波浪作用下对系船、靠船结构产生的撞击力标准值应通过物理模型试验确定。当缺乏试验资料时可按下列方法确定。

在横浪作用下，系泊船舶有效撞击能量 E_{wo} 为

$$E_{wo} = \alpha C_m MgH(H/L)(L/B)^2 (d/D)^{2.5} \tanh\left(\frac{2\pi}{L}d\right) \qquad (3-80)$$

式中 E_{wo}——横浪作用下系泊船舶有效撞击能量，kJ；

α——系数，采用橡胶护舷设施时，α 值可取 0.004；

C_m——船舶附加水体质量系数，按表 3-25 选用；

M——船舶质量，t，按与船舶计算装载度相对应的排水量计算；

g——重力加速度，m/s^2；

H——计算波高，m，按船舶不离开结构的最大波高计；

L——波长，m；

d——系泊船舶结构前沿水深，m；

　　B——船舶型宽，m；

　　D——与船舶计算装载度相对应的平均吃水，m。

　　应用式（3-80）计算时，应符合下列条件：对于满载船舶，$d/D \leqslant 1.6$；对于压载船舶，$d/D \leqslant 4.5$。

表 3-25　船舶附加水体质量系数 C_m

船舶吨级/t		20000	50000	100000	150000	200000
装载度	压载	1.05	1.05	1.05～1.15	1.05～1.15	1.05～1.15
	半载	1.20～1.30	1.20～1.30	1.25～1.30	1.25～1.30	1.25～1.30
	满载	1.40～1.50	1.40～1.60	1.50～1.60	1.50～1.60	1.50～1.60

　　当系、靠船结构物为多个靠船墩组成时，分配在每个墩上的有效撞击能量 E_w 的计算公式为

$$E_w = \frac{K}{n} E_{wo} \tag{3-81}$$

式中　E_w——分配在每个墩上的有效撞击能量，kJ；

　　　　n——靠船墩数目，$n > 4$ 时，取 $n = 4$ 计；

　　　　K——靠船墩之间有效撞击能量分配的不均匀系数，$n = 4$ 时，取 $K = 1.5$；$n = 2 \sim 3$ 时，取 $K = 1.6 \sim 2.0$。

　　作用在靠船建筑物上撞击力的法向分力标准值应根据有效撞击能量和橡胶护舷的性能曲线确定。

　　船舶撞击力沿码头长度方向的分力标准值为

$$H = F_x \mu \tag{3-82}$$

式中　H——船舶撞击力沿码头长度方向的分力标准值，kN；

　　　　F_x——船舶撞击力法向分力标准值，kN；

　　　　μ——船舶与橡胶护舷之间的摩擦系数，取 $0.3 \sim 0.4$。

3.8　风力发电机组的设计荷载及组合

3.8.1　风力发电机组分级

　　风力发电机组的设计中，外部条件应由其安装场地和场地类型决定。不同风力发电机组的安全等级对应的风荷载的参数不相同，因而作用在结构上的风荷载也不相同，风力发电机组的安全等级及相应的风速和风湍流参数应符合表 3-26 的规定。

　　对需要特殊设计（如特殊风况或其他特殊外部条件）的风力发电机组，规定了特殊安全等级——S 级。对这样的特殊设计，选取的设计值所反映的外部条件比预期使用的外部条件更为恶劣。近海安装为特殊外部条件，要求风力发电机组按 S 级设计。S 级风力发电机组的设计值由设计者确定。

表 3 - 26 各等级风力发电机组的基本参数

风力发电机组等级	I	II	III	IV	S
参考风速 $v_{ref}/(m \cdot s^{-1})$	50	42.5	37.5	30	由设计者确定各参数
年平均风速 $v_{ave}/(m \cdot s^{-1})$	10	8.5	7.5	6	
50 年一遇极限风速 1.4 $v_{ref}/(m \cdot s^{-1})$	70	59.5	52.5	42	
1 年一遇极限风速 1.05 $v_{ref}/(m \cdot s^{-1})$	52.5	44.6	39.4	31.5	
A I_{15} (—)	0.16				
B I_{15} (—)	0.14				
C I_{15} (—)	0.12				

注：表中数据为轮毂高度处值，其中：A 表示较高湍流特性级；B 表示中等湍流特性级；C 表示较低湍流特性级；参考风速 v_{ref} 为 10min 平均风速；年平均风速 v_{ave} 为多年平均值；I_{15} 为风速 15m/s 时的湍流强度特性值。

3.8.2 风况及其他条件

一般风力发电机组的设计寿命应为 20 年。在运行期内风力发电机组应能承受所确定安全等级的风况。从荷载和安全角度考虑，风况可分为风力发电机组正常工作期间频繁出现的正常风况和 1 年或 50 年一遇的极端风况。在许多情况下，风况可视为定常流与变化的阵风廓线或湍流的结合，在所有情况下，应考虑平均气流相对水平面成 8°时的影响（假定此倾斜角不随高度改变而变化）。

3.8.2.1 正常风况

（1）风速分布。场地的风速分布对风力发电机组的设计至关重要。对于正常设计状态，其决定了各荷载情况出现的频率。应采用 10min 时间周期内的平均风速来得到轮毂高度处平均风速 v_{hub} 的瑞利分布 $P_R (v_{hub})$，即

$$P_R(v_{hub}) = 1 - \exp[-\pi(v_{hub}/2v_{ave})^2] \tag{3-83}$$

其中 $v_{ave} = 0.2 v_{ref}$（对标准等级的风力发电机组）。

（2）正常风廓线模型（NWP）。风廓线 $v(z)$ 可表示成平均风速随离地高度 z 的变化函数，对标准等级的风力发电机组，正常风廓线由下列幂定律公式给出

$$v(z) = v_{hub}(z/z_{hub})^a \tag{3-84}$$

式中 z_{hub}——轮毂高度；

a——幂指数，假定为 0.2。

风廓线用于确定穿过风轮扫掠面的平均垂直风切变。

（3）正常湍流模型（NTM）。风湍流是指 10min 内平均风速的随机变化。风湍流模型应包括风速变化，风向变化和旋转采样的影响。湍流风速的三个矢量分量分别定义为：纵向分量，沿着平均风速方向；横向分量，在水平面内，垂直于纵向分量；竖向分量，垂直于纵向分量和横向分量。

对于正常湍流模型，湍流标准偏差特性值 σ_1 在给定轮毂高度的风速应按概率分布为 90%分位点值给出。对标准等级的风力发电机组，随机风湍流模型速度场应满足下列要求。

1）纵向风速分量的标准偏差特性值 σ_1 为

$$\sigma_1 = I_{15}(0.75 v_{hub} + b) \tag{3-85}$$

式中　b——取 5.6m/s;

　　I_{15}——由表 3-26 给出。

假定标准偏差不随离地面高度变化，平均风速方向的垂直分量应具有以下最小标准偏差：横向分量 $\sigma_2 \geqslant 0.7\sigma_1$，竖向分量 $\sigma_3 \geqslant 0.5\sigma_1$。

2）在惯性子区间，三个正交分量的功率谱密度 $S_1(f)$、$S_2(f)$ 和 $S_3(f)$，作为频率 f 的函数应逼近下列渐近线形式

$$S_1(f) = 0.05(\sigma_1)^2(\Lambda_1 / v_{\text{hub}})^{-2/3} f^{-5/3} \tag{3-86}$$

$$S_2(f) = S_3(f) = 4/3\, S_1(f) \tag{3-87}$$

在轮毂高度，纵向湍流尺度参数 Λ_1 的计算公式为

$$\Lambda_1 = \begin{cases} 0.72 z_{\text{hub}}, & z_{\text{hub}} < 60\text{m} \\ 42\text{m}, & z_{\text{hub}} > 60\text{m} \end{cases} \tag{3-88}$$

3）应使用公认的模型，且模型的相关性定义为互谱的大小除以与纵向垂直的平面内空间离散点的纵向速度分量的自谱。

建议使用满足上述要求的湍流模型。曼恩均匀剪切模型，也给出了另一个满足上述要求的经常使用的模型。其他模型应慎重使用，因为模型的选择会对荷载产生重大影响。

3.8.2.2 极端风况

极端风况用于确定风力发电机组的极端风荷载。极端风况包括由暴风造成的风速峰值、风向和风速的迅速变化。

（1）极端风速模型（EWM）。EWM 可以是稳态风速模型或湍流风速模型。这个风速模型基于参考风速 v_{ref} 和一个确定的湍流标准偏差 σ_1。

1）对于稳态极端风速模型，50 年一遇（$N=50$）和 1 年一遇（$N=1$）极端风速（3s 的平均值）v_{e50} 和 v_{e1} 应作为高度 z 的函数，其计算公式为

$$v_{\text{e50}}(z) = 1.4 v_{\text{ref}}(z/z_{\text{hub}})^{0.11} \tag{3-89}$$

$$v_{\text{e1}}(z) = 0.8 v_{\text{e50}}(z) \tag{3-90}$$

式中　z_{hub}——轮毂高，假定与平均风向短期偏离为 $\pm 15°$。

2）对于湍流极端风速模型，50 年一遇（$N=50$）和 1 年一遇（$N=1$）的风速（10min 的平均值）作为高度 z 的函数其计算公式为

$$v_{\text{e50}}(z) = v_{\text{ref}}(z/z_{\text{hub}})^{0.11} \tag{3-91}$$

$$v_{\text{e1}}(z) = 0.8 v_{\text{e50}}(z) \tag{3-92}$$

纵向湍流标准偏差 σ_1（湍流极端风速模型的湍流标准偏差与正常湍流模型或极端湍流模型均无关，稳态极端风速模型与湍流极端风速模型大约有 3.5 的峰值因子关系）至少等于 $0.11 v_{\text{hub}}$。

（2）极端运行阵风（EOG）。对标准等级的风力发电机组，轮毂高度处的阵风幅值 v_{gust}（阵风幅值被运行事件如启动和停止的概率校准来给出 50 年的重现周期）的计算公式为

$$v_{\text{gust}} = \min\left\{ 1.35(v_{\text{e1}} - v_{\text{hub}}); 3.3\left[\frac{\sigma_1}{1 + 0.01\dfrac{D}{\Lambda_1}}\right] \right\} \tag{3-93}$$

式中　σ_1——标准偏差，按式（3-85）计算；

Λ_1——湍流尺度参数，按式（3-88）中的公式选取；

D——风轮直径。

风速的计算公式为

$$v(z,t)=\begin{cases}v(z)-0.37v_{gust}\sin(3\pi t/T)[1-\cos(2\pi t/T)], & 0\leqslant t\leqslant T\\ v(z), & t<0 \text{ 或 } t>T\end{cases} \quad (3-94)$$

式中　$v(z)$——按式（3-84）计算；

　　　T——取 10.5s。

（3）极端风向变化（EDC）。极端风向变化幅值 θ_{eN} 的计算公式为

$$\theta_{eN}(t)=\pm 4\arctan\left[\dfrac{\sigma_1}{v_{hub}\left[1+0.1\left(\dfrac{D}{\Lambda_1}\right)\right]}\right] \quad (3-95)$$

式中　σ_1——标准偏差；

　　　θ_{eN}——限定在 $\pm 180°$ 范围内；

　　　Λ_1——湍流尺度参数；

　　　D——风轮直径。

极端风向瞬间变化 $\theta_N(t)$ 的计算公式为

$$\theta_N(t)=\begin{cases}0, & t<0\\ \pm 0.5\theta_{eN}[1-\cos(\pi t/T)], & 0\leqslant t\leqslant T\\ \theta_{eN}, & t>T\end{cases} \quad (3-96)$$

式中　T——极端风向瞬时变化的持续时间，取 $T=6s$。

通过选择 $\theta_N(t)$ 的取值情况来确定产生的最严重的瞬时加载。在风向瞬时变化结束时，假定风向保持不变，并按公式 $v(z)=v_{hub}(z/z_{hub})^a$ 确定风速。

（4）极端湍流模型（ETM）。极端湍流模型应使用本节的 $v(z)=v_{hub}(z/z_{hub})^a$ 正常风廓线模型。湍流纵向分量标准偏差的计算公式为

$$\sigma_1=c\,I_{ref}[0.072(v_{ave}/c+3)(v_{hub}/c-4)+10] \quad (3-97)$$

式中　c——取 2m/s。

（5）方向变化的极端持续阵风（ECD）。方向变化的极端持续阵风的幅值为 $v_{cg}=15$m/s。风速的计算公式为

$$v(z,t)=\begin{cases}v(z), & t<0\\ v(z)+0.5v_{cg}[1-\cos(\pi t/T)], & 0\leqslant t\leqslant T\\ v(z)+v_{cg}, & t>T\end{cases} \quad (3-98)$$

式中　T——上升时间，取 10s；

　　　$v(z)$——按正常风廓线模型给出。

假定风速的上升与风向的变化 θ_{cg}（0 到 θ_{cg}）同时发生，则 θ_{cg} 的计算公式为

$$\theta_{cg}(v_{hub})=\begin{cases}180°, & v_{hub}<4\text{m/s}\\ \dfrac{720°\text{m/s}}{v_{hub}}, & 4\text{m/s}\leqslant v_{hub}\leqslant v_{ref}\\ \theta_{eN}, & t>T\end{cases} \quad (3-99)$$

同步的方向变化角的计算公式为

$$\theta(t)=\begin{cases}0, & t<0 \\ \pm 0.5\theta_{cg}[1-\cos(\pi t/T)], & 0\leqslant t\leqslant T \\ \theta_{cg}, & t>T\end{cases} \tag{3-100}$$

此处上升时间 $T=10s$。

（6）极端风切变（EWS）。应用下列两个瞬时风速来计算极端风切变：

瞬时垂直风切变（有正负号）为

$$v(z,t)=\begin{cases}v_{hub}\left(\dfrac{z}{z_{hub}}\right)^{\alpha}\pm\left(\dfrac{z-z_{hub}}{D}\right)\left[2.5+0.2\beta\sigma_1\left(\dfrac{D}{\Lambda_1}\right)^{1/4}\right]\left[1-\cos\left(\dfrac{2\pi t}{T}\right)\right], & 0\leqslant t\leqslant T \\ v_{hub}\left(\dfrac{z}{z_{hub}}\right)^{\alpha}, & t<0\ 或\ t>T\end{cases}$$

$$\tag{3-101}$$

瞬时水平风切变（有正负号）为

$$v(y,z,t)=\begin{cases}v_{hub}\left(\dfrac{z}{z_{hub}}\right)^{\alpha}\pm\dfrac{y}{D}\left[2.5+0.2\beta\sigma_1\left(\dfrac{D}{\Lambda_1}\right)^{1/4}\right]\left[1-\cos\left(\dfrac{2\pi t}{T}\right)\right], & 0\leqslant t\leqslant T \\ v_{hub}\left(\dfrac{z}{z_{hub}}\right)^{\alpha}, & t<0\ 或\ t>T\end{cases}$$

$$\tag{3-102}$$

式中　　α——取 0.2；

　　　　β——取 6.4；

　　　　T——取 12s；

　　　　Λ_1——湍流尺度参数，按本节正常湍流模型计算；

　　　　D——风轮直径。

应选择水平风切变正负号，以求得最严重的瞬时荷载。两种极端风切变应分别考虑，不能同时应用。

3.8.2.3　其他环境条件

除风速外，其他环境（气候）条件都会影响风力发电机组的完整性和安全性，如热、光、化学、腐蚀、机械、电或其他物理作用，且气候因素共同作用会更加剧这种影响。至少应考虑下列其他环境条件，包括温度、雷电、覆冰和地震。

（1）温度。标准安全等级风力发电机组极端设计温度范围值为 $-20\sim50℃$。如果安装场地的温度多年来平均每年低于 $-20℃$ 或高于 $50℃$ 的天数超过 9d，则温度的上、下限就得作相应改变，且应验证风力发电机组的运行和结构噪声在所选温度范围内。如场地在多年内的平均温度与设计温度有超过 $15℃$ 的偏差，则应予以考虑。

（2）地震。标准等级的风力发电机组未提出抗震要求，因为地震仅发生在世界上的少数区域。在有可能发生地震的地区，应对风力发电机组的场地条件验证工程的完整性。荷载评估应考虑地震荷载和其他重要的、经常发生的运行负荷的组合。

地震荷载应由当地标准所规定的地面加速度和响应谱的要求来确定。如当地标准不适用或没有提供地面加速度和响应谱，则应对其进行适当的评估。地面加速度应按 475 年的重现期评估。

地震荷载应和运行负荷叠加，其中运行负荷应取下述两种情况中的较大值：①风力发电机组寿命期内正常发电期间荷载的平均值；②在选定的风速下紧急关机期间的荷载，因关机前的荷载等于①所获得的荷载。所有荷载分量的局部安全系数应取为1.0。地震荷载评估可用频域方法进行，该方法中，运行负荷直接加上地震荷载；地震荷载评估也可用时域方法进行，该方法中，应采取充分的模拟以保证运行负荷代表上述①或②的时间平均值。

上述任一种评估中所使用的塔架固有振动模态的阶数应按通用的地震标准来选取。如无这样的标准，应使用总质量的85%的总模态质量的连续模态。

结构抗力的评估可仅假设为弹性响应或韧性能量损耗，但对所使用的特殊类型的结构（如晶格结构和螺栓连接件）应进行后期评估修正。

3.8.3 荷载作用工况及其组合

3.8.3.1 荷载

风力发电机组系统设计计算中应考虑下列荷载：

（1）惯性力和重力荷载。惯性力和重力荷载是由于振动、转动、地球引力和地震引起的作用在风力发电机组上的静态和动态荷载。

（2）空气动力荷载。空气动力荷载是由气流与风力发电机组的静止和运动部件相互作用引起的静态和动态荷载。气流取决于风轮转速、通过风轮平面的平均风速、湍流强度、空气密度和风力发电机组零部件气动外形及其相互影响（包括气动弹性效应）。

（3）冲击荷载。冲击荷载是由风力发电机组的运行和控制产生的。冲击荷载包括由风轮启动和停转、发电机/变流器接通和脱开、偏航和变距机构的激励及机械刹车等引起的瞬态荷载。在各种情况的响应和荷载计算中，应考虑有效的冲击力的范围，特别是机械刹车摩擦力、弹性力或压力，还应考虑温度和老化的影响。

（4）其他荷载。风能产生的其他荷载，如可能产生的波浪荷载、海流荷载、尾流荷载等均应考虑。

3.8.3.2 设计工况和荷载组合情况

确定荷载情况应以具体的装配、吊装、维修、运行状态或设计工况同外部条件的组合为依据，必须考虑具有合理出现概率的所有相关荷载情况，以及控制和保护系统的特性。

通常用于确定风力发电机组结构完整性的设计荷载情况，可由下列组合进行计算：

（1）正常设计工况和相应的正常外部条件。

（2）正常设计工况和相应的极端外部条件。

（3）故障设计工况和相应的外部条件。

（4）运输、安装和维修设计工况和相应外部条件。

在表3-27中给出了每种设计工况，用F和U规定了分析用的类型。F表示疲劳荷载分析，用于疲劳强度评定；U表示极限荷载分析，如超过材料最大强度分析、叶尖变形分析和稳定性分析。

标有U的设计工况，又分为正常（N）、非正常（A）、运输和安装（T）等类别。在风力发电机组寿命期内，正常设计工况是频繁出现的，风力发电机组经常处于正常状态或仅出现短时的异常或轻微的故障；非正常设计工况出现的可能性较小，它的出现往往将产生严重故障，并激活安全系统功能。

表 3-27 设计工况与荷载情况

设计工况	DLC	风况[1]	其他情况	分析类型	局部安全系数
1. 发电	1.1	NTM $v_{in} < v_{hub} < v_{out}$	极端事件外推	U	N
	1.2	NTM $v_{in} < v_{hub} < v_{out}$		F	*
	1.3	ETM $v_{in} < V_{hub} < v_{out}$		U	N
	1.4	ECD $v_{hub} = v_r - 2m/s$，v_r，$v_r + 2m/s$		U	N
	1.5	EWS $v_{in} < v_{hub} < v_{out}$		U	N
	1.6	NWP $v_{in} < v_{hub} < v_{out}$	覆冰[2]	F/U	* /N
	1.7	NWP $v_{hub} = v_r$ 或 v_{out}	温度作用[2]	U	N
	1.8	NWP $v_{hub} = v_r$ 或 v_{out}	地震[2]	U	* *
2. 发电和有故障	2.1	NTM $v_{in} < v_{hub} < v_{out}$	控制系统故障或电网失效	U	N
	2.2	NTM $v_{in} < v_{hub} < v_{out}$	保护系统或内部电气故障	U	A
	2.3	EOG $v_{hub} = v_r \pm 2m/s$ 和 v_{out}	外部或内部电气故障，包括电网失效	U	A
	2.4	NTM $v_{in} < v_{hub} < v_{out}$	控制、安全或电气系统故障，包括电网失效	F	*
3. 启动	3.1	NWP $v_{in} < v_{hub} < v_{out}$		F	*
	3.2	EOG $v_{hub} = v_{in}$，$v_r \pm 2m/s$ 和 v_{out}		U	N
	3.3	EDC $v_{hub} = v_{in}$，$v_r \pm 2m/s$ 和 v_{out}		U	N
4. 正常关机	4.1	NWP $v_{in} < v_{hub} < v_{out}$		F	*
	4.2	EOG $v_{hub} = v_r \pm 2m/s$ 和 v_{out}		U	N
5. 紧急关机	5.1	NTM $v_{hub} = v_r \pm 2m/s$ 和 v_{out}		U	N
6. 停机（静止或空转）	6.1	EWM 50 年重现周期		U	N
	6.2	EWM 50 年重现周期	电网失效	U	A
	6.3	EWM 1 年重现周期	极端偏航角误差	U	N
	6.4	NTM 0.7 $v_{hub} < v_{ref}$		F	*
	6.5	EDC50 $v_{hub} = v_{ref}$	覆冰[2]	U	N
	6.6	NWP 0.8 $v_{hub} = v_{ref}$	温度作用[2]	U	N
	6.7	NWP 0.8 $v_{hub} < v_{ref}$	可能地震[2]	U	N/ * *
7. 停机和有故障	7.1	EWM 1 年重现周期		U	A
8. 运输、安装、维护、修理	8.1	EOG1 $v_{hub} = v_T$		U	T
	8.2	EWM 1 年重现周期		U	A
	8.3		旋涡诱导横向振动	F	*

注：DLC—设计荷载状态；ECD—方向变化的极端持续阵风；EDC—极端风向变化；EOG—极端运行阵风；EWM—极端风速模型；EWS—极端风切变；NTM—正常湍流模型；ETM—极端湍流模型；NWP—正常风廓线模型；$v_r \pm 2m/s$—在所分析的范围中对所有风速的灵敏度；F—疲劳荷载分析；U—极限荷载分析；N—正常；A—非正常；T—运输和安装。

* 疲劳局部安全系数。

* * 地震局部安全系数。

[1] 如果未确定切出风速 v_{out}，则用 v_{ref} 代替。

[2] 三种荷载情况：覆冰、温度作用、地震（可能地震），由设计者根据安装场地的气象条件选用。

第4章 塔架结构

4.1 塔架结构型式

塔架和基础是风力发电机组的主要承载部件,它将风电发电机与地面连接,将主要捕捉风能的风力发电机支撑在有利的高度以达到最经济安全的能量利用。它除了要支撑风力发电机的重量以外,还要承受吹向风力发电机和塔架的风荷载,以及风力发电机运行中的动荷载。塔架还必须具有足够的抗疲劳强度,能承受风轮引起的振动荷载,包括启动和停机的周期性影响、突风变化、塔影效应等,在风力发电机设计使用寿命期间(20年)满足各种复杂环境条件下强度、刚度和稳定性的要求。其重要性随着风力发电机组的容量和高度增加而愈来愈明显。在风力发电机组中塔架的重量占风力发电机组总重的1/2左右,其成本占风力发电机组制造成本的15%左右,由此可见塔架在风力发电机组设计与制造中的重要性。

近年来风力发电机组容量已达到 2～3MW,风轮直径达 80～100m,塔架高度达100m。在德国,风力发电机组塔架设计必须经过建筑部门的批准并获取安全证明。

本书主要以目前流行的上风向水平风力发电机组塔架设计为主。

4.1.1 塔架的型式、组成及特点

塔架结构有两种,一种是无拉索的,一种是有拉索的。有拉索的塔架采用方形布置,如图 4-1 和图 4-2 所示,拉索固定在四周的基础块上。无拉索又可分为无拉索的独立式结构和无拉索的桁架结构,无拉索的塔架矗立在混凝土基础中心,塔架型式主要采用桁架型(图 4-3)和圆筒(圆锥筒)型(图 4-4)。

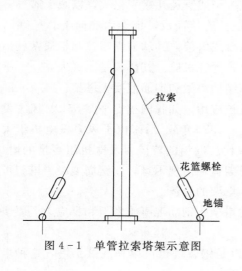

图 4-1 单管拉索塔架示意图

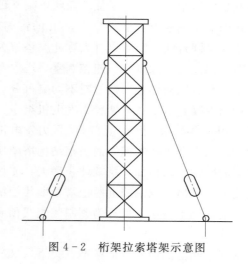

图 4-2 桁架拉索塔架示意图

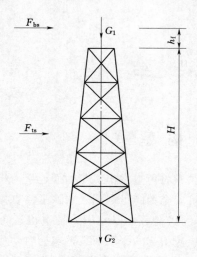

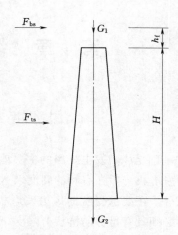

图 4-3　桁架型塔架示意图　　　　　图 4-4　圆筒型塔架示意图

　　独立式拉索塔架由一根钢管和 3～4 条拉索组成，它具有结构简单、轻便、稳定等优点，微型风力发电机组几乎都采用这种形式的塔架。小、中型风力发电机组的塔架通常都采用桁架拉索塔架，它由钢管或角钢焊接而成的桁架，再辅以 3～4 根拉索组成，如图 4-2 所示。桁架的断面形状最常见的有等边三角形与正方形两种。为了便于整机起吊，中型以下风力发电机组几乎都采用这种方式。这两种塔架的底部往往都做成铰接式，而拉索可采用钢丝绳或镀锌钢绞线，拉索上应装有拉紧用的花篮螺栓。

　　独立式无拉索桁架型塔架如图 4-3 所示。桁架型塔架在早期风力发电机组中大量使用，其主要优点为制造简单、成本低、运输方便，但其主要缺点为不美观，通向塔顶的上下梯子不便于安排，上下时安全性差，更重要的是在风力发电机运行时，风作用在叶片上会产生很大的紊流。

　　圆筒形塔架如图 4-4 所示，其结构简单、美观，在当前风力发电机组中大量采用。由于弯矩由塔架自上而下增加，筒状塔架常做成锥型或直径几级变化式，以减少质量。这种形式的塔架一般由若干段 20～30m 的锥筒用法兰连接而成，塔架由底向上直径逐渐减小，整体呈圆台状，因此也有人称此类塔架为圆台式塔架，其动力盘与控制柜通常就吊挂在塔架的内壁上，无需再另建控制室，塔内有直梯通往机舱。其优点是美观大方，上下塔架安全可靠。圆筒形塔架按材料不同又可分为钢结构塔架和钢筋混凝土塔架。

　　钢筋混凝土塔架在早期风力发电机组中大量被应用，如我国福建平潭 55kW 风力发电机组（1980 年）、丹麦 Tvid 2MW 风力发电机组（1980 年）。后来由于风力发电机组大批量生产，因批量生产的需要而被钢结构塔架所取代。近年随着风力发电机组容量的增加，对塔架的刚性要求增加，塔架体积增大，使得塔架运输出现困难，而钢筋混凝土塔架可在当地施工，又出现以钢筋混凝土塔架取代钢结构塔架的趋势。

　　钢筋混凝土塔架又可分为预制装配式预应力塔架、钢筋混凝土塔架和预应力混凝土塔架等型式。

　　塔架最经济的型式是低频型（柔塔），既可以是钢管塔也可以是混凝土塔，这种塔架型式重量轻但强度不如高频型的,这也说明了为什么事实上高频塔架得到了广泛应用。但随着现代风力发电机组容量越来越大,塔架则多为柔塔。

4.1.2 塔架高度

塔架高度作为塔架结构的设计控制值必须要合理确定。塔架高度根据风轮直径来确定,而且要考虑安装地点附近的障碍物。如图 4-5 所示,塔架增高,风速提高,发电量提高,但同时也将造成塔架费用的提高。两者费用的提高比决定经济性,同时还应考虑安装运输问题。图 4-6 表示的是塔架高度与风轮直径的关系,表明直径小,相对塔架高度增加。小风力发电机组受周围环境影响较大,应适当增高塔架高度,以便风力发电机在风速稳定的高度上运行,而且受交变荷载扰动、风剪切均较小。25m 风轮直径以上的风力发电机组,其塔架高度与风轮直径是 1∶1 的关系,大型风力发电机组会更高一些,风力发电机组的安装费用也会有很大的提高。图 4-7 为塔架高度与安装费用的比例,从图中可以看出,随着风轮直径的增大,塔架高度增加,安装费用升高很快,到塔架高度为 100m 左右时,塔架高度每增加一点,其安装要付出很高的代价。

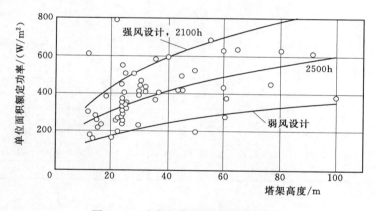

图 4-5 功率与塔架高度的关系曲线

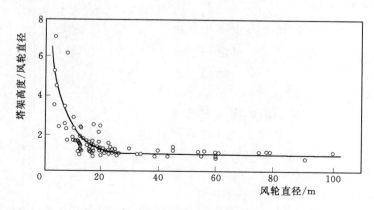

图 4-6 塔架高度与风轮直径的关系曲线

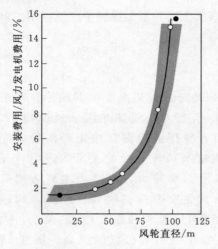

图 4-7　塔架高度与安装费用的比例

在静动态特性中，拉线结构的塔架质量较轻，而圆筒形塔架要重得多。表 4-1 是几种塔架型式的材料、刚性、质量的对比情况。钢结构塔架质量虽大，但安装和基础费用并不高，其基础结构简单、占地小，安装工作由厂家直接负责；拉索式结构质量轻、运输方便，但组装、安装费用高，基础费用也高一些。

经研究对比分析，塔架的高度（如图 4-8 所示）被限制在一定的范围之内，其最低高度为

$$H = h + C + R \qquad (4-1)$$

式中　h——接近风力发电机的障碍物高度；

　　　C——由障碍物最高点到风轮扫掠面最低点的距离，最小取 $1.5 \sim 2.0\text{m}$；

　　　R——风轮半径。

表 4-1　不同塔架型式参数对比

风轮 $\phi 60\text{m}$ 两叶片风轮 $n_R = 32\text{min}^{-1}$	$m=100000\text{kg}$ 20mm $\phi 2.6\text{m}$	30mm $\phi 3.75\text{m}$	70mm $\phi 4.4\text{m}$	50m	$\phi 3.0\text{m}$ 30cm $\phi 3.8\text{m}$	$\phi 3.0\text{m}$ 30cm $\phi 6.0\text{m}$
材料	钢	钢	钢	钢	混凝土	混凝土
刚性	软	半刚性	刚性	刚性	半刚性	刚性
自振频率	$0.39\text{Hz} \leqslant 0.74P$	$0.78\text{Hz} \leqslant 1.47P$	$1.29\text{Hz} \leqslant 2.42P$	$1.8\text{Hz} \leqslant 3.2P$	$0.8\text{Hz} \leqslant 1.5P$	$1.36\text{Hz} \leqslant 2.55P$
塔架质量/kg	60000	130000	354000	170000	365000	470000

注：P—风轮旋转频率。

4.1.3　塔架结构布置

现代大型风力发电机组塔架通常采用锥形圆筒形结构，根据轮毂质量不同，可由三个或四个部分组成，在塔架的底部开有一扇门，各塔段配有平台和应急照明装置。

转换器控制系统、操作控制系统和主电源装置安装在塔架底部的独立平台上，方便对重要设备的功能进行控制。风力发电机的电流通过动力轨道转移进塔架底部，安装光纤以便所有控制信号能从操作计算机传送到塔架顶部。

锥形圆筒形塔架立面是直线型的，其斜率为 $1.2\% \sim 1.7\%$。塔筒管径 D 与壁厚 t 之比

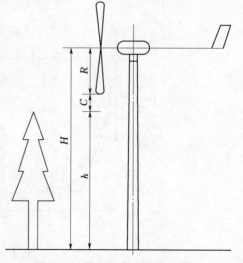

图 4-8　塔架的高度要求示意图

（径厚比 D/t）较大，可以提高刚度、节约钢材、降低造价，但局部稳定可能满足不了规范的规定。通常其径厚比根据不同材料取满足经济技术最合理的比值。

塔架内部结构如图4-9所示。塔架内部结构的设计和安装应使操作人员能够安全地进行安装、作业、维修和进入机舱。塔架内部应设有安全保护设施、电缆保护设施、梯栏、安全平台、照明设施、门和电气设备安装附件等，并应设有直接通道进入塔架内（门应能锁住）。

图4-9　塔架内部结构和底管节

4.2　塔架设计步骤

（1）初步确定塔架的形状和尺寸。塔架的结构形状与尺寸取决于风力发电机组安装地点及风荷载情况。同时结合设计人员的经验，并参考现有同类型塔架初步拟定塔架的结构形状和尺寸。

（2）常规计算是利用材料力学、弹性力学等固体力学理论和计算公式，对塔架进行强度、刚度和稳定性等方面的校核，而后修改设计，以满足设计要求。

（3）有限元静、动态分析，模型试验和优化设计。

（4）制造工艺性和经济性分析。由于风力发电机对环境的视觉有较大的影响，其体积大、高度高，因此还要对塔架进行造型设计，以满足与环境的和谐统一。

4.3　塔架作用力及其计算方法

塔架上的作用力有包括风轮、机舱和塔架自身的重力，以及由这些重力与变形附加的弯矩，风轮传来的水平推力和顺风向的弯矩和绕垂直轴线的扭矩等，由风轮传来的作用力可以按工况进行叠加和坐标转换到塔架坐标系统上。

在风力机设计中必须确定风力机所处的环境和各种运行条件下所产生的各种荷载，其目的是对风力机零部件进行强度分析（包括静强度分析和疲劳强度分析）、动力学分析以及寿命计算，确保风力机在其设计的寿命期内能够正常运行。该项工作是风力机设计中最为基础性的工作，所有的后续工作都是以荷载计算为基础的。在计算荷载时，要考虑到风力机的复杂性，它是风、空气动力学、波浪、结构动力学、传动系统、控制系统等各因素复杂作用的结果。风力机是与众不同的设备，它的叶片翼型经常运行在失速的状态下，结构很可能产生共振，荷载不规则、非线性的，高周疲劳等。这些都为风力机叶片、塔架、基础等结构设计带来比较大的困难。

4.3.1 坐标系的确定

叶片坐标系统如图 4-10 所示，其原点在叶根上且和风轮一起旋转，它对于轮毂的位置是固定的。

轮毂坐标系统如图 4-11 所示，原点在风轮旋转中心且不随风轮转动。

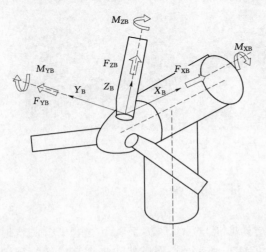

图 4-10 叶片坐标系统

X_B—沿风轮旋转轴方向；Z_B—径向；
Y_B—X_B、Y_B、Z_B 组成右手系

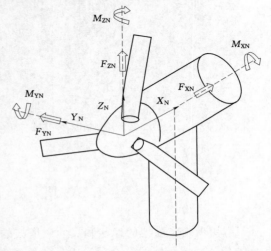

图 4-11 轮毂坐标系统

X_N—在风轮旋转轴方向；Z_N—与 X_N 垂直向上；
Y_N—水平方向，且 X_N、Y_N、Z_N 组成右手系

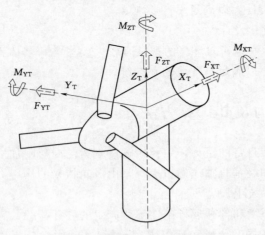

图 4-12 塔架坐标系统

X_T—风轮旋转轴水平方向；Z_T—垂直向上；
Y_T—水平方向，且 X_T、Y_T、Z_T 组成右手系

塔架坐标系统如图 4-12 所示，其原点在风轮旋转轴线和塔架的中心线的交点上，且不随风轮转动。

4.3.2 风轮受力计算

风轮叶片的受力情况比较复杂，为研究问题方便，可以简化为三种力，包括空气动力、离心力和重力等。空气动力使叶片承受弯曲和扭转力，离心力使叶片承受拉伸、弯曲和扭转力，重力使叶片承受拉压、弯曲和扭转力。

叶片上的受力随着叶片浆距角、攻角、风轮偏航角的变化而变化，根据叶素-动量

（BEM）定律得出旋转的风轮叶片上的受力。

如图 4-13 和图 4-14 所示，引入轴向速度诱导因子 $a = 1 - u/U_\infty$ 和切向速度诱导因子 $a' = u_w/(2\Omega r)$，其中 u 为风轮后面的尾流风速，U_∞ 为正常风速，u_w 为下游尾流中切向风速，Ω 为风轮旋转角速度。定义风轮旋转平面与旋转叶片上的相对风速 W 之间的夹角为入流角 φ，叶片截面翼型弦线相对于风轮平面的夹角 β 定义为叶片截面的桨距角，攻角为相对风速 W 与叶片截面翼型弦线的夹角 α。

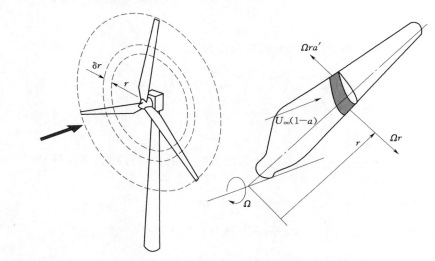

图 4-13 半径 r 处叶素扫掠环及速度分量示意图

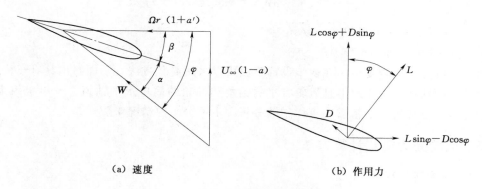

（a）速度   （b）作用力

图 4-14 叶素的速度和作用力

L—叶素单位长度上升力；D—叶素单位长度阻力

知道了翼型特征系数升力系数 C_l 和阻力系数 C_d 随攻角 α 的变化情况，轴向速度诱导因子 a 和切向速度诱导因子 a' 的计算公式为

$$\left.\begin{aligned}\frac{a}{1-a} &= \frac{\sigma_r}{4\sin^2\varphi}\left(C_x - \frac{\sigma_r}{4\sin^2\varphi}C_y^2\right) \\ \frac{a'}{1+a'} &= \frac{\sigma_r C_y}{4\sin\varphi\cos\varphi}\end{aligned}\right\} \qquad (4-2)$$

其中
$$C_x = C_l\cos\varphi + C_d\sin\varphi$$

$$C_y = C_l \sin\varphi - C_d \cos\varphi$$

式中 σ_r——半径为 r 的地方弦长实度。

弦长实度 σ_r 定义为给定半径下的总叶片弦长除以该半径的周长，即

$$\sigma_r = \frac{Nc}{2\pi r} = \frac{Nc}{2\pi\mu R} \qquad (4-3)$$

其中

$$\mu = \frac{r}{R}$$

式中 N——叶片数目。

考虑叶尖损失影响，则式（4-2）可以修正为

$$\left.\begin{aligned}\frac{af}{1-a} &= \frac{\sigma_r}{4\sin^2\varphi}\left(C_x - \frac{\sigma_r}{4\sin^2\varphi}C_y^2\right)\frac{1-a}{1-af} \\[2mm] \frac{a'f}{1+a'} &= \frac{\sigma_r C_y}{4\sin\varphi\cos\varphi}\frac{1-a}{1-af}\end{aligned}\right\} \qquad (4-4)$$

式中 f——叶尖损失系数。

每单位长度上垂直于旋转平面和叶片运动方向上的力，分别为平面外和平面内的作用力。

单位长度平面外的作用力为

$$q_{xa} = \frac{dF_x}{dr} = C_x \frac{1}{2}\rho W^2 c = 4\pi\rho U_\infty^2 (1-af)a\frac{f}{N}r \qquad (4-5)$$

单位长度平面内的作用力为

$$q_{ya} = \frac{dF_y}{dr} = C_y \cdot \frac{1}{2}\rho W^2 c = 4\pi\rho\Omega U_\infty (1-af)a'\frac{f}{N}r \qquad (4-6)$$

式中 Ω——风轮旋转角速度，rad/s；

U_∞——正常风速，m/s。

以上求解方法比较复杂，在初步设计阶段可以采用简化方法。下面给出具有三片或三片以上叶片刚性连接在轮毂上且风轮有小的锥角和仰角的简单水平轴风力发电机组近似、保守的计算，复杂机组通常需要更详细的分析。下面分工况情况来叙述。

4.3.3 风轮受力简化计算方法

4.3.3.1 正常运行荷载

1. 风轮上的气动荷载

作用在风轮扫掠面积 A 上的平均压力 p_N 取决于额定风速 v_R。

$$p_N = \frac{C_{FB}\rho v_R^2}{2} \qquad (4-7)$$

式中 C_{FB}——8/9，按 Betz 公式；

ρ——空气密度，kg/m³。

作用在塔顶的力为

$$F_{XN} = p_N A \qquad (4-8)$$

湍流、侧风和塔影的影响用气动力至风轮旋转中心的偏心距 e_w 来处理，e_w 计算式为

$$e_{W} = \frac{wR^2}{2v_{R}} \qquad (4-9)$$

式中　R——风轮半径，m；

　　　w——在任意方向的极限风速梯度，ms/(s・m)。

这个作用力的偏心距产生附加的力矩。

力矩 M_{XN} 是由最大的输出电功率 P_{el} 确定的，其计算式为

$$M_{XN} = \frac{P_{el}}{\omega \eta} \qquad (4-10)$$

式中　ω——风轮角速度；

　　　η——发电机和齿轮箱的总效率。

对于电功率或总效率值来说，如果没有实际值可利用，则可以假设风轮扫掠面上具体的输出功率为 $500W/m^2$，发电机和齿轮箱的总效率 $\eta = 0.7$。将各变量值代入式（4-10）可得

$$M_{XN} = \frac{14 \times P_{el}}{n}(kN \cdot m)$$

式中　n——风轮的旋转速度，r/min。

2. 单片叶片上的气动荷载

作用在单片叶片上的气动力假设为三角形线性荷载。这种三角形分布的力将产生下列线性荷载：

$$f_{XB}(r) = \frac{2F_{XN}r}{NR^2} \qquad (4-11)$$

$$f_{YB}(r) = \frac{2M_{XN}r}{NR^3} \qquad (4-12)$$

式中　$f_{XB}(r)$、$f_{YB}(r)$——作用于叶片上距风轮旋转轴线 r 处的 X、Y 方向上的压力；

　　　　　　　　　　　r——距风轮旋转轴线距离，m；

　　　　　　　　　　　N——叶片数。

对于悬臂叶片，叶根处（在 $r=0$ 位置）气动力和转矩为

$$\left. \begin{array}{l} F_{XB} = \dfrac{F_{XN}}{N} \\[3mm] F_{YB} = \dfrac{3M_{XN}}{2NR} \\[3mm] M_{XB} = \dfrac{M_{XN}}{N} \\[3mm] M_{YB} = \dfrac{2F_{XB}R}{3} \end{array} \right\} \qquad (4-13)$$

4.3.3.2　阵风对荷载的影响

阵风对荷载影响的处理与正常荷载相似，但阵风系数 k_b 增加了风速。阵风系数 $k_b = 5/3$，阵风风速 $v_B = k_b v_R$。由此，在风轮扫掠面积 A 上增加的平均压力 p_B 为

$$p_B = \frac{C_{FB}\rho v_R^2}{2} = \frac{C_{FB}\rho k_b^2 v_R^2}{2} \qquad (4-14)$$

将各变量值代入式（4-14）可得 $p_B = v_R^2/648(\text{kN/m}^2)$。

作用在风轮上的气动荷载及作用在单个叶片上的气动荷载按上述公式计算，用 p_B 代替 p_N。对于力矩 M_{XN}，是式（4-10）中值的两倍。

4.3.3.3 由侧风或风梯度引起的荷载

当风向相对于风力发电机组旋转轴线倾斜时，假设有下列荷载作用在风轮上。

$$\left.\begin{aligned} F_{XN} &= \frac{p_N A}{\sqrt{2}} \\ F_{YN} &= \pm \frac{p_N A}{\sqrt{2}} \end{aligned}\right\} \quad （对于 N1.2） \tag{4-15}$$

$$\left.\begin{aligned} F_{XN} &= p_N A \\ F_{YN} &= \pm p_N A \end{aligned}\right\} \quad （对于 E1.2） \tag{4-16}$$

力的 Y 向分量导致风轮旋转轴上的弯矩和机舱偏航齿轮上的阻尼力矩，扭矩 M_{XN} 和叶片上的气动荷载按正常运行荷载计算。这里气动力的偏心距可以忽略。

4.3.3.4 陀螺力产生的荷载

风轮荷载为

$$\left.\begin{aligned} F_{XN} &= \pm p_B A \\ F_{YN} &= \pm p_B A \end{aligned}\right\} \tag{4-17}$$

快速偏航和偏航过程中的变化对塔架和单独的风轮叶片均能产生很大的荷载，偏航运动角加速度 $\dot{\Omega} = d\Omega/dt$ 和角速度 Λ 是产生这种力的决定性因素。通常考虑"开始偏航"和"以恒定角速度偏航"两种情况。

（1）开始偏航。角加速度取决于有效力矩 M_{ZT}，《风力发电机组风轮叶片》（JB/T 10194—2000）对以下三种情况进行了分析。

1）被动偏航的下风向风轮。

$$M_{ZT} = \pm p_N A e_w \tag{4-18}$$

2）具有对风尾舵的、被动偏航的上风向风轮。

$$M_{ZT} = \pm c p_s A_F e_F \tag{4-19}$$

其中

$$p_s = v_R^2/1600$$

式中　c——尾舵的阻力系数，$c=2$；

p_s——风速 v_R 的驻点压力，kN/m^2；

A_F——尾舵表面积，m^2；

e_F——从塔架中心线至尾舵压力中心的距离，m；

v_R——额定风速，m/s。

3）主动偏航的风力发电机组。如果塔架的扭转固有频率 ω_T 为已知，则可假定

$$M_{ZT} = I_M \omega_T \Omega \tag{4-20}$$

式中　I_M——机舱和风轮相对塔架轴线的转动惯量，$\text{kg} \cdot \text{m}^2$；

Ω——偏航运动的角速度，rad/s。

在偏航运动开始，$\Omega=0$，$\dot{\Omega} = \pm M_{ZT}/I_M$，除 M_{ZT} 外，还有作用力 F_{YT} 为

$$F_{YT}=m_M e_M \dot{\Omega} \qquad\qquad (4-21)$$

式中　　m_M——机舱和风轮的质量，kg；

　　　　e_M——从塔架轴线到 m_M 的重心的距离，m。

由于偏航运动，单个叶片上的最大线性荷载为

$$\left.\begin{aligned} f_{XB}(r)&=-\mu(r)r\dot{\Omega} \\ f_{ZB}(r)&=-\mu(r)e_0\dot{\Omega} \end{aligned}\right\} \qquad (4-22)$$

式中　　$\mu(r)$——单位长度的质量，kg/m；

　　　　e_0——从塔架轴线到风轮重心的距离，m。

对于悬臂叶片，由于偏航运动，作用在叶根截面上的力为

$$\left.\begin{aligned} F_{XB}(r)&=-m_B r_s \dot{\Omega} \\ F_{ZB}(r)&=-m_B e_0 \dot{\Omega} \\ M_{YB}&=-I_B \dot{\Omega} \end{aligned}\right\} \qquad (4-23)$$

式中　　m_B——叶片质量，kg；

　　　　I_B——叶片相对于风轮旋转轴线的转动惯量，kg·m²；

　　　　r——叶片重心到风轮旋转轴线的距离，m。

（2）以恒定角速度偏航。具有被动偏航系统的风力发电机组，如果没有经过验证，可假定有 1s 的加速时间，否则可使用偏航系统的角速度；对于具有主动偏航系统的机组，其角速度通常都很小，在这些情况下，其作用荷载为

$$\left.\begin{aligned} F_{XT}&=-m_M e_M \Omega^2 \\ M_{YT}&=Z I_B \omega\Omega \end{aligned}\right\} \qquad (4-24)$$

由偏航系统作用于单个叶片上的最大线性荷载为

$$\left.\begin{aligned} f_{XB}(r)&=-\mu(r)\times(e_0\Omega^2+2r\omega\Omega) \\ f_{YB}(r)&=-\mu(r)\Omega^2 r/2 \\ f_{ZB}(r)&=\mu(r)\Omega^2 r/2 \end{aligned}\right\} \qquad (4-25)$$

对于悬臂的风轮叶片，由偏航运动在叶片根部截面上产生的力为

$$\left.\begin{aligned} F_{XB}&=-m_B(e_0\Omega^2+2r_s\omega\Omega) \\ F_{YB}&=-m_B\Omega^2 r_s/2 \\ F_{ZB}&=m_B\Omega^2 r_s/2 \end{aligned}\right\} \qquad (4-26)$$

$$\left.\begin{aligned} M_{XB}&=I_B\Omega^2/2 \\ M_{YB}&=-m_B r_s e_0\Omega^2-2I_B\omega\Omega \end{aligned}\right\} \qquad (4-27)$$

4.3.3.5　由刹车力引起的荷载

从最大的刹车力矩 M_B，可以得到风轮轴线的角加速度为

$$\dot{\omega}=\frac{M_B}{NI_B+I_0} \qquad\qquad (4-28)$$

式中　　I_0——由轮毂、风轮轴、齿轮箱和风力发电机构成的系统有效转动惯量，kg·m²。

单个叶片上的线性荷载为

$$f_{YB}(r) = -\mu(r)r\dot{\omega} \tag{4-29}$$

由此引起的悬臂叶片叶根截面上的力为

$$\left.\begin{array}{l} F_{YB}(r) = m_B r_s \dot{\omega} \\ M_{XB} = I_B \dot{\omega} \end{array}\right\} \tag{4-30}$$

4.3.3.6　短路荷载

在发电机或连接电缆短路的情况下，会产生扭矩峰值。如果不知道发电机的短路力矩，则对于同步发电机假设为 10.5 倍的额定扭矩，对于感应发电机假设为 8 倍的额定扭矩。

4.3.4　塔架上的作用力

4.3.4.1　作用在塔架上水平力（水平剪力）

作用在塔架上的水平力为风轮上的水平推力 F_r（参见 4.3.2 和 4.3.3 节）、机舱所受风推力 F_c 和塔架所受风推力 F_T 之和。

作用在塔架机舱上的推力为

$$F_c = \frac{1}{2}\rho A v_0^2 C_D \tag{4-31}$$

式中　A——塔架或机舱投影面积，m^2；

　　　C_D——阻力系数，机舱取 $C_D = 1.2$，塔架取 $C_D = 0.7$。

风作用在塔架上的推力为

在高度为 i 处的风力　　　$F_{Ti} = \frac{1}{2}\rho b_i v_i^2 C_D \, \mathrm{d}z$

作用在塔架上的总水平推力　$F_T = \int_0^h \frac{1}{2}\rho b_i v_i^2 C_D \, \mathrm{d}z \tag{4-32}$

式中　b_i——高度 i 处塔架的宽度，m；

　　　v_i——高度 i 处风速，m/s。

4.3.4.2　塔架承受压力（轴力）

塔架承担的除塔架自身重量之外的所有的风力发电机组的重量。

$$F_{ZT} = \sum G_i \tag{4-33}$$

4.3.4.3　塔架承受弯矩

（1）风轮和机舱上的推力对塔架形成的弯矩为

$$M_{YT1} = F_r h + F_c h \tag{4-34}$$

式中　h——风轮转动轴中线至塔架计算截面的距离，m；

　　　M_{YT1}——水平推力对塔架的弯矩，N·m 或 kN·m。

（2）塔架上风压力对塔架形成的弯矩为

$$M_{YT2} = \int_0^h \frac{1}{2}\rho b_i v_i^2 C_D z \, \mathrm{d}z \tag{4-35}$$

（3）风轮叶片上受的弯矩在塔架坐标系中的变换为

$$M_{YT} = M_{Y1}\cos\varphi + M_{Y2}\cos(\varphi - 120°) + M_{Y3}\cos(\varphi - 240°) \tag{4-36}$$

式中　M_{Y1}、M_{Y2} 和 M_{Y3}——叶片旋转坐标系中叶片 1、2、3 的弯矩，如图 4-15 所示；

φ——叶片 1 的方位角。

（4）扭矩。风轮叶片作用在塔架上的扭矩 M_{ZT} 为

$$M_{ZN} = M_{ZT} = M_{Y1}\sin\varphi + M_{Y2}\sin(\varphi - 120°) + M_{Y3}\sin(\varphi - 240°)\cos\eta \qquad (4-37)$$

按不同工况环境荷载和机组运行情况，计算出最不利的情况对塔架进行强度、刚度、稳定性和正常运行情况的疲劳分析。

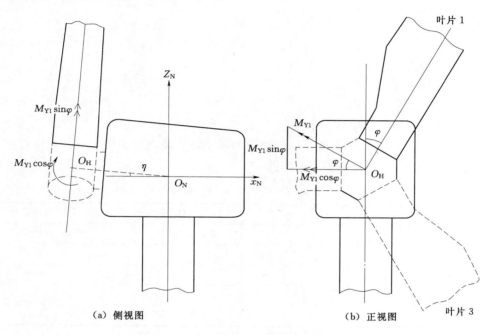

（a）侧视图　　　　　　　　　　　　（b）正视图

图 4-15　机舱上的受力简图

4.3.5　暴风工况时塔架荷载计算

为了确保在台风或暴风袭击时塔架仍不会倾倒，在强度计算时，不管是变距调节还是失速控制的风力发电机组，风轮的气动推力和塔架所受的风压均要按暴风工况考虑。在暴风时，尽管风力机已经停转，但风轮所受的气动推力仍比风力机在切出风速下运转时大，作用于塔架上的风压更是如此。此时，塔架倾覆力矩是主要的荷载情况。

4.3.5.1　暴风工况时风轮气动推力的计算

目前世界上计算暴风工况时的风轮气动推力虽有不少公式，但计算结果却相差很大，究竟哪一个公式的计算结果比较符合实际情况，至今尚无定论。下面仅推荐几种较为常用的方法。

（1）苏联法捷耶夫公式

$$F_{bs} = 0.784 A_B v_{ext}^2 B \qquad (4-38)$$

式中　A_B——桨叶的投影面积，m^2；

　　　v_{ext}——风轮中心处的暴风风速，m/s；

　　　B——桨叶数。

如将式（4-38）改写成推力系数 C_T 的表达式，则为

$$F_{bs} = \left(C_T \frac{1}{2}\rho\right)A_B v_{ext}^2 B \tag{4-39}$$

式中　ρ——空气密度，kg/m^3。

式（4-39）相当于 $C_T \frac{1}{2}\rho = 0.784$，若空气密度 $\rho = 1.225kg/m^3$，则 $C_T = 1.28$。

（2）荷兰 ECN 公式

$$F_{bs} = C_T q A_B \varphi B S \tag{4-40}$$

式中　C_T——推力系数，取 $C_T = 1.5$；

　　　q——动态压力，N/m^2；

　　　φ——动态系数，取 $\varphi = 1.2$；

　　　S——安全系数，取 $S = 1.5$。

式（4-40）中的 q 实际上就是单位面积的风压，它随高度而变化，其数值可根据表 4-2 选取。表中 H_1 是指风轮中心的高度。

表 4-2　H_1 与 q 的关系

H_1/m	$q/(N \cdot m^{-2})$	H_1/m	$q/(N \cdot m^{-2})$
10	1020	60	1330
20	1363	70	1120
30	1190	80	1390
40	1250	90	1410
50	1300	100	1430

（3）联邦德国 DFVLR 公式

$$F_{bs} = C_T \frac{1}{2}\rho v_{ext}^2 A_B B S \tag{4-41}$$

式中　C_T——推力系数，取 $C_T = 2.2$；

　　　v_{ext}——暴风风速，$H < 30m$ 时，取 $v_{ext} = 42m/s$；

　　　S——安全系数，取 $S = 1.5$。

令 $q = \frac{1}{2}\rho v_{ext}^2 = \frac{1}{2} \times 1.225 \times 42^2 = 1080(N/m^2)$，$H < 30m$ 时，全部采用此值，而 ECN 公式的 q 值是随 H 的增加而增大的。

（4）丹麦 RIS 公式。

$$F_{bs} = P_1 A_S \tag{4-42}$$

式中　P_1——风轮单位扫掠面积上的平均风压，通常取 $P_1 = 300N/m^2$；

　　　A_S——风轮的扫掠面积，m^2。

为了便于比较，同时也为了看起来更直观，现将 FD16.2-55 型机组的有关数据（$A_B = 4.4m^2$，$B = 3$，$v_{ext} = 50m/s$，$H = 18m$，$A_S = 206.12 m^2$）代入上述四个公式进行计算，其结果如下：

苏联法捷耶夫公式　$F_{bs} = 0.784 \times 4.4 \times (1.19 \times 50)^2 \times 3 = 36637.3(N)$

荷兰 ECN 公式　　$F_{bs}=1.5×1100×4.4×3×1.2×1.5=39204(N)$

联邦德国 DFVLR 公式　　$F_{bs}=2.2×1080×4.4×3×1.5=47064(N)$

丹麦 RIS 公式　　　　$F_{bs}=300×206.12=61836(N)$

以上计算中，苏联法捷耶夫公式中的 v_{ext} 以及荷兰 ECN 公式中的 q 值，均按 $H_1=$ 18m 考虑。

计算结果表明，按丹麦 RIS 公式计算出来的 F_{bs} 值最大，而按苏联法捷耶夫公式计算的 F_{bs} 最小，前者几乎是后者的 1.69 倍，认为丹麦的算法过于保守。1984 年 11 月风电专家彼得森推荐用下式进行计算：

$$F_{bs}=C_T\frac{1}{2}\rho v_{ext}^2 A_B B\phi \tag{4-43}$$

式中　C_T——推力系数，取 $C_T=1.6$；

ϕ——空气动力系数，当系统的最低自振频率大于 2Hz 时，$\phi=1$。

将 FD16.2-55 型机组的有关数据代入式（4-43）得

$$F_{bs}=1.6×\frac{1}{2}×1.225×(1.19×50)^2×4.4×3×1=45797(N)$$

式（4-43）与式（4-39）极为相似，只是 C_T 从 1.28 增加到 1.6 而已，亦即增大到 1.25 倍，也可以看成它比式（4-39）多一个 1.25 倍的安全系数，这样计算结果只有式（4-42）的 74%，与联邦德国 DFVLR 的算法比较接近，而荷兰 ECN 的计算结果介于苏联法捷耶夫公式与联邦德国 DFVLR 公式之间，显然，用丹麦 RIS 公式或联邦德国的 DFVLR 公式计算最安全，其次是荷兰 ECN 公式，而苏联法捷耶夫公式的算法最简便。

4.3.5.2　暴风工况时塔架风压的计算

$$F_{ts}=\frac{1}{2}\rho v_{ext}^2 A_t\phi \tag{4-44}$$

式中　v_{ext}——作用于塔架中部的暴风风速，m/s；

　　　A_t——塔架的投影面积，m^2；

　　　ϕ——空气动力系数，圆柱形密闭塔架 $\phi=0.7$，桁架塔架 $\phi=1.4$。

对密闭塔架而言，A_t 就是塔架轮廓包围的面积，亦即 $A_t=Hd$，其中 H 为塔架高度，d 为塔架外径；如果是桁架结构，宜按桁架构件的实际投影面积计算，鉴于计算桁架构件的实际投影面积比较麻烦，工作量也比较大，通常可用塔架轮廓包围面积的 30% 计算（不能低于此值）。这些都是在初步设计时用的一些简单方法，在技术设计阶段则需要按工况详细地进行计算，以保证结构安全、可靠。

4.4　圆筒形钢塔架结构设计

圆筒形钢塔架以其强度、刚度高，外形美观、是绿色材料等优点受到设计者的青睐，在风电场中得到广泛的应用和发展。与其他结构相比还有下列特点。

（1）钢材材料强度高。钢的容重虽然较大，但强度很高，与其他建筑材料相比，钢材的容重与屈服点的比值最小。在相同的荷载和约束条件下，当结构采用钢材构建时，结构的自重通常较小。由于重量较轻，便于运输和安装，因此钢结构特别适用于高度高、荷载大的结构，也适用于可移动、有装拆要求的结构。

（2）钢材的塑性好、韧度高。由于钢材的塑性好，钢结构在一般情况下不会因偶然超载或局部超载而突然断裂；钢材的韧度高，则使钢结构对动荷载的适应性较强。钢材的这些性能为钢塔架结构的安全性和可靠性提供了充分的保证。

（3）钢材更接近于匀质等向体。经计算，可靠钢材的内部组织比较均匀，非常接近匀质体；其各个方向的物理力学性能基本相同，接近各向同性体。在使用应力阶段，钢材处于理想弹性工作状态，弹性模量高达 206GPa，因而变形很小。这项性能和力学计算中的假定符合程度很高，所以钢结构的实际受力情况和力学计算结果最相符合。因此，钢结构设计计算准确、可靠性较高，适用于有特殊重要意义的建筑物。

（4）钢结构制造简便、施工方便，具有良好的装配性。钢结构由各种型材组成，都采用机械加工，在专业化的金属结构厂制造，制作简便，成品的精确度高。制成的构件可运到现场拼装。因结构较轻，故施工方便，建成的钢结构也易于拆卸、加固或改建。钢结构的制造虽需较复杂的机械设备，并有严格的工艺要求，但与其他建筑结构比较，钢结构工业化生产程度最高，能批量生产，制造精确度高。采用工厂制造、工地安装的施工方法，可缩短周期、降低造价、提高经济效益。

（5）钢材易于锈蚀，应采取防护措施。钢材在潮湿环境中，特别是处于有腐蚀性介质的环境中容易锈蚀，必须用油漆或镀锌加以保护，而且在使用期间还应定期维护。钢结构腐蚀等级分为 A、B、C、D 四级，A 级为金属覆盖着氧化皮而几乎没有铁锈的钢材表面，B 级为发生锈蚀并且部分氧化皮已经剥离的钢材表面，C 级为氧化皮已经因腐蚀而剥落或可以刮除并且有少量点蚀的钢材表面，D 级为氧化皮已经因腐蚀而全面剥离并且已经普遍发生点蚀的钢材表面。影响涂层质量的因素有底材处理的程度、涂装工艺、施工环境、涂层的厚度、涂层的选择等。钢结构表面的特点是：经常会被油污、水分、灰尘覆盖，存在高温轧制或热加工过程中产生的黑色氧化皮，存在钢铁在自然环境下产生的红色铁锈。我国已研制出一些高效能的防护漆，其防锈效能和镀锌相同，但费用却低得多。同时，已研制成功喷涂锌铝涂层及氟碳涂层的新技术，为钢结构的防锈提供了新方法。

（6）钢结构的耐热性好，但防火性差。钢材耐热而不防火，随着温度的升高，强度就降低。温度在 250℃ 以内时，钢的性质变化很小；温度达到 300℃ 以后，强度逐渐下降；达到 450～650℃ 时，强度为零。因此，钢结构的防火性较钢筋混凝土差。当周围环境存在辐射热，温度在 150℃ 以上时，就需采取遮挡措施。一旦发生火灾，因钢结构的耐火时间不长，当温度达到 150℃ 以上时，结构可能瞬时全部崩溃。为了提高钢结构的耐火等级，通常采用包裹的方法。但这样处理既提高了造价，又增加了结构所占的空间。我国成功研制了多种防火涂料，当涂层厚达 15mm 时，可使钢结构耐火极限达 1.5h 以上，增减涂层厚度，可满足钢结构不同耐火极限的要求。

4.4.1 钢塔架材料特性

4.4.1.1 钢塔架结构对材料的要求

钢塔筒结构对材料的要求主要表现如下：

（1）强度要求，即对材料屈服强度与抗拉强度的要求。材料强度高有利于减轻结构自重。

（2）塑性、韧度要求，即要求钢材具有良好的适应变形与抗冲击的能力，以防止脆性破坏。

（3）耐疲劳性能及适应环境能力要求，即要求材料本身具有良好的抗动力荷载性能及较强的适应低温、高温等环境变化的能力。

（4）冷、热加工性能及焊接性能要求。

（5）耐久性能要求，主要指材料的耐锈蚀能力要求，即要求钢材具备在外界环境作用下仍能维持其原有力学及物理性能基本不变的能力。

（6）生产与价格方面的要求，即要求钢材易于施工、价格合理。据此，《钢结构设计规范》（GB 50017—2003）推荐承重结构宜采用的钢有碳素结构钢中的 Q235 及低合金高强结构钢中的 Q345、Q390 和 Q420 四种。

4.4.1.2 钢材的破坏形式

钢材的破坏形式分为塑性破坏与脆性破坏两类。

（1）塑性破坏的特征。钢材在断裂破坏时产生很大的塑性变形，又称为延性破坏，其断口呈纤维状，色发暗，有时能看到滑移的痕迹。钢材的塑性破坏可通过采用一种标准圆棒试件进行拉伸破坏试验加以验证。钢材在发生塑性破坏时变形特征明显，很容易被发现并及时采取补救措施，因而不至于引起严重后果。而且适度的塑性变形能起到调整结构内力分布的作用，使原先结构应力不均匀的部分趋于均匀，从而提高结构的承载能力。

（2）脆性破坏的特征。钢材在断裂破坏时没有明显的变形征兆，其断口平齐，呈有光泽的晶粒状。钢材的脆性破坏可通过采用一种比标准圆棒试件更粗，并在其中部位置车有小凹槽（凹槽处的净截面积与标准圆棒相同）的试件进行拉伸破坏试验加以验证。由于脆性破坏具有突然性，无法预测，故比塑性破坏要危险得多，在钢结构工程设计、施工与安装中应采取适当措施尽量避免。

4.4.1.3 钢材的力学性能

钢材的力学性能通常指钢厂生产供应的钢材在各种作用下（如拉伸、冷弯和冲击等单独作用下）显示出的各种性能，它包括强度、塑性、冷弯性能及韧度等，需由相应试验测定，试验用试件的制作和试验方法需按照相关国家标准规定进行。

1. 强度性能

钢材的强度性能可用几个有代表性的强度指标来表述，它包括材料的比例极限 f_p、弹性极限 f_e、屈服点 f_y 与抗拉强度 f_u。这些强度指标值通过采用标准试件在常温（$100 \sim 350℃$）、静载（满足静力加载的加载速度）下进行一次加载拉伸试验所得到的钢材应力—应变（σ—ε）关系曲线来显示。如图 4 - 16 （a）所示曲线为低碳钢单向均匀拉伸试验 σ—ε 曲线，从中可反映钢材受力的各个受力阶段（弹性、弹塑性、塑性、强化及颈缩破坏五阶段）强度性能的几个指标。图 4 - 16 （b）为钢材 σ—ε 关系曲线前三阶段的细部放大图。

各受力阶段的特征叙述如下：

（1）弹性阶段（OAB 段）。当 $\sigma \leqslant f_p$ 时，σ 与 ε 呈线性关系，直线 OA 的斜率称为钢材的弹性模量 E。在钢结构设计中，对所有钢材统一取 E 值为一常量 $2.06 \times 10^5 \text{MPa}$。只

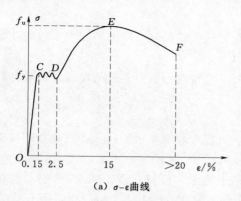

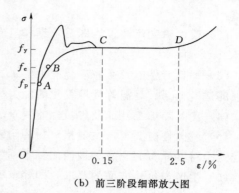

$$\text{(a) } \sigma\text{-}\varepsilon\text{曲线} \qquad \text{(b) 前三阶段细部放大图}$$

图 4-16　低碳钢单向均匀拉伸试验 σ-ε 关系曲线

有在此阶段（$\sigma \leqslant f_p$）卸荷时，材料才不会留下残余变形。

（2）弹塑性阶段（BC 段）。σ 与 ε 呈非线性关系，曲线各点切线模量 E_t（即斜率 $d\sigma/d\varepsilon$）随应力增大而减小，当 $\sigma = f_y$ 时，$E = 0$。

对低碳钢，对应 f_y 的应变 ε 约为 0.15%，对于高碳钢（即没有明显屈服台阶的钢材）可取卸荷后残余应变 $\varepsilon = 0.2\%$ 所对应的应变为 f_y。但在钢结构设计时，一般将 f_y 作为承载能力极限状态计算的限值，即钢材强度的标准值 f_K，并据以确定钢材的强度动设计值 f_a。

（3）塑性阶段（CD 段，也称屈服阶段）。当 σ 超过 f_y 后，钢材暂时不能承受更大的荷载，且伴随产生很大的变形（塑性流动），残余应变 ε 达到 0.15%～2.5%，钢材屈服。因此，钢结构设计时常将 f_y 作为强度极限承载力的标志，并将应力 σ 达到 f_y 之前的材料称为完全弹性体，达到 f_y 之后的材料称为完全塑性体，从而将钢材视为理想弹塑性体。

（4）强化阶段（DE 段）。钢材内部组织得到调整，强度逐渐提高，塑性变形继续加大，直到应变值 ε 达到 20% 甚至更大，所对应的应力达到最大 f_u。

（5）颈缩破坏阶段（EF 段）。当应力达到最大 f_u 后，试件局部开始出现横向收缩，即颈缩，随后变形剧增，荷载下降，直至断裂。f_u 是破坏前能够承受的最大应力，但此时钢材的塑性变形非常大，故无实用意义，设计时仅作为钢材的强度储备考虑，常用 f_y/f_u（屈强比）表征钢材强度储备大小。

综上所述，屈服点 f_y 与抗拉强度 f_u 是反映钢材强度的两项重要应用性指标。

需要注意的是钢材在单向受压（短试件）时，受力性能基本上与单向受拉相同。受剪时的情况也类似，但屈服点 τ_y 及抗剪强度 τ_u 均低于 f_y 和 f_u，剪切应变模量 G 也低于弹性模量 E。

2. 塑性性能

塑性性能是指钢材破坏前产生塑性变形的能力，其值可由静力拉伸试验得到的力学性能指标伸长率 δ 与截面收缩率 ψ 来衡量，δ 与 ψ 值越大，表明钢材塑性越好。ψ 值还可反映钢材的颈缩部分在三向拉应力情况下的最大塑性变形能力，这对于需考虑厚度方向抗层状撕裂能力的 Z 向钢板更为重要。δ 等于试件拉断后的原标距的塑性变形（即伸长值）与原标距之比值，以百分数表示。ψ 等于颈缩断口处截面积的缩减值与原截面积之比值，以百分数表示。

3. 冷弯性能

钢材的冷弯性能可反映钢材在常温下进行冷加工时产生塑性变形的能力。

4. 韧度性能

钢材的韧度可用冲击试验来判定。

4.4.1.4 钢材的焊接性能与耐久性能

1. 焊接性能

钢材的焊接性能是指在给定的构造形式和焊接工艺条件下能否获得符合质量要求的焊缝连接的性能。焊接性能差的钢材在焊接的热影响区容易发生脆性裂缝（如热裂缝或冷裂缝），不易保证焊接质量，除非采用特定的复杂焊接工艺。故对于重要的承受动荷载的焊接结构，应对所用钢材进行焊接性能的鉴定。钢材的焊接性能可用试验焊缝的试件进行试验，以测定焊缝及其热影响区钢材的疲劳强度、塑性和冲击韧度等。

钢材的焊接性能除了与钢的含碳量等化学成分密切相关外，还与钢的塑性及冲击韧度有密切关系。一般来说，冲击韧度合格的钢材，其焊接质量也容易保证。

2. 耐久性能

钢材的耐久性能主要指其耐腐蚀性能。对于长期暴露于空气中或经常处于干湿交替环境下的钢结构，更易产生锈蚀破坏。腐蚀对钢结构的危害不仅局限于对钢材有效截面的均匀削弱，而且由此产生的局部锈坑会导致应力集中，从顺降低结构的承载力，使其产生脆性破坏。故对钢材的防锈蚀问题及防腐措施应特别引起重视。

4.4.1.5 各种因素对钢材主要性能的影响

1. 化学成分的影响

化学成分直接影响到钢的颗粒组织和结晶构造，从而密切影响钢材的力学性能。

碳素结构钢中纯铁含量约占 99%，其余如有利元素碳（C）、锰（Mn）、硅（Si）及有害元素硫（S）、磷（P）、氧（O）、氮（N）等约占总含量的 1%，属微量元素。

低合金高强度结构钢中，除含有以上所有元素外，为改善某些性能，还掺有总含量不超过 3% 的其他合金元素，如钒（V）、钛（Ti）、铌（Nb）、稀土（RE）、镍（Ni）、钼（Mo）、铬（Cr）、铜（Cu）等。尽管微量元素或合金元素含量较低（不足 1% 或不足 3%），却对钢材的各方面性能影响很大。现分别叙述如下：

碳是钢材中除铁（Fe）外的最主要元素。含碳量上升尽管能使钢材的强度上升，却会导致其塑性、韧度、焊接性能下降，并且冷弯性能及耐锈蚀性能也将明显恶化，故一般应控制钢材中碳的含量在 0.17%～0.22% 以下，焊接结构用钢的碳含量应控制在 0.20% 以下。

锰为一种较弱的脱氧剂，含适量锰可使强度提高，并可降低有害元素硫、氧的热脆影响，改善钢材的热加工性能及热脆倾向。对其他性能如塑性及冲击韧度只有轻微降低，故一般限定锰含量为：碳素钢，0.3%～0.8%；低合金高强度结构钢，1.0%～1.7%。

硅为一种较强的脱氧剂，含适量硅可使钢的强度大为提高，对其他性能影响不大，但过量（达 1% 左右）也会导致其塑性、韧度、焊接性能下降，冷弯性能及耐锈蚀性能也将恶化，故一般限定硅含量为：碳素钢，0.07%～0.3%；低合金高强度结构钢，不超过 0.55％。

硫一般以硫化铁（FeS）的形式存在，高温时会熔化而导致钢材变脆（如焊接或热加工时就有可能引起热裂纹），即热脆，故一般应严格控制硫的含量：碳素钢，不超过 0.035％～0.05％；低合金高强度结构钢，不超过 0.025％～0.045％。

磷虽能提高钢材的强度及耐锈蚀性能，但会导致钢材的塑性、冲击韧度、焊接性及冷弯性能严重降低，特别是在低温时会使钢材变脆，即冷脆，故一般磷含量应严格控制为：碳素钢，不超过 0.035％～0.045％；低合金高强度结构钢，不超过 0.025％～0.045％。

氧和氮情况分别类似于硫和磷。氧易产生热脆，故其含量应控制在 0.05％以下；氮易导致冷脆，一般控制其含量不超过 0.008％。

另外，合金元素也可明显提高钢的综合性能，如钒、钛、铌可提高钢的韧度，稀土有利于脱氧脱硫，镍、钼、铬可提高钢的低温韧度，铜可提高钢的耐腐蚀性能等。

2. 钢材硬化的影响

（1）冷作硬化（又称应变硬化）。钢材在常温下加工称为冷加工。冷轧、冷弯、冲孔、机械剪切等冷加工使钢材产生很大的塑性变形，结果使屈服强度得到提高，而钢材的塑性和韧度却得以降低，这种现象称为冷作硬化或应变硬化。冷作硬化会增加结构脆性破坏的危险，对直接承受动荷载的结构尤为不利。因此，钢结构一般不利用冷作硬化来提高强度；反之，对重要结构用材还要采取刨边措施来消除冷作硬化的影响。

（2）时效硬化钢材随时间增长强度得到提高，而塑性、韧度下降，这种现象称为时效硬化。其产生原因是钢材在冶炼时留在纯铁体中的少量氮和碳固溶体，会随时间增长逐渐析出并形成氮化物和碳化物，从而对纯铁体的塑性变形起阻碍作用。不同种类钢材的时效硬化过程可从几小时到数十年不等。

（3）人工时效。若在钢材产生 10％的塑性变形后，再加热到 200～300℃，然后冷却到室温，可使时效硬化加速发展，只需几小时即可完成，此过程称为人工时效。对特别重要的结构钢材可做这样的人工时效处理，然后再检测其冲击韧度。

3. 复杂应力状态的影响

在复杂应力（如平面或立体应力）作用下，钢材的屈服并不只取决于某一方向的应力，而是由反映各方向应力综合影响的屈服条件来确定。同号应力场将使材料脆性加大，异号应力场会使材料较容易进入塑性状态。

4. 应力集中的影响

钢构件在孔洞、缺口、凹角等缺陷或截面变化处，由于截面突然改变，致使应力线曲折、密集，故在孔洞边缘或缺口尖端附近，产生局部高峰应力，其余部位应力较低，应力分布很不均匀，这种现象称为应力集中。在应力高峰区域甚至形成三向状态，这种同号的双向或三向应力场有使钢材变脆的趋势。应力集中系数越大，变脆的倾向越严重。

其他因素如残余应力或重复荷载也将对钢材的性能产生影响。塔架钢材在热轧氧剖焊接时与冷却过程中，在构件内部产生自相平衡的拉压应力，易形成残余应力。残余应力虽对构件的强度无影响，但对构件的变形（刚度）、疲劳以及稳定承载力将产生不利影响。重复荷载作用将导致钢材疲劳而发生脆性断裂。

4.4.1.6 复杂应力作用下钢材的屈服条件

钢材在单向应力作用下，常以屈服点作为由弹性工作状态转变为塑性工作状态的判定条件。但当钢材在复杂应力作用下，却不能以某一方向的应力是否达到 f_y 来判别，而需利用折算应力 σ_{eq} 来判定，即：当 $\sigma_{eq} < f_y$ 时，认为处于弹性状态；当 $\sigma_{eq} \geqslant f_y$ 时，认为材料进入塑性状态，材料屈服。

按材料力学的能量强度理论（Von Mises），σ_{eq} 用应力分量和主应力表达的公式分别为

$$\sigma_{eq} = \sqrt{\sigma_x^2 + \sigma_y^2 + \sigma_z^2 - (\sigma_x\sigma_y + \sigma_y\sigma_z + \sigma_z\sigma_x) + 3(\tau_{xy}^2 + \tau_{yz}^2 + \tau_{zx}^2)} \qquad (4-45)$$

$$\sigma_{eq} = \sqrt{\sigma_1^2 + \sigma_2^2 + \sigma_3^2 - (\sigma_1\sigma_2 + \sigma_2\sigma_3 + \sigma_3\sigma_1)} \qquad (4-46)$$

由式（4-45）、式（4-46）可见，当三个主应力或三个正应力同号且非常接近时，即使各自都远远超过钢材屈服强度，材料也很难进入塑性状态，甚至破坏时呈现脆性特征。但当有一个应力为异号，另两个同号应力相差又较大时，材料就较容易进入塑性状态。

4.4.1.7 常用的钢材

常用的钢材有以下几种：

（1）碳素结构钢。常用五种牌号：Q195、Q215、Q235、Q255 及 Q275。钢材的质量等级中，A 级、B 级钢按脱氧方法分为沸腾钢、半镇静钢或镇静钢，C 级只有镇静钢，D 级只有特殊镇静钢。A 级～D 级各级的化学成分及力学性能均有所不同，Q235 钢系列的主要力学性能见表 4-3，其中 Q235 是《碳素结构钢》推荐采用的钢材。在力学性能方面，A 级只保证 f_y，f_u 与 δ_5，对冲击韧度不作要求，冷弯试验按需方要求而定；而对 B 级～D 级三级，六项指标 f_y、f_u、δ_5、ψ、180°冷弯性能指标及常温或负温（B 级 20℃，C 级 0℃，D 级 -20℃）冲击韧度均需保证。

表 4-3 Q235 钢的力学性能

钢材厚度或直径 /mm	拉伸试验			180°冷弯试验 $(b=2a)$		冲击韧度		
	f_y /(N·mm⁻²)	f_u /(N·mm⁻²)	$\delta_5/\%$	纵向	横向	质量等级	温度/℃	A_{kv}（纵向）/J
≤16	235		26			A	—	
>16~40	225		25	$d=a$	$d=1.5a$			
>40~60	215	375	24			B	+20	
>60~100	205	~	23	$d=2a$	$d=2.5a$	C	0	27
>100~150	195	460	22			D	-20	
>150	185		21	$d=2.5a$	$d=3a$			

（2）低合金高强度结构钢。低合金结构钢是在冶炼碳素结构钢时加入一种或几种适量的合金元素而成的。低合金高强度钢有 Q295、Q345、Q390、Q 420 和 Q460 等五种。其个 Q345、Q390、Q420 三种被重点推荐使用，此三种牌号主要力学性能见表 4-4。

（3）连接用钢。钢结构连接中的铆钉、高强度螺栓、焊条用钢丝等，也需采用满足各自连接件要求的专用钢。详细请参照相应规范。

表 4 - 4　Q345、Q390、Q420 钢的力学性能

钢号	质量等级	拉伸试验						180°冷弯试验		冲击韧度	
		f_y/(N·mm^{-2})				f_u /(N·mm^{-2})	δ_5 /% $\geqslant$	钢材厚度（直径）/mm		温度 /℃	A_{kv} （纵向）/J
		钢材厚度（直径、边长）/mm									
		≤16	>16~35	>35~50	>50~100			≤16	>16~100		
Q345	A	345	325	295	275	470~630	21	$d=2a$	$d=3a$	—	—
	B						21			+20	
	C						22			0	34
	D						22			-20	
	E						22			-40	27
Q390	A	390	370	350	330	490~650	19	$d=2a$	$d=3a$	—	—
	B						19			+20	
	C						20			0	34
	D						20			-20	
	E						20			-40	27
Q420	A	420	400	380	360	520~680	18	$d=2a$	$d=3a$	—	—
	B						18			+20	
	C						19			0	34
	D						19			-20	
	E						19			-40	27

4.4.2　塔架静强度、刚度验算

4.4.2.1　强度校核

首先根据风力发电机组运行情况，制定可能出现的最不利工况，计算荷载及其组合，然后计算不同各特征高度处截面的弯矩 M、轴力 N、剪力 F_x 和扭矩 M_z 等内力，进行塔身强度的校核。

（1）截面上正应力 σ_z（符号以拉为正，压为负）。

轴力作用为

$$\sigma_{z1} = \frac{N}{A} = \frac{N}{\pi D t} \tag{4-47}$$

式中　N——轴力；

　　　A——构件横截面积；

　　　D——外径；

　　　t——壁厚。

弯矩作用产生的最大 σ_{z2} 为

$$\sigma_{z2} = \frac{M x_{max}}{I_y}$$

$$W_y = \frac{I_y}{x_{\max}}$$

$$\sigma_{z2} = \frac{M}{W_y} \qquad\qquad (4-48)$$

式中　I_y、W_y——截面对中性轴的惯性矩和抗弯截面模量。

对于空心圆截面，内径为 d，外径为 D。设 $a=d/D$，则

$$I_y = I_x = \frac{\pi D^4}{64}(1-a^4)$$

$$W_y = W_x = \frac{\pi D^3}{32}(1-a^4)$$

对于薄壁圆环截面，内径为 d，外径为 D，壁厚为 t，平均半径为 r_0，$D=2r_0+t$，$d=2r_0-t$，则

$$I_y = I_x \approx \pi D^3 t/8$$
$$W_y = W_x \approx \pi D^2 t/4$$
$$\sigma_z = \sigma_{z1} + \sigma_{z2} \qquad\qquad (4-49)$$

（2）截面上的剪应力。

1）扭转力矩 M_z 产生的剪应力 τ_r。

剪应力计算公式为

$$\tau_r = \frac{M_z r}{I_P}$$

$$W_P = \frac{I_P}{r}$$

$$\tau_{\max} = \frac{M_z}{W_P} \qquad\qquad (4-50)$$

式中　I_P、W_P——截面的极惯性矩和抗扭截面模量。

对于空心圆截面，内径为 d，外径为 D。设 $a=d/D$，则

$$I_P = \frac{\pi D^4}{32}(1-a^4)$$

$$W_P = \frac{\pi D^3}{16}(1-a^4)$$

对于薄壁圆环截面，$D=2r_0+t$，$d=2r_0-t$，则

$$I_P \approx 2\pi r_0^3 t$$
$$W_P \approx 2\pi r_0^2 t$$

在外壁处剪力最大。

2）剪力作用的剪应力 τ_{zx}。

剪力就是风力发电机组塔架水平上的推力 F_x，其在管壁中引起的 x 向的剪应力为

$$\tau_{zx} = \frac{F_x S}{bJ} \qquad\qquad (4-51)$$

其中　　　　　　　　　　　$J = \pi r_0^3 t$

式中　S——某计算断面以上的管壁面积对中和轴的静矩；

J——管壁的截面惯性矩;

r_0——塔架截面平均半径;

b——受剪截面宽度,$b=2t$。

剪应力最大在 $y=\pm D$ 处,此处 $\tau_{zx}=\dfrac{F_x}{\pi r_0 t}$。

然后按承载力极限状态的折算应力小于材料容许应力进行强度核算,若不满足,需要重新拟定塔架尺寸再进行核算。

4.4.2.2　塔架刚度计算

塔架上的受力在前文已经讲述,这些荷载通常包括风荷载、机组自重以及由机组重心

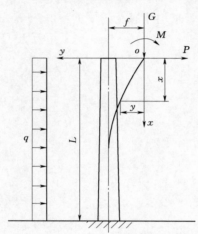

图 4-17　变截面塔架结构的力学模型及变形状况

偏移引起的偏心力矩和塔架自重等。在这些荷载的共同作用下,塔架因疲劳而失效的情况较为少见,而它的顶端产生过大的位移(挠度),引起机组的激烈振动,最终导致机组不能正常运行的事例却是较多的。因此,塔架的刚度将直接影响风力发电机组的整体稳定性和动态特性。在设计塔架的过程中刚度计算是风力发电机组稳定性计算以及振动计算中一项重要的内容,计算简图见 4-17。

计算大型风力发电机组塔架刚度的关键是要计算出其运行过程中在各种荷载作用下,其顶端所产生的位移,即挠度,并将其控制在允许的范围之内。由于风力发电机组塔架结构本身通常采用变截面形式,各截面的抗弯截面模量随塔架高度而变化,其刚度并非常数,因此使计算过程变得复杂、繁琐。

塔架顶端的挠度 f 可由材料力学中的莫尔积分获得

$$f=\int_0^h \frac{M_y(x)M_0(x)}{EI_y(x)}\mathrm{d}x \qquad (4-52)$$

式中　$M_y(x)$——作用于塔架结构上所有外荷载对距其顶端距离为 x 的任一截面上所产生的弯矩;

$\quad\ M_0(x)$——作用于塔架顶端的单位横向力 $P=1$ 对距其顶端距离为 x 的任一截面上所产生的弯矩;

$\quad\quad\ E$——塔架结构材料的弹性模量;

$\quad\ I_y(x)$——距塔架结构顶端距离为 x 处的某截面惯性矩;

$\quad\quad\ h$——塔架的高度。

由材料力学可知,作用于塔架上所有外荷载对距顶端距离为 x 的某一截面所产生的弯矩为

$$M_y(x)=Px+M_{yr}+\int_0^z p(x)b(x)x\mathrm{d}x+Gy \qquad (4-53)$$

式中　$p(x)$——距顶端距离为 x 的截面上平均压力;

$\quad\ b(x)$——距顶端距离为 x 的截面上的宽度;

P——塔顶重力;

G——机组自重;

M_{yr}——机组重心偏移引起的偏心力矩。

作用于塔架结构顶端的单位横向力 $P=1$ 对距顶端距离为 x 的某一截面所产生的弯矩 $M_0(x)$ 为

$$M_0(x)=x \tag{4-54}$$

代入到挠度方程式(4-52)中则得

$$f=\int_0^h \frac{Px^2}{EI_y(x)}\mathrm{d}z+\int_0^h \frac{M_{yr}x}{EI_y(x)}\mathrm{d}x+\int_0^h \frac{\int_0^z p(x)b(x)x^2\mathrm{d}x}{EI_y(x)}\mathrm{d}x+\int_0^h \frac{Gyx}{EI_y(x)}\mathrm{d}x \tag{4-55}$$

根据正常使用极限状态要求,要确保风力发电机组塔架满足其刚度条件,必须将其运行过程中在各种荷载作用下其顶端所产生的最大位移(挠度)控制在规定的数值 $[f]$ 内。因此,其刚度条件为

$$f_{max}\leqslant[f] \tag{4-56}$$

由于塔架受力非常复杂,有时候也可采用一些简化的方法给出结果,也能得到满足工程要求的精度。现塔架规范中没有给出允许挠度。工程经验为要确保风力发电机组的正常运行,塔架的许用挠度 $[f]$ 应控制在塔架总高度 h 的 $0.5\%\sim0.8\%$ 的范围内较为合适。

4.4.3　稳定性验算

4.4.3.1　无孔洞的塔架的稳定性

风力发电机组塔架结构属于一偏心受压弯的薄壁结构,高度较大,截面尺寸小,柔度大,易引起稳定性问题。塔架在满足强度的要求下,还需要满足稳定性的要求。

实际工程中,在钢塔架的焊接、施工中难免会造成塔架结构各种初始缺陷,同时在塔筒底部还开有小门,这些都会使得塔架结构的整体和局部稳定性受到影响。

工程中常采用下列的方法进行屈曲应力的计算和稳定性的核算。

对于 $\frac{l}{r}>0.5\sqrt{\frac{r}{t}}$ 的塔架截面,可等效为长圆柱进行简化屈曲安全分析。轴向压缩下圆柱的理想屈曲应力 σ_{xSi} 的计算公式为

$$\sigma_{xSi}=0.605C_xE\frac{t}{r} \tag{4-57}$$

其中

$$C_x=1-\frac{0.4\frac{l}{r}\sqrt{\frac{t}{r}}-0.2}{\eta} \tag{4-58}$$

式中　E——材料的弹性模量;

　　　t——塔壁的厚度;

　　　r——塔架中间半径;

　　　C_x——应不小于 0.6;

　　　l——壳段的长度;

η——按表 4-5 来取值。

表 4-5　　　　　长圆柱中用于确定理想轴向屈曲应力的系数 η

情况	支撑条件组合	η
1	RB1 RB1	6
2	RB2 RB1	3
3	RB2 RB2	1

注：RB1 为边缘处的径向和轴向位移约束；RB2 为边缘处的径向位移约束，轴向位移自由。

无因次细长比 $\bar{\lambda}_S$ 的计算公式为

$$\bar{\lambda}_S = \sqrt{\frac{f_y}{\sigma_{xSi}}} \tag{4-59}$$

式中　f_y——特征屈曲应力。

实际屈曲应力 $\sigma_{xS,R,k}$ 应由特征屈曲应力 f_y 与减缩系数 x 相乘得到，即

$$\sigma_{xS,R,k} = x f_y \tag{4-60}$$

减缩系数 x 按表 4-6 来选取。

表 4-6　　　　　屈曲情况下减缩系数 x 的选取

壳体为正常缺陷灵敏度		壳体为高缺陷灵敏度	
$\bar{\lambda}_S \leqslant 0.4$	$x = 1$	$\bar{\lambda}_S \leqslant 0.25$	$x = 1$
$0.4 < \bar{\lambda}_S < 1.2$	$x = 1.274 - 0.686\bar{\lambda}_S$	$0.25 < \bar{\lambda}_S \leqslant 1.0$	$x = 1.233 - 0.933\bar{\lambda}_S$
$\bar{\lambda}_S \geqslant 1.2$	$x = 0.65/\bar{\lambda}_S^2$	$1.0 < \bar{\lambda}_S \leqslant 1.5$	$x = 0.3/\bar{\lambda}_S^2$
		$\bar{\lambda}_S > 1.5$	$x = 0.2/\bar{\lambda}_S^2$

注：减缩系数 x 包括几何与结构缺陷以及非弹性材料特性的影响。缺陷灵敏度的差异取决于壳体类型和加载形式。

临界屈曲应力 $\sigma_{xS,R,D}$ 的计算公式为

$$\sigma_{xS,R,D} = \sigma_{xS,R,k}/\gamma_M \tag{4-61}$$

式中　γ_M——抗力的局部安全系数，按表 4-7 选取。

表 4-7　　　　　抗力的局部安全系数 γ_M 的选取

壳体为正常缺陷灵敏度	壳体为高缺陷灵敏度	
$\gamma_M = 1.1$	$\bar{\lambda}_S \leqslant 0.25$	$\gamma_M = 1.1$
	$0.25 < \bar{\lambda}_S < 2.0$	$\gamma_M = 1.1\left(1 + 0.318\dfrac{\bar{\lambda}_S - 0.25}{1.75}\right)$
	$\bar{\lambda}_S \geqslant 2.0$	$\gamma_M = 1.45$

注：壳体为高缺陷灵敏度时，γ_M 考虑了中等长度薄壁圆柱的实验屈曲荷载的大量离散情况；离散的幅度取决于此类壳体类型的后屈曲特性，以及由此产生的高缺陷灵敏度；在某些情况下，如可避免产生上述后屈曲特性和高缺陷灵敏度，则可采用较小的 γ_M 值。

4.4.3.2 有孔洞的塔架的稳定性

通常情况在塔架底部开一小门，以利于工作人员对风力发电机组进行维护和管理。在塔身开门后，会削弱塔架的整体性，易在此部位产生应力集中，造成局部失稳。

通常标准规定塔壁开口区域的屈曲安全用有限元分析来验证，应进行数值支持的全局计算屈曲安全分析（LA）或几何非线性弹性计算（GNA）。其中弹性临界屈曲阻抗 R_{cr} 应由几何非线性弹性计算确定。当选择参考点来确定塑性参考阻抗 R_{pl} 时，可忽略开口附近的临近区域，所取的临近区域的宽度应不大于 $2(rt)^{0.5}$。

在设有纵向加强筋的边缘加强的开口区域，如图 4-18（a）所示，可进行简化的屈曲安全分析，其分析应满足与设计相关的边界条件和所规定的有效限制。在没有设置纵向加强筋、仅设置环形加强筋的四周边缘加强的开口区域，如图 4-18（b）、（c）所示，对于未被削弱的塔壁可用简化的方法进行屈曲安全分析，根据下列公式得到简化的临界纵向屈曲应力。

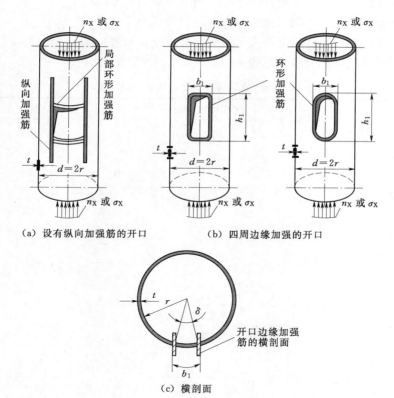

（a）设有纵向加强筋的开口 （b）四周边缘加强的开口

（c）横剖面

图 4-18 设有加强筋的塔壁

$$\sigma_{xS,R,d} = C_1 \sigma_{xS,R,D} \qquad (4-62)$$

其中
$$C_1 = A_1 - B_1(r/t) \qquad (4-63)$$

式中 $\sigma_{xS,R,D}$——由稳定分析中计算得到的临界屈曲应力；

C_1——考虑开口的影响，计算得到的换算系数；

A_1、B_1——由表 4-8 确定。

表 4 - 8 系 数 A_1 和 B_1

孔径角 $\delta/(°)$	Q235		Q345	
	A_1	B_1	A_1	B_1
20	1.00	0.0019	0.95	0.0021
30	0.90	0.0019	0.85	0.0021
60	0.75	0.0022	0.70	0.0024

注：中间值可线性内插，不允许外推。

简化的临界纵向屈曲应力的计算公式仅适用于下列条件的塔架：$(r/t) \leqslant 160$ 的塔壁，孔径角 $\delta \leqslant 60°$，开口尺寸 $h_1/b_1 \leqslant 3$。

其中塔壁切口的孔径角和开口尺寸没有考虑开口边缘加强筋，如图 4 - 18（c）所示。对于开口边缘考虑加强筋时应满足下列要求：

（1）加强筋沿整个开口等横剖面分布或用最小横剖面考虑。

（2）加强筋横剖面的面积至少是切去的开口面积的 1/3。

（3）开口边缘加强筋的横剖面关于塔壁中面成中心布置，如图 4 - 18（c）所示。

（4）加强筋横剖面部分应满足表 4 - 9 中（b/t）的限制值。

表 4 - 9 横截面中各受压部分的限制值

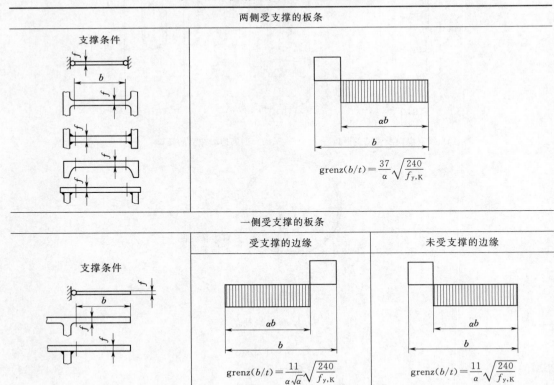

注：grenz(b/t) —b/t 的限制值；

$f_{y,K}$—压缩强度，N/mm²。

受压部分为阴影线部分。

对于管状钢制塔架的开口，在开口边缘的应力集中一般应进行应力分析、疲劳强度分析和屈曲安全分析。

4.4.4　塔架的动力特性设计

大中型水平风力发电机组塔架多为细长的圆筒形或锥筒形和框架形的结构，其顶端安装有大质量的机舱和旋转的风轮，如图 4-19 所示，塔架的固有动力特性对风轮的动态性能有重要的影响。恒速风力发电机或靠转速滑差的风力发电机，塔架的固有频率应在转速激励频率之外。变速风力发电机允许在整个转速范围内输出功率，但不能在塔架自振频率上长期运行。风力发电机启动运行时，转速应尽快穿过共振区。半刚性和刚性塔架在风轮超速时，叶片数倍频和冲击不能产生对塔架的激励和共振。对于塔架动力特性计算有意义的振动模态有三种，即侧向弯曲振动模态、前后弯曲振动模态和扭转振动模态。

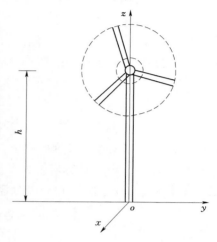

为了满足工程设计的要求，下文讨论相对简单的工程估算方法。

图 4-19　风力发电机组塔架示意图

4.4.4.1　弯曲振动的固有特性计算

悬臂塔架的简单瑞利（Rayleigh）分析法是一种简单又具有较高精度的求解第一阶频率的方法。图 4-19 给出的风力发电机组塔架作无阻尼自由振动时，其侧向弯曲模态 $\gamma_L(z,t)$，可通过分离变量得到

$$\gamma_L(z,t)=\gamma_L(z)\sin(\omega_{TL}t+\alpha) \tag{4-64}$$

式中　　ω_{TL}——塔架侧向固有频率；

　　　　α——相位角。

塔架的总应变能为

$$E_E = \frac{1}{2}\int_0^h (M^2/EI_{TL})\,\mathrm{d}z \tag{4-65}$$

式中　　EI_{TL}——塔架的侧向弯曲刚度；

　　　　h——塔架高度；

　　　　M——塔架弯矩。

由梁的小挠度理论可建立如下近似关系，即

$$M=-EI_{TL}\frac{\mathrm{d}^2\gamma_L(z)}{\mathrm{d}z^2}\sin(\omega_{TL}t+\alpha) \tag{4-66}$$

将式（4-66）代入式（4-65），则塔架的总应变能为

$$E_E = \frac{1}{2}\sin^2(\omega_{TL}t+\alpha)\int_0^h EI_{TL}\left[\frac{\mathrm{d}^2\gamma_L(z)}{\mathrm{d}z^2}\right]^2\mathrm{d}z \tag{4-67}$$

塔架的动能为

$$T = \frac{1}{2}\int_0^h \rho A[\partial \gamma_L(z,t)/\partial t]^2 + \frac{1}{2}M_{NB}\{[d\gamma_L(z,t)/dt]_{z=h}\}^2$$

$$= \frac{1}{2}[\omega_{TL}^2 \cos^2(\omega_{TL}t+\alpha)]\{\int_0^h \rho A\gamma_L^2(z)dz + M_{NB}[\gamma_L(h)]^2\} \qquad (4-68)$$

式中 ρ——塔架材料密度；

      A——塔架横截面积；

   M_{NB}——风轮和机舱的质量。

按照能量守恒定律，应变能与动能之和是一常数，该常数应等于平衡位置的动能，或等于最大位移的应变能。由式（4-67）和式（4-68）可得到塔架的侧向固有频率为

$$\omega_{TL}^2 = \frac{\int_0^h EI_{TL}\left[\frac{d^2\gamma_L(z)}{dz^2}\right]^2 dz}{\int_0^h \rho A\gamma_L^2(z)dz + M_{NB}[\gamma_L(h)]^2} = \frac{\int_0^h EI_{TL}[\gamma_L''(z)]^2 dz}{\int_0^h m_T\gamma_L^2(z)dz + M_{NB}[\gamma_L(h)]^2} \qquad (4-69)$$

式中 m_T——塔架单位长度的质量。

使用式（4-69）计算塔架固有频率 ω_{TL} 时，为了计算简便，建议用表4-10给出的假设弯曲模态 $\gamma_L(z)$。假设在 $z=0$ 处满足几何边界条件 $\gamma_L(0)=0$ 和 $\gamma_L'(0)=0$。

表 4-10   假设的一阶弯曲模态（第一阶振型系数）

$\bar{z}(z/h)$	A	B	C	D
0.0000	0.0000	0.0000	0.0000	0.0000
0.1670	0.0484	0.0279	0.0046	0.0008
0.3330	0.1670	0.1110	0.0370	0.0123
0.5000	0.3400	0.2500	0.1250	0.0625
0.6670	0.5510	0.4440	0.2960	0.1975
0.8330	0.7710	0.6940	0.5790	0.4820
1.0000	1.0000	1.0000	1.0000	1.0000

模态 A 是均匀梁的情况，模态 B、C、D 分别是塔架质量和刚度沿塔高逐渐减小的情况，其减小量级是顺次递增的，尤其是刚度沿高度是迅速减小的。

用式（4-69）计算时，可使用无因次坐标 $\bar{z}=z/h$ 表示积分结果为

$$\int_0^h EI_{TL}[\gamma_L''(z)]^2 dz = \frac{1}{6h^3}\sum_{i=0}^6 g_i EI_{TL}\left[\frac{d^2\gamma_L(z)}{d\bar{z}^2}\right]^2 dz$$

$$\int_0^h m_T\gamma_L^2 = \frac{h}{6}\sum_{i=0}^6 g_i m_{Ti}\gamma_L^2 \qquad (4-70)$$

式中 g_i——选取底面及6个塔架截面进行数值积分的梯形积分加权因子，其值分别为 $[0.5, 1, 1, 1, 1, 1, 0.5]$。

塔架顶端安装机舱和风轮质量 M_{NB} 后，会导致塔架弯曲振动频率的显著降低。计算塔架前后方向的第一阶弯曲振动频率 ω_{TF}，可采用与式（4-70）相似的计算方法。由于塔架前后方向振动时，三叶片或多叶片转子圆盘会摆动 $d\gamma_F/dt$ 角和移动距离 γ_F，只要它们有很小的改变，就会引起转动叶片绕水平轴的大质量惯性矩。所以在式（4-70）中应当

考虑转子圆盘的附加惯性矩，用当量 $\overline{M}_{NB}$ 代替 M_{NB}，得

$$\overline{M}_{NB} = M_{NB} + J_{NB}[d\gamma_F(h)/d\overline{z}]^2/h^2[\gamma_F(h)]^2 \qquad (4-71)$$

对于悬臂型高耸结构的外形通常由下向上逐渐收紧，截面沿高度按连续规律变化时，其振型计算公式十分复杂，此时也可根据结构迎风面顶部宽度 B_H 与底部宽度 B_0 的比值，按表 4-11 确定第一阶振型系数。

表 4-11 截面沿高度规律变化的高耸结构第一阶弯曲模态（第一阶振型系数）

相对高度 z/H	高耸结构 B_H/B_0				
	1.0	0.8	0.6	0.4	0.2
0.1	0.02	0.02	0.01	0.01	0.01
0.2	0.06	0.06	0.05	0.04	0.03
0.3	0.14	0.12	0.11	0.09	0.07
0.4	0.23	0.21	0.19	0.16	0.13
0.5	0.34	0.32	0.29	0.26	0.21
0.6	0.46	0.44	0.41	0.37	0.31
0.7	0.59	0.57	0.55	0.51	0.45
0.8	0.79	0.71	0.66	0.66	0.61
0.9	0.86	0.86	0.85	0.83	0.80
1.0	1.00	1.00	1.00	1.00	1.00

塔架弯曲振动的第一阶频率的近似计算公式为

$$\omega^2 = 4\pi^2 f^2 \approx \frac{3.04EI_x}{(m_{top} + 0.227\overline{m}l)l^3} \qquad (4-72)$$

式中 m_{top}——风轮及机舱质量，kg；

        $\overline{m}$——塔架的线质量，kg/m；

        I_x——圆柱断面上的惯性矩；

        l——塔架的高度，m。

4.4.4.2 扭转振动的固有特性计算

顶端安装机舱和风轮的悬臂塔架，当机舱和风轮旋转时，会对塔架产生一个大的扭转力矩。因此，可将塔架视为扭转振动的悬臂梁。

上文讨论的塔架弯曲振动固有频率的瑞利分析法，同样可用来计算塔架扭转振动固有频率。机舱刚性地安装到顶端，塔架系统第一阶扭转频率 $\omega_{T\theta}$ 可表示为

$$\omega_{T\theta} = \sqrt{\left[\int_0^h GJ_T(d\gamma/dz)^2 dz\right] \bigg/ \left\{\int_0^h I_{pT}\gamma^2 dz + J_{NB}[\gamma(h)]^2\right\}} \qquad (4-73)$$

式中 γ——假设的塔架扭转模态；

   GJ_T——塔架的扭转刚度；

   I_{pT}——塔架单位长度的质量惯性矩；

   J_{NB}——机舱和转子叶片的惯性矩。

建议用表 4-12 中假设的模态计算式（4-73）的 $\omega_{T\theta}$，并取第一阶频率为塔架的固有

扭转频率。模态 A 给出均匀梁的第一阶频率，而 B 或 C 适用于随高度渐缩的塔架。

表 4 - 12　假设的扭转模态（扭转振型系数）

$\bar{z}(z/h)$	A		B		C		D	
	γ	$d\gamma/d\bar{z}$	γ	$d\gamma/d\bar{z}$	γ	$d\gamma/d\bar{z}$	γ	$d\gamma/d\bar{z}$
0.000	0.00	1.57	0.00	1.00	0.00	0.00	0.00	0.00
0.167	0.259	1.52	0.167	1.00	0.0279	0.333	0.0046	0.0833
0.333	0.500	1.36	0.333	1.00	0.111	0.667	0.037	0.333
0.500	0.707	1.11	0.50	1.00	0.25	1.0	0.125	0.750
0.667	0.866	0.786	0.667	1.00	0.444	1.333	0.296	1.333
0.833	0.966	0.407	0.833	1.00	0.694	1.667	0.579	2.083
1.000	1.00	0.00	1.00	1.00	1.00	2.00	1.00	3.00

式（4 - 73）积分可用数值积分计算如下：

$$\int_0^h GJ_T(d\gamma_T/dz)^2 dz = \sum_{i=0}^6 g_i GJ_T(d^2\gamma_T/d^2\bar{z})_i^2 / 6h^3$$

$$\int_0^h I_p\gamma_T^2 dz = (h/6)\sum_{i=0}^6 g_i I_{pt}(\gamma_T)^2 \qquad (4 - 74)$$

消去式（4 - 73）中的 J_{NB} 可用来计算不安装机舱和风轮的单独塔架的频率。

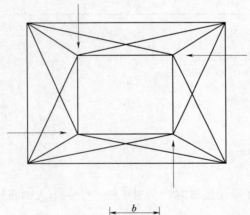

对于圆形或圆环形横截面的圆柱形悬臂塔架，式（4 - 73）中的塔架质量惯性矩和扭转刚度特性可用标准方法计算。对于悬臂框架式塔架，可用塔架界面的质量和平均回转半径计算质量惯性矩，扭转刚度的计算公式为

$$GJ \approx 8EAb^2\cos^2\varphi_i\sin\varphi_i \qquad (4 - 75)$$

式中　E、A——斜支撑构件的弹性模量和面积；

b——到中心的距离；

φ_i——支撑构件的角度，如图 4 - 20 所示。

由式（4 - 73）得到的是机舱和风轮刚性连接在塔架时的塔架扭转或偏转的固有频率。实际上机舱偏转时，常受到与偏转驱动传动系统相连接的测试扭转弹簧的限制。在某些情况下，机舱甚至完全按风标自由迎风，在这种情况下，机舱和转子部件的偏转频率会显著低于由式（4 - 73）计算的刚性连接的频率值。

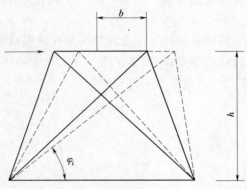

图 4 - 20　框架式塔架截面的扭转变形

4.4.4.3 弯曲扭转耦合振动固有特性的计算

若机舱和风轮部件的重心偏离塔架的中心轴线，则弯曲模态和扭转（偏转）模态间将发生耦合，因为塔架纯弯曲运动会导致机舱扭转，而机舱扭转会导致塔架弯曲。塔架弯曲扭转耦合变形如图 4-21 所示。

设机舱和转子部件的重心偏离塔架中心轴线的距离为 d_c，风轮距塔架中心轴线距离为 d_R。用上两节计算的塔架非耦合偏转弯曲振动模态 γ_L、固有频率 ω_L、非耦合的扭转振动模态 γ_θ、固有频率 ω_θ 表示，塔架或机舱部件上任意一点的偏移为

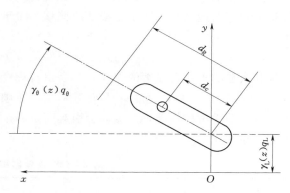

图 4-21 塔架弯曲扭转耦合变形

$$\delta = \gamma_L(z)q_L + x\gamma_\theta(z)q_\theta \tag{4-76}$$

式中 q_L、q_θ——广义坐标。

假设顶端模态都规范化为 1，将其代入塔架—机舱系统的动能和势能表达式中，结果为

$$\left. \begin{array}{l} T = \dfrac{1}{2}\displaystyle\int_{系统}\rho\dot{\delta}^2 \mathrm{d}x\mathrm{d}y\mathrm{d}z = M_L\dot{q}_L^2/2 + I_\theta\dot{q}_\theta^2/2 + S_\theta\dot{q}_L\dot{q}_\theta \\[2mm] U = M_L\omega_L^2 q_L^2/2 + I_\theta\omega_\theta^2/2 \end{array} \right\} \tag{4-77}$$

式中 ρ——质量密度；

ω_L、ω_θ——非耦合的固有频率。

依据系统的质量参数将广义质量定义为

$$\left. \begin{array}{l} M_L = \displaystyle\int_0^h m_T\gamma_L^2 \mathrm{d}z + M_{NB} \\[3mm] I_\theta = \displaystyle\int_0^h I_{pT}\gamma_\theta^2 \mathrm{d}z + I_{NB} \\[3mm] S_\theta = M_{NB}d_c \end{array} \right\} \tag{4-78}$$

式中 M_{NB}、I_{NB}——机舱风轮部件的质量和惯性矩。

将式（4-78）代入到拉格朗日方程，得到运动方程

$$\left. \begin{array}{l} M_L\ddot{q}_L + S_\theta\ddot{q}_\theta + M_L\omega_L^2 q_L = 0 \\[2mm] S_\theta\ddot{q}_L + I_\theta\ddot{q}_\theta + I_\theta\omega_\theta^2 q_\theta = 0 \end{array} \right\} \tag{4-79}$$

在式（4-78）中，若 $d_c = 0$，则静不平衡项 $S_\theta = 0$，方程组解耦分别对应塔架非耦合的弯曲振动和扭转振动模态运动方程，因此，不平衡项 S_θ 将使塔架弯曲和扭转运动耦合在一起。

通过分解特征方程，可解出式（4-79）的固有频率为

$$\omega_r = \left[\frac{\omega_L^2 + \omega_\theta^2}{2(1-\mu)} \pm \frac{1}{2}\sqrt{\frac{\omega_L^2 + \omega_\theta^2}{(1-\mu)^2} - \frac{4\omega_L^2\omega_\theta^2}{1-\mu}} \right]^{\frac{1}{2}} \tag{4-80}$$

其中

$$\mu = \frac{S_\theta^2}{M_L I_\theta}$$

式中 μ——耦合因子。

方程（4-80）可用于计算塔架弯曲振动和扭转振动耦合的固有频率。对于小耦合因子 μ，耦合频率比原非耦合频率稍偏低；较大的耦合因子情况，耦合频率比原非耦合频率稍偏高。比值 q_θ/q_L 表示轮毂的偏移比，分子是塔架偏转运动引起转子轮毂处的偏移，分母是塔架弯曲运动引起转子轮毂处的偏移，对于每个固有频率 ω_r，可由式（4-79）计算出这个比值为

$$q_\theta d_R/q_L = [(\omega_L^2/\omega_\theta^2)-1]M_L d_R/S_\theta \qquad (4-81)$$

塔架和机舱的重心有显著的偏移时，会出现耦合的弯曲—扭转振动模态。由式（4-80）、式（4-81）和 $\gamma_L(z)$、$\gamma_\theta(z)$ 可计算塔架弯矩耦合振动的固有频率和振型。

对于高柔度的塔架，其振动会引起高阶的振型，高耸结构规范中也给出了高阶振动的振型，见表4-13。

表4-13 高耸结构的振型系数

相对高度 z/h	高耸结构振型序号			
	1	2	3	4
0.1	0.02	−0.09	0.23	−0.39
0.2	0.06	−0.30	0.61	−0.75
0.3	0.14	−0.53	0.76	−0.43
0.4	0.23	−0.68	0.53	0.32
0.5	0.34	−0.71	0.02	0.71
0.6	0.46	−0.59	−0.48	0.33
0.7	0.59	−0.32	−0.65	−0.40
0.8	0.79	0.07	−0.40	−0.64
0.9	0.86	0.52	0.23	−0.05
1.0	1.00	1.0	1.0	1.00

注：塔架弯扭组合振动可以参看相关的资料。

4.4.4.4 塔架的自振频率验算

为防止塔架在动荷载作用下发生共振破坏或影响风力发电机组塔架系统的正常运行，塔架的固有频率 $f_{0,n}$ 和激振频率 f_R、$f_{R,m}$ 之间确保有适当的间隔，应满足

$$\frac{f_R}{f_{0,1}} \leq 0.95 \qquad (4-82)$$

$$\frac{f_{R,m}}{f_{0,n}} \leq 0.95 \text{ 或 } \frac{f_{R,m}}{f_{0,n}} \geq 1.05$$

式中 f_R——正常运行范围内风轮的最大旋转频率；

$\quad\quad f_{0,1}$——塔架的第一阶固有频率；

$\quad\quad f_{R,m}$——m 个风轮叶片的通过频率；

$\quad\quad f_{0,n}$——塔架的第 n 阶固有频率。

要确定的固有频率的阶数 n 应选择的足够大，以便计算的最高固有频率比叶片的通过频率至少高出 20%。

通常在许多情况下可以用 Campbell（坎布尔）图来监测转子速度变化时频谱的几个分量的动态变化过程，以确定转子在整个转速范围内的工作特性。

图 4-22 给出了各种风力发电机塔架固有频率与风轮转速的关系，即 Campbell 图。图中不同斜率的直线为 1P～6P 频率线，P 为风轮的旋转频率，虚线和实线为塔架不同频率随风轮旋转频率变化关系，对于双叶片，风轮转速尽量避免在 1P、2P 和

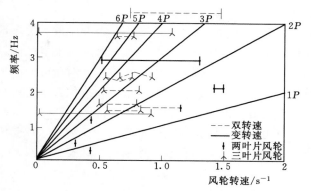

图 4-22　不同叶片速度下塔架固有频率与风轮转速的关系

4P 附近停留，而对于三叶片风轮，风轮转速尽量避免在 1P、3P 和 6P 附近停留时间过长，在转速变化的过程中应尽快变速通过这些区域，以免引起塔架与风轮共振。在变转速和双转速风轮运转时，尽量避免与塔架各频率接近。

4.4.5　风力发电机组塔架的疲劳设计

钢材在持续反复荷载下，虽然在其应力远低于强度极限，甚至还低于屈服极限的情况下也会发生破坏，这种"积劳成疾"的现象称为钢材的疲劳。风力发电机组塔架疲劳问题很复杂，主要原因是：①塔架结构相对细长，并且是高柔性的；②运行过程中会有振动与共振发生；③承受的荷载经常是不确定的、随机的和交变的；④工作环境严酷，并且维修次数少。

塔架结构强度、刚度和稳定性对风力发电机组的可靠性起着非常重要的作用。由于作用在风力发电机组上的荷载具有交变性和随机性，因而振动的发生是必然的，同时随机荷载引起风力发电机组结构和控制系统的响应，作用在风力发电机组零部件上的荷载会发生变化，使风力发电机组塔架杆件及连接件（如焊缝、法兰螺栓等）产生疲劳破坏。

钢材在疲劳破坏之前，并没有明显变形，是一种突然发生的断裂，断口平直。所以疲劳破坏属于反复荷载作用下的脆性破坏。

一般来说，疲劳破坏经历三个阶段：裂纹的形成，裂纹的缓慢扩展，裂纹的迅速断裂。对于钢结构，实际上只有后两个阶段，因为在钢材生产和结构制造等过程中，不可避免地在结构的某些部位存在着局部微小缺陷，如：钢材化学成分的偏析、非金属杂质；非焊接构件表面上的刻痕、轧钢皮的凹凸、轧钢缺陷和分层以及制造时的冲击、剪边、火焰切割带来的毛边和裂纹；焊接构件中有焊渣侵入的焊缝趾部、存在于焊缝内的气孔、欠焊等，这些缺陷都是可能产生裂源的主要部位，这些缺陷本身就起着类似于微裂纹的作用，故也称其为"类裂纹"。

钢结构构件中存在的几何改变、微观裂纹或类似的缺陷将会导致应力集中，在多次反复荷载作用下，微观裂纹不断开展，应力集中现象也会越来越严重。当荷载反复循环达一定次数（疲劳寿命）n 时，裂纹扩展使得净截面承载力不足以承受外力作用时，构件突然断裂，发生疲劳破坏。

4.4.5.1 疲劳分析步骤

疲劳分析的一般方法：首先，需要了解有关零部件的几何形状、材料性能、加工工艺和加载历史，应用结构分析技术来判断可能发生破坏的位置，即危险点；其次，确定在施加荷载条件下的局部应力—应变响应，对于复杂的加载历程，可用循环计数法对荷载进行分析、处理，得出统计规律；最后，采用合适的部件或材料寿命曲线进行疲劳损伤分析，从而获得疲劳寿命的预计值。

风力发电机组运行的外部环境很复杂，它承受的荷载分为确定性荷载与随机荷载，确定性荷载又分为稳态荷载、周期荷载和瞬态荷载。稳态荷载是指不随时间变化的荷载，严格的稳态荷载是不存在的，实际中可认为是由平均风速确定的紊流风场引起的荷载；周期性荷载主要是指由风力剪切、塔影效应、侧风、偏航等引起的荷载；瞬态荷载是指启动、停车、紧急刹车、变桨距等引起的功能荷载。随机荷载是由于风速变化的随机性引起的荷载。由于风力发电机组结构和作用于结构上的荷载的复杂性，所以风力发电机组塔架疲劳分析问题相对困难，疲劳分析步骤如下：

（1）定义系统结构。

（2）定义外部环境，包括风况和风力发电机组运行状态。

（3）定义系统动态荷载，包括平均应力与循环次数。

（4）计算关键部位的局部平均应力和循环次数。

（5）利用材料的疲劳特性和选用的损伤理论计算局部疲劳寿命。

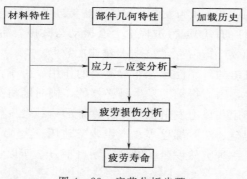

图 4-23 疲劳分析步骤

主要步骤如图 4-23 所示。

疲劳分析的最终目的，就是要确定构件的疲劳寿命。然而，在复杂疲劳荷载作用下的疲劳寿命计算是一个十分困难的问题。要计算疲劳寿命，必须有精确的荷载谱、材料特性和构件的强度—寿命（$S—N$）曲线，以及合适的累积损伤理论和裂纹扩展理论等，同时还要把一些影响疲劳寿命的主要因素考虑进去。因此，目前的疲劳寿命计算，只能是估算。

4.4.5.2 疲劳荷载的来源

造成风力发电机组塔架疲劳的荷载来源主要有以下三种：

（1）由于风轮转动，一台额定转速为 20r/min 的风力机风轮在 20 年的运行寿命中可以转动 1 亿～2 亿次。当转动时，重力作用在叶片上的分力会发生变化，从而带来弯矩变化，给叶片带来交变荷载。这些荷载也都要传给塔架和基础。

（2）由于风轮在制造时不可避免地存在质量偏心，即风轮质心与风轮转动中心不在同一点上，所以风轮在转动过程中会由于质量偏心产生交变荷载。机舱和风轮质心都偏离塔架轴线中心，在风荷载脉动作用下，由于质量偏心产生交变荷载。

（3）大型风力机的风轮一般是三叶片，由于存在垂直风速梯度与水平风速梯度，造成风速在风轮扫掠面上不均匀分布，各个叶片上（包括同一叶片上不同截面位置处）的速度矢量三角形将不相等。风轮在旋转过程中不可能精确地对准风向，风轮受到的气动力总是无法与叶片的中心重合，气动中心处于变动的状态下，从而给风轮造成交变荷载。更由于风速在时刻变化，湍流、阵风等都对风轮、塔架产生激振力。

疲劳特性是每种材料都存在着的固有特性。当零部件材料所承受的荷载超过了其固有频率，即它的疲劳极限时，材料就发生了疲劳破坏。材料的疲劳破坏不仅取决于材料受到的交变荷载变动的次数以及所受应力的大小，还在很大程度上取决于材料的结构型式、材料的表面质量和材料尺寸大小等因素。

对风力发电机组塔架进行疲劳分析的首要问题是确定施加在零部件上的疲劳荷载。所谓疲劳荷载是指造成疲劳破坏的交变荷载。风力机处在确定性荷载和随机荷载的共同作用下，在同一坐标系中合成，就得出两种荷载共同作用下的风力发电机组塔架承受的荷载。

4.4.5.3 疲劳荷载谱的确定

对于随机荷载的处理，目前有两种方法，即循环计数法和功率谱法。

循环计数法就是把连续荷载时间历程离散成一系列的峰值和谷值，把荷载分成一定级数，然后计算峰值或振程等发生的频数、概率密度函数、概率分布等。这种方法比较简单，一般能够满足随机疲劳荷载的统计要求，主要缺点是不能给出变量随时间变化的全部信息，也不能得到荷载级或振动发生的先后次序。将荷载时间历程简化为一系列的全循环和半循环的过程叫做"计数"。其实质就是从构成疲劳损伤的角度，研究复杂应力波形，记录某些量值出现的次数，并对同类量值出现的次数加以累加。

由于很多疲劳荷载都是无周期的连续变化，可以借助傅里叶变换定理将随机荷载分解为有限多个具有各种频率的简谐变化之和，得到功率谱密度函数。这是种比较严密的统计方法，保留了荷载历程的全部信息，但它需要比较昂贵的频谱分析设备，因而在一定程度上限制了它的广泛应用。

对疲劳分析来说，最主要要了解的是荷载幅值的变化，因此在工程实际应用上，多采用循环计数法。

循环计数法处理随机荷载的步骤是：测定真实的荷载时间历程—压缩荷载时间历程—计数方法—典型荷载谱编制。整个处理过程称为编谱，如图4-24所示。

目前可用于循环计数的方法有几十种之多，其中应用最广泛的是雨流计数法。

1. 雨流计数法

这种方法有充分的力学依据和很高的准确性，并且容易编制程序，便于借助计算机处理问题。

雨流计数法由Matsuishi和T. Endo提出。雨流法取一垂直向下的坐标表示时间，横坐标表示荷载。这时的应力-时间历程与雨点从宝塔顶向下流动的情况相同，因而得名。雨流计数法原理图如图4-25所示。

雨流计数法规则如下：

（1）雨流依次从每个峰（谷）位的内侧开始，在下一个峰（谷）处落下，直到对面有一比其起点更高的峰值（或更低的谷值）而停止。

（2）当雨流遇到来自上面屋顶流下的雨流时即行停止。

（3）取出所有的全循环，并记录各自的幅值和均值。

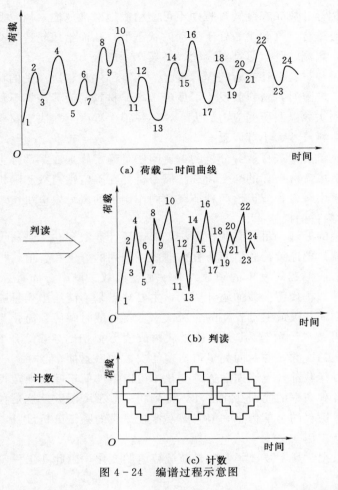

（a）荷载—时间曲线

（b）判读

（c）计数

图 4-24 编谱过程示意图

（4）按正、负斜率取出所有的半循环，并记录各自的幅值和均值。

（5）将取出的半循环，按雨流法第二阶段计数法则处理并计数。

根据上述规则，图 4-25 中的第一个雨流应从 O 点开始，流到 a 点落下，经 b 与 c 之间的 a' 点继续流到 c 点落下，最后停止在比谷值 O 更小的谷值 d 的对应处，取出一个半循环 $O-a-a'-c$；第二个雨流从峰值 a 的内侧开始，由 b 点落下，由于峰值 c 比 a 大，故雨流止于 c 的对应处，取出半循环 $a-b$；第三个雨流从 b 点开始流下，由于遇到来自上面的雨流 $O-a-a'$，故

图 4-25 雨流计数法原理图

止于 a' 点,取出半循环 $b-a'$。因为 $b-a'$ 与 $a-b$ 构成一个闭合的应力-应变回线,则形成一个全循环 $a-b-a'$。按以上计数规则依次处理后,图 4-25 的荷载—时间历程中可以得到三个全循环 $a-b-a'$、$d-e-d'$、$g-h-g'$ 和三个半循环 $O-a-a'-c$、$c-d-d'-f$、$f-g-g'-i$。

经过这样计数以后,最后剩下如图 4-26 所示的发散—收敛谱。为简化计数,对具有 n 个峰值 n 个谷值的标准发散—收敛谱中,挑出最高峰值和最低谷值组成第一个全循环,再从其余的峰值和谷值中挑出最高峰值和最低谷值组成第二个全循环,这样重复 n 次即得 n 个全循环。以上过程如果在计算机上进行是非常简单的。

图 4-26 标准发散—收敛谱

2. 编制疲劳荷载谱

表示随机荷载的大小与出现频次关系的图形、数字表格、矩阵等称为荷载谱。疲劳荷载谱是对零部件进行疲劳分析的依据,是对零部件在运转过程中所受的荷载的全面而综合描述。疲劳寿命的测算在很大程度上取决于疲劳荷载谱的确定。

用横坐标表示荷载循环次数,纵坐标表示疲劳荷载即编制出了疲劳荷载谱。如图 4-27 所示,荷载谱的荷载幅值是连续变化的,可用一阶梯形曲线来近似,通常采用 8 级荷载,认为就可以代表连续荷载谱。

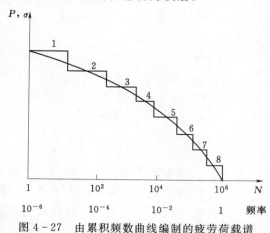

图 4-27 由累积频数曲线编制的疲劳荷载谱

对风力发电机组做疲劳分析时,需要计算各种荷载及其循环次数。在疲劳设计过程中,为简化荷载计算,可把叶片上的荷载均视为确定性荷载,其中瞬态荷载发生次数可以参照德国劳埃德船级社风力发电机组认证规范确定;对于稳态荷载与周期性荷载发生次数可以按照风速不同设定多种工况,根据某地年平均风速分布来确定某工况在一年中出现的频次,从而确定风力发电机组在各种工况下的工作循环次数。风速分布目前一般采用 Weibull 分布函数来描述风速分布情况。Weibull 分布函数用尺度参数 C 和形状参数 K 来表征,其风速概率密度函数和累积分布函数分别为

$$\left.\begin{array}{l} f(v)=\dfrac{K}{C}\left(\dfrac{v}{C}\right)^{K-1}\exp\left[-\left(\dfrac{v}{C}\right)^{K}\right] \\[3mm] F(v)=1-\exp\left[-\left(\dfrac{v}{C}\right)^{K}\right] \end{array}\right\} \qquad (4-83)$$

把整个工作风速分成若干段,则某一风速段的全年累计小时数为

$$T_i = 8760F(v)\begin{vmatrix} v_i + \Delta \\ v_i - \Delta \end{vmatrix} \tag{4-84}$$

荷载循环次数为

$$N_i = 3600T_i f \tag{4-85}$$

式中　f——荷载频率，可在雨流计数法处理荷载谱时求出。

4.4.5.4　材料的强度-寿命曲线（S—N 曲线）

S—N 曲线是用来描述材料在承受一定荷载的应力幅值的情况下，在疲劳破坏之前所能够承受的应力、应变循环次数的曲线。从曲线中可以得到材料的疲劳极限、平均应力、最大应力和疲劳寿命等参数，是对零件材料进行疲劳分析的依据。

S—N 曲线以达到破坏时的循环数 N 为横坐标，以对试样施加的最大应力为纵坐标。这里的应力是一个广义的概念，可以是正、剪应力或应变。一般情况下，弯曲应力、拉伸应力和压缩应力用 σ 表示，扭转应力用 τ 表示，应变用 ε 表示，亦即实际试验做出的是 σ—N 曲线、τ—N 曲线和 ε—N 曲线。由于应力和应变在英文字母中首字都是 S，所以这三种疲劳强度—寿命曲线统称为 S—N 曲线。材料的应力-寿命曲线一般是在旋转弯曲疲劳试验机上，用标准试样试验得到的。图 4-28 为典型的 S—N 曲线。

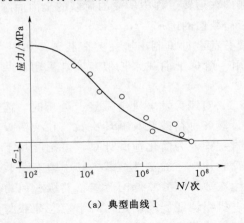

(a)　典型曲线 1

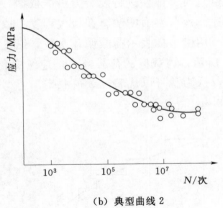

(b)　典型曲线 2

图 4-28　典型的 S—N 曲线

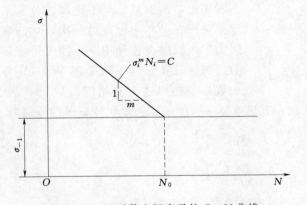

图 4-29　双对数坐标表示的 S—N 曲线

如果将图 4-28 的 S—N 曲线的纵坐标和横坐标都取成对数，则图 4-28 中的 S—N 曲线就变为由一条斜直线和一条水平线组成，如图 4-29 所示。两条直线的交点以 N_0 表示，称为循环基数，钢的 N_0 值约为 10^7。两直线交点的纵坐标即为疲劳极限 σ_{-1}。斜直线的倾斜角度表示材料的抗疲劳性能，斜直线的方程式为

$$\sigma_i^m N_i = C$$

式中 m、C——材料常数,与材料性质、试样形式和加载方式有关。

《风力发电机组设计要求》(GB/T 18451.1—2012)中建议用图 4-30 所示的 S—N 曲线。

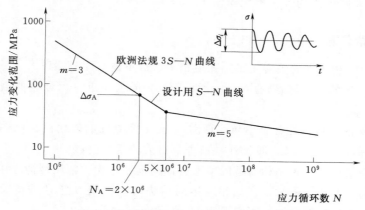

图 4-30 焊接钢结构设计用 S—N 曲线

4.4.5.5 疲劳累积损伤理论

疲劳累积损伤理论是疲劳分析精确与否的主要因素之一,也是估算变应力幅值下疲劳寿命的关键理论。

疲劳累积损伤理论可做如下阐述:当材料承受高于疲劳极限的应力时,每一循环都使材料产生一定量的损伤,这种损伤能够累积,当损伤累积到某一临界值时将产生破坏。目前已提出的疲劳累积损伤理论有几十个,可以概括为三类,即:线性累积损伤理论、修正线性理论和其他理论。其中,迈因纳(Miner)线性累积理论应用较多。Miner 法则有如上两个基本假定:

(1)相同应变幅值和平均应力的 n_i 个应变和应力循环将按线性累加,造成 n_i/N_i 的损伤,即消耗 n_i/N_i 部分寿命。

(2)当损伤按线性累加达到时,疲劳破坏就发生。其数学表达式为

$$\sum_1^k \frac{n_i}{N_i} = 1 \qquad (4-86)$$

式中 n_i——应力 σ 的作用次数;

N_i——应力 σ 为常量时疲劳破坏的循环次数。

由于这个法则数学形式简单,只需要做常幅试验,故得到了工程界的广泛应用。但这个法则不考虑荷载次序和残余应力的复杂非线性相互影响,因而分散性大。为此,近年来又提出了一种新的损伤累积法则——相对迈因纳法则。这个法则一方面保留了迈因纳法则中的第一个假设,另一方面又避开了累积损伤等于 1 的第二个假设。相对迈因纳法则认为,只要两个谱的荷载的历程是相似的,则两个谱的寿命之比等于他们的累积损伤之比的倒数,其数学表达式为

$$N_A = N_B \frac{\left(\sum \dfrac{n_i}{N_i}\right)_B}{\left(\sum \dfrac{n_i}{N_i}\right)_A} \qquad (4-87)$$

式中　N_A——荷载谱 A 作用下估算的疲劳裂纹形成寿命；

　　　N_B——荷载谱 B 作用下估算的疲劳裂纹形成寿命；

$\left(\sum \dfrac{n_i}{N_i}\right)_A$——荷载谱 A 的计算累积损伤；

$\left(\sum \dfrac{n_i}{N_i}\right)_B$——荷载谱 B 的计算累积损伤。

使用相对迈因纳法则的关键是确定相似谱 B。这里也有两点假设：

（1）相似谱 B 的主要峰谷顺序应和计算谱 A 相同或相近（保证相似谱能模拟计算谱的荷载次序特征）。

（2）相似谱 B 的主要峰谷大小和计算谱 A 成比例或近似成比例。比例因子最好接近 1，以便保证相似谱能够模拟计算谱在缺口根部造成的塑性变形。

计算和试验结果表明，用相对迈因纳法则计算损伤，能大幅度地消除用传统的迈因纳法则计算所引起的偏差。同时，在用相对迈因纳法则进行相似谱 B 的试验过程中，裂纹长度和循环次数之间的对应关系很容易得到。

4.4.6　有限元法在塔筒校核中的应用

有限元分析（FEA，Finite Element Analysis）利用数学近似的方法对真实物理系统（几何和荷载工况）进行模拟，利用简单而又相互作用的元素，即单元，就可以用有限数量的未知量去逼近无限未知量的真实系统。

有限元分析用较简单的问题代替复杂问题后再求解。它将求解域看成是由许多称为有限元的小的互连子域组成，对每一单元假定一个合适的（较简单的）近似解，然后推导求解这个域总的满足条件（如结构的平衡条件），从而得到问题的解。因为实际问题被较简单的问题所代替，这个解不是准确解，而是近似解。由于大多数实际问题难以得到准确解，而有限元不仅计算精度高，而且能适应各种复杂形状，因而成为行之有效的工程分析手段。

现代用有限元方法进行风力发电机组塔架系统的强度、稳定性和疲劳验算分析越来越普遍，应用面也比较广，在设计和优化设计中取得了比较好的效果。

4.4.7　塔筒校核实例

风电机组 70m 塔筒，塔筒材料为 Q345，其性能参数为：弹性模量为 2.1×10^5 MPa，泊松比为 0.3，密度为 7850kg/m³。

各塔筒筒节壁厚见表 4-14。

表 4-14　各塔筒筒节壁厚

筒节	1.1	1.2～1.7	1.8～1.9	1.10	2.1～2.3	2.4～2.7	2.8～2.9	2.10	3.1～3.5	3.6	3.7～3.8
壁厚/mm	18	14	16	18	20	22	23	24	25	26	28

用 BLAND 软件计算的塔筒顶部极限荷载见表 4-15。

表 4-15 塔筒顶部极限荷载

内力		工况	M_x/(kN·m)	M_y/(kN·m)	M_{xy}/(kN·m)	M_z/(kN·m)	F_x/kN	F_y/kN	F_{xy}/kN	F_z/kN
M_x	max	dlc6.3b	4374.1	−626.8	4418.8	522.0	94.5	−174.8	198.8	−1200.0
	min	dlc8.1a0g	−2555.2	282.7	2570.8	−339.2	140.0	2.96	140.1	−1456.0
M_y	max	slc2.2d90	264.6	3912.3	3921.2	−189.1	51.3	8.39	52.0	−1068.3
	min	slc1.1ab07	1724.2	−6586.2	6808.1	663.6	−95.0	−17.9	96.7	−1071.7
M_{xy}	max	slc1.1aa17	3147.7	−6133.3	6893.9	628.2	−110.3	23.1	112.7	−1045.4
	min	slc2.1a11	0.059	1.10	1.10	−1369.8	−22.2	19.0	29.2	−1046.8
M_z	max	slc1.1ba13	670.8	−2297.6	2393.6	4782.5	−59.0	−65.6	88.2	−1036.0
	min	slc2.2c90	1166.2	538.6	1284.6	−5042.0	35.6	−54.5	65.1	−1035.1
F_x	max	dlc1.5bh_00	1645.6	−1050.2	1952.2	652.5	551.9	−8.23	551.9	−1345.8
	min	dlc1.5bd_60	1317.1	−3905.8	4121.9	−1029.8	−626.2	7.26	626.3	−1265.7
F_y	max	dlc6.1g	−912.5	−990.5	1346.8	−1089.2	87.7	403.1	412.5	−1110.8
	min	dlc6.1f	1018.3	−1611.0	1905.8	1162.0	124.5	−403.0	421.8	−1086.6
F_{xy}	max	dlc1.5bd_60	1317.1	−3905.8	4121.9	−1029.8	−626.2	7.26	626.3	−1265.7
	min	dlc3.2a	6.70	−2286.2	2286.2	0.010	0.074	−0.039	0.083	−1302.7
F_z	max	dlc6.2a	173.5	−1663.5	1672.6	316.5	23.5	−65.0	69.1	−899.2
	min	dlc8.1a0i	−1344.4	2347.9	2705.6	−385.0	74.8	−67.3	100.6	−1482.4

注：$M_{xy}=\sqrt{M_x^2+M_y^2}$，$F_{xy}=\sqrt{F_x^2+F_y^2}$。

1 塔筒最顶端各段参数见表 4-16。

表 4-16 1塔筒最顶端各段参数

筒 节	1.1	1.2～1.7
塔筒长度 L/mm	24330	24330
下口外径 ϕ/mm	2714	3005
壁厚 t/mm	18	14
中径 d_m/mm	2696	2991
中半径 r_m/mm	1348	1496

4.4.7.1 塔筒屈曲分析

针对最上一塔筒进行塔筒薄壁的局部屈曲分析，分析结果见表 4-17、表 4-18。

表 4-17 轴向屈曲分析结果

参 数	塔 筒 筒 节	
	1.1	1.2～1.7
抗弯截面系数 W	1.02×10^8	9.79×10^7
最大弯矩 M_{xy}/(N·mm)	7.40×10^9	1.68×10^{10}
截面面积 A/mm²	1.52×10^5	1.32×10^5

参　　数	塔 筒 筒 节	
	1.1	1.2～1.7
最大轴向力 F_z/kN	1.54×10^3	1.74×10^3
弯曲应力 $\sigma_{x,M}$/(N·mm^{-2})	7.25	171
轴向压力 $\sigma_{x,N}$/(N·mm^{-2})	10.07	13.26
理论轴向屈曲应力 $\sigma_{xS,R,k}$/(N·mm^{-2})	274.27	249.28
γ_{m2}	1.14	1.16
实际轴向屈曲应力 $\sigma_{xS,R,d}$/(N·mm^{-2})	239.77	215.01
安全系数 $\sigma_x/\sigma_{xS,R,d}$	0.34	0.86

表 4 - 18　塔筒周向屈曲和环向屈曲分析结果

周向屈曲	塔筒筒节		环向屈曲	塔筒筒节	
	1.1	1.2～1.7		1.1	1.2～1.7
风压 q_w/(kN·m^{-2})	3.30	3.30	周向切应力 τ/(N·mm^{-2})	24.70	25.75
理论径向屈曲应力 $\sigma_{\phi S_i}$/(N·mm^{-2})	14.314	10.756	理论周向屈曲应力 τ_{Si}/(N·mm^{-2})	168.281	113.706
实际径向屈曲应力 $\sigma_{\phi S,R,k}$/(N·mm^{-2})	9.304	6.992	实际径向屈曲应力 $\tau_{S,R,k}$/(N·mm^{-2})	105.103	73.909
安全因子 γ_{m1}	1.1	1.1	安全因子 γ_{m1}	1.1	1.1
极限屈曲应力 $\sigma_{\phi S,R,d}$/(N·mm^{-2})	8.458	6.356	极限屈曲应力 $\tau_{S,R,d}$/(N·mm^{-2})	95.548	67.190
安全系数 $\sigma_\phi/\sigma_{\phi S,R,d}$	0.0144	0.0275	安全系数 $\tau/\tau_{S,R,d}$	0.258	0.383

　　从屈曲校核分析结果中可以看出，此段壁厚满足屈曲稳定要求。其他塔筒段分析方法是一样的，在底部段有门洞处可能复杂一些，但方法也是一致的。

4.4.7.2　塔筒极限强度分析

　　塔筒的极限强度分析主要包括塔筒整体应力分析和塔筒门框应力分析。本算例采用有限元方法分析，整体应力分析选取整个塔筒，门框分析选取最下段塔筒，并对门框附近单元进行细化。

　　整个塔筒和最下段塔筒极限工况的有限元结果，Von Mises 有效应力云图如图 4 - 31 所示。

　　由图 4 - 31 可看出最大等效应力数值为 268.384MPa，发生在塔筒门框处。安全裕度 $\gamma_S = \dfrac{R_{eH}}{\gamma_M \sigma_{max}} = \dfrac{335\text{MPa}}{1.15 \times 268.384\text{MPa}} = 1.09 > 1$，安全裕度大于 1，所以结构是安全的。

4.4.7.3　塔筒的疲劳分析

　　塔筒疲劳分析可按照钢结构疲劳荷载计算方法：$S—N$ 曲线的 m 值分别为 3 和 5，转折点荷载循环次数为 $n_D = 5.0 \times 10^6$，如图 4 - 32 所示进行计算分析（$m = 4$）。

　　1 塔筒段疲劳分析结果见表 4 - 19。

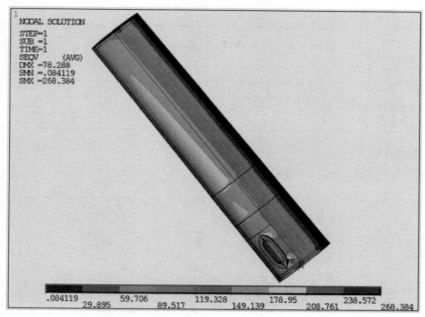

图 4-31 极限工况下 Von Mises 有效应力云图（单位：N/mm²）

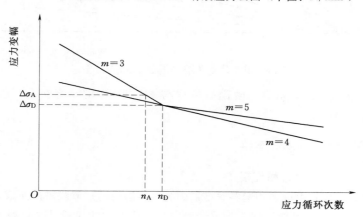

图 4-32 S—N 曲线

表 4-19 1 塔筒段疲劳分析结果

筒节	1.1	1.2~1.7
高度/m	65.42	50.99
外径/mm	2714	3005
壁厚/mm	18	14
内径/mm	2678	2977
截面面积/mm²	1.525×10^5	1.316×10^5
抗弯模量/mm³	1.021×10^8	9.791×10^7
等效疲劳荷载（$m=5$）/Pa	990	1856

续表

筒节	1.1	1.2～1.7
循环次数/次	1.83×10^8	1.83×10^8
n_D	5.00×10^6	5.0×10^6
$\Delta \sigma / (N \cdot mm^{-2})$	45.49	45.49
安全系数 SCF	1	1
疲劳损伤	0.016	0.459

4.4.7.4 模态分析

塔筒模态分析的 Campbell 图如图 4-33 所示。

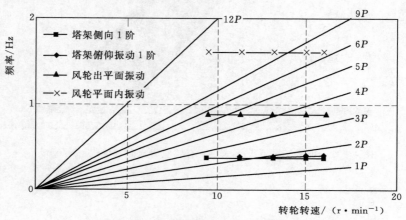

图 4-33 塔筒模态分析的 Campbell 图

在风轮的转速范围内，塔筒一阶固有频率与 1P 和 3P 均没有交点，因此，在机组运行中，不会产生共振情况。

4.4.8 钢塔筒结构制造和连接

4.4.8.1 塔筒管节段的制造和连接

风力发电机组塔架是由许多相同斜率锥形圆筒（多边塔筒）节段拼接而成。节段标准长度为 5～20m，视运输长度、吊装机械、起重量而定。节段首尾相接拼装，塔身节段之间的连接有内法兰连接（图 4-34）和插节连接两种形式。

用内法兰连接的单管塔，其平截面为圆形，加工时采用横向卷板将钢板卷成圆锥形筒体，用纵向焊缝焊牢，再用横向焊缝将 2m 左右长度的筒体拼装成一个节段，在筒体两端装上内法兰，以后安装时节段首尾相叠即成。节段之间用内法兰螺栓连接，内法兰尺寸参数有外径 D、中径 ϕ、内径 d、板厚 t，其中外径相当于钢管内径。螺栓沿法兰盘周围对称布置，根据单管塔法兰连接处的弯矩选定螺栓直径和数量，材料常用 8.8 极镀锌螺栓，连接时需用双螺帽，法兰厚度和肋板尺寸由计算确定。

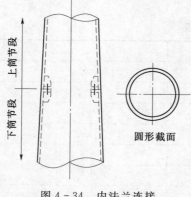

图 4-34 内法兰连接

风力发电机组塔筒的生产工艺流程一般如下：数控切割机下料，厚板需要开坡口，卷板机卷板成型后，点焊，定位，确认后进行内外纵缝的焊接；圆度检查后，如有问题进行二次校圆；单节筒体焊接完成后，采用液压组对滚轮架进行组对点焊，而后焊接内外环缝；直线度等公差检查后，焊接法兰，而后进行焊缝无损探伤和平面度检查；喷砂、喷漆处理后，完成内件安装和成品检验，即完成单节筒体的制造。

连接螺栓宜采用高强度材料的普通螺栓，以减少螺栓直径和法兰盘厚度。螺栓材料可用 45 号钢、35 号钢（屈服强度 $f_y = 650 \text{N/mm}^2$，抗拉强度 $f_u = 830 \sim 1030 \text{N/mm}^2$），20MnTiB 钢、40B 钢、35VB 钢（屈服强度 $f_y = 940 \text{N/mm}^2$，抗拉强度 $f_u = 1040 \sim 1240 \text{N/mm}^2$）。由于采用高强度材料，螺栓直径减少，可以更靠近钢管布置，使法兰盘在螺栓受拉时引起的弯矩减少，也就减少了法兰盘厚度。螺栓的间距以不妨碍施工时螺栓板头工作为好。法兰盘螺栓基本上受拉，其最小容许间距与剪力螺栓不同，可以略小。螺栓与钢管壁间距可用 $1.5d_0$（d_0 为螺栓孔直径）或更小一些，只要能放下垫板（或垫圈）并能拴紧螺栓即可。螺栓的边距可用 $1.2d_0$ 或更小，因这个边距与受力关系不大。与传统的法兰盘构造相反，现在有人建议取消法兰盘的加劲肋。尽量采用小直径螺栓并密集布置在钢管周围。螺栓尽量靠近钢管以减少法兰厚度，这样布置节省肋板钢材，省去肋板加工、焊接麻烦，减少法兰盘焊接变形，法兰盘节点重量也不会增加很多。

4.4.8.2　塔架底部塔筒与基础的连接

塔架底部必须很牢固地将塔架与地基连接起来，以有效地将塔架所受力传给地基，保证塔架抗拔起和抗倾覆的能力。

塔架与地基的连接主要有两种形式，一种是地脚螺栓，一种是地基环。地脚螺栓除要求塔架底法兰螺孔有良好的精度外，同时要求地脚螺栓强度高，在地基中需要良好定位，并且在底法兰与地基间打一层膨胀水泥。而地基环则要加工一个短段塔架并要求良好防腐，放入地基。塔架底段与地基采用法兰直接对法兰连接，便于安装。

如图 4-35 所示，塔架底部用外法兰、锚栓与基础连接。图 4-36 和图 4-37 为法兰连接示意图和圆形单管塔架底座法兰、锚栓构造，锚栓及螺母规格见表 4-20。

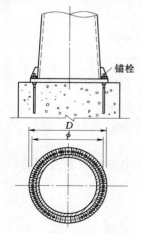

图 4-35　单管塔底座通过锚栓
与基础连接

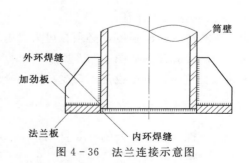

图 4-36　法兰连接示意图

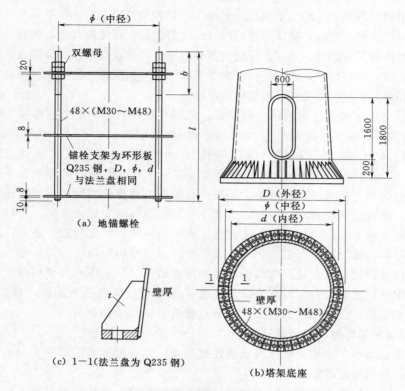

图 4-37　圆形单管塔架底座法兰、锚栓构造

注：锚栓采用 Q345 钢圆钢加工螺纹，抗拉设计强度 $f_t^a = 180\text{N}/\text{mm}^2$。

表 4-20　锚 栓 及 螺 母 规 格 表

序号	锚栓（Q235）						螺母	
	规格	s	e	k	b	l	d	m
1	M30	46	50.9	18.7	120	1500	30	25.6
2	M36	55	60.8	22.5	140	1800	36	31
3	M42	62	72	26	160	2100	42	34
4	M48	75	82.6	30	180	2400	48	38

4.4.8.3　法兰盘连接计算

为了核算法兰螺栓强度，必须在风力发电机组整体受力分析基础上进行，得到作用在塔架上的力。计算简图如图 4-38 所示。

法兰盘受拉时，螺栓也是均匀受拉，一个螺栓的承载力设计值计算公式为

$$N_t^b = \frac{\pi d_e^2}{4} f_t^b \qquad (4-88)$$

式中　d_e——螺栓在螺纹处的有效直径；

　　　f_t^b——螺栓材料的抗拉强度设计值。

需要螺栓数量 n 可根据下列构件的拉力 N 来计算

$$n = \frac{N}{N_t^b} \qquad (4-89)$$

算出螺栓布置在构件四周的数目，确定法兰盘平面尺寸，并用下列公式计算需要的法兰盘厚度 t

$$t \geqslant \sqrt{\frac{6M_{max}}{f}} \qquad (4-90)$$

式中　M_{max}——法兰盘根据悬臂或三面支承面积所算出的弯矩；

　　　f——法兰盘钢材的抗拉强度设计值。

筒身节段内法兰螺栓计算（图 3-38），假定内法兰平面内有一定刚性，受弯后仍保持一平面，则各螺栓受力大小与轴距离成正比，计算公式如下：

$$\left.\begin{array}{l} N_1 : N_2 = x_1 : x_2 \\ N_1 : N_3 = x_1 : x_3 \\ \quad\vdots \\ N_1 : N_i = x_1 : x_i \end{array}\right\} \qquad (4-91)$$

作用于法兰盘平面 y 轴的弯矩 M_y 与各螺栓力 N 绕 y 轴力矩之和相平衡，则得

$$M_y = N_1 x_1 + N_2 x_2 + N_3 x_3 + \cdots = \sum N_i x_i \qquad (4-92)$$

式中　N_1、N_2、N_3——各个螺栓内力；

　　　x_1、x_2、x_3——螺栓所在位置距 y 轴距离。

将式（4-91）的 N_2、N_3、N_4、$\cdots$、N_i 的比例关系代入式（4-92）并在两边乘以 x_1 可得

$$M_y x_1 = N_1 x_1^2 + N_1 x_2^2 + N_1 x_3^2 + \cdots = N_1 \sum x_i^2 \qquad (4-93)$$

最后，最远的一个螺栓受到最大的内力为

$$N_1 = \frac{M_y x_1}{\sum x_i^2} \qquad (4-94)$$

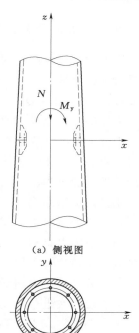

（a）侧视图

（b）截面图

图 4-38　单管塔节段横向
法兰螺栓计算简图

塔架塔内法兰的螺栓布置一般都是对称的，两边螺栓至塔中心的角度为 α，沿螺栓圆周线均匀布置，则式（4-94）可化为如下最大内力法兰螺栓强度核算公式为

$$N_{max} = \frac{M_1}{\xi \phi} < N_t^b \qquad (4-95)$$

式中　M_1——作用在法兰盘平面上的弯矩；

　　　ϕ——螺栓群周围线直径；

　　　ξ——系数，按表 4-21 选用；

　　　N_b^t——每个螺栓的受拉承载力设计值。

表 4-21　单管塔内法兰螺栓群的系数

内法兰上的螺栓数 n	8	12	16	20	24	30	36	40	48
两螺栓之间的夹角 $\alpha/(°)$	45	30	22.5	18	15	12	10	9	7.5
系数 ξ	2	3	4	5	6	7.5	9	10	12

4.4.9　防腐蚀和表面防护

塔架用多层喷涂达到最佳的防腐蚀效果，所有的金属板和焊缝都采用超声波和 X 射线进行探伤测试。

4.4.9.1　防腐蚀方法

钢铁的腐蚀是自发的、不可避免的过程，但却是可以控制的。处于稳定状态的铁矿石经过消耗能源冶炼成钢铁，在腐蚀环境中，钢铁自然地向着低能位稳定态转化，最终回到它的稳定态（氧化铁和铁锈）。铁矿石（氧化铁）—钢铁—（腐蚀）铁锈（氧化铁），这就是钢铁的腐蚀过程。

钢铁的腐蚀形式主要有电化学腐蚀和大气腐蚀。钢结构的防腐蚀方法有：热浸镀锌、金属热喷涂和涂料防护等。

（1）热浸镀锌和金属热喷涂。采用热浸镀锌和金属热喷涂的防腐蚀效果非常好，现代很多大型钢结构都采用了金属涂层再加涂料的方式进行长效防腐蚀，即使在恶劣的腐蚀环境中，防腐蚀也可以达到 20～30 年，而且维修时只需要对涂料部分进行维护，而不需要对金属涂层基底进行处理。但该方法代价较高，因此在资金充裕的大型项目中采用较多。

金属热喷涂技术一般是在基材表面喷涂一定厚度的锌、铝或其合金形成致密的粒状叠层涂层，然后用有机涂料封闭，再涂装所需的装饰面漆。

金属热喷涂用于严重的腐蚀环境下的钢结构，或者需要特别加强防护防锈的重要承重构件。钢材表面进行热喷涂锌（铝或锌-铝复合层）涂层、外加封闭涂料的方式具有双重保护作用。热喷涂工艺应符合规范要求，热喷涂的总厚度在 120～150μm，表面封闭涂层可以选用乙烯、聚氨酯、环氧树脂等。

（2）涂料防护。涂料防护是一种价格适中、施工方便、效果显著及使用性强的防腐蚀方法，在钢结构的防腐蚀中应用最为广泛，对于室内结构效果较好。

4.4.9.2　防腐蚀表面处理

1. 表面处理的对象

表面处理的对象可以分为两大类：可见污染物和不可见污染物。

钢材表面会有各种各样的杂物碎片，包括污垢、灰尘、油脂、锈蚀、湿气以及氧化皮等。如果涂料涂覆在这些物质上面，就会对机械和化学性的附着产生危害，使涂层失去附着力而从钢材表面剥落。如果钢材表面清除了这些污物，涂料就能与钢材充分、完全地接触，保证了最好的附着性能，这样在钢材表面就形成了良好的屏蔽涂层，从而有效阻挡住湿气对钢材表面的入侵。对于腐蚀的钢材来说，表面上的湿气是电解质溶液，会促进钢材的腐蚀。

其他形式的污染物，比如化学污染物，是肉眼所看不见的。这中间危害最大的是可溶性盐分，如氯化物和硫化物。若在这些污染物上面进行涂装，它们会在漆膜下吸湿而造成漆膜起泡、分层以及加速钢材腐蚀。

在钢结构维修涂装的情况下，那些点蚀成麻坑的地方可能会有可溶性盐分，特别是在蚀坑的底部。干喷砂并不能除去这些盐分，只有进行淡水冲洗才能除去盐分。

2. 表面处理的方法

钢结构的表面处理主要有以下几种方法：

（1）手动工具清理。进行手工打磨是钢铁表面进行清理的最为古老的方式，它用在那些不需要进行喷砂处理的小面积部位。手动工具清理可除去所有松散的氧化皮、锈蚀、涂料和其他有害的外来物质。但这种方法不能除去附着牢固的氧化皮、锈蚀和涂料。

常用的工具有砂纸、无纺砂盘、钢丝刷、气锤、凿子等。

（2）动力工具打磨。动力工具可以除去所有松散的氧化皮、锈蚀、旧漆膜和其他有害的外来物质，但是不能除去附着牢固的氧化皮、锈蚀和旧漆膜。

动力工具基本与用于手动工具清理的工具类似，只是需要使用诸如电或压缩气等能源。常用的工具有砂轮、砂纸盘、钢丝盘、气铲、笔形钢丝刷等。

（3）抛丸处理。抛丸处理就是利用离心力的作用使高速旋转的叶轮把磨料抛出来进行表面清理，这种方法在涂装作业中已得到了广泛的应用。

最常用的磨料是钢丸和钢砂，一般两者混合使用能够达到表面清洁度和粗糙度的要求。

抛丸流水线有两种形式：一种是仅用于抛丸除锈，然后钢材用吊车吊运到专门的喷涂地点进行涂装施工；另一种为抛丸和喷漆一体化的流水作业，抛丸结束后，立即转入喷涂，再通过烘干后，将喷涂完毕的钢材吊运到堆场。这种流水作业，最常用于钢板的车间预处理和车间底漆的施工，以及不大复杂的钢结构和快干型底漆的施工。

（4）开放式喷砂处理。开放式喷砂处理使用压缩空气将磨料从喷砂机中喷射出去，在需要清理的表面形成巨大的冲击力，除去锈、氧化皮和其他杂质等。

4.4.9.3 涂装施工

（1）涂料涂装。在钢结构防腐蚀涂料的施工方法中，最常用的有 3 种：刷涂、辊涂、喷涂。喷涂可以分为空气喷涂和无气喷涂两种。

现在最常采用的是喷涂施工方法。空气喷涂适用于多种涂料和各种构件的喷涂，特别是对于面漆的喷涂能够产生比无气喷涂更好的光洁表面。空气喷涂的原理是用压缩空气从空气帽的中心孔中喷出，在涂料喷嘴前端形成负压区，使容器中的涂料从喷嘴中喷出，并很快地进入高速气流，使液—气相急剧扩散，涂料被微粒化，呈雾状飞向被涂物表面而集聚成连续的漆膜。

空气喷涂的涂装效率比手工作业要高得多，一般每小时可以喷出 $50\sim100\text{m}^2$，比刷涂快 $8\sim10$ 倍，且涂膜平整光滑，可以达到最好的装饰效果。但是，空气喷涂时，漆雾飞散很厉害，涂料利用率只有 50％ 左右，甚至更低。

空气温度、相对湿度和底材温度都会影响最终的涂装结果。在进行表面处理、涂料施工及其干燥固化过程中，必须严格控制良好的渗入蚀坑和缝隙的气候条件。通常钢板温度至少要高于露点温度 3℃。

涂料施工首先对钢材表面可见杂质和不可见杂质清洗干净；其次对表面进行喷砂或打磨表面清理，使涂层间或涂层与底材间有良好的附着力，可以大大提高涂层系统的使用寿命；再次，对漆膜厚度最小和最大容许值进行有效的控制，从而保证涂料施工质量。

（2）金属镀层涂装。对钢结构和建筑部件涂镀金属主要有四种方法：热浸镀、喷镀、电镀和扩散镀。

热浸镀这种方法中，金属锌应用最为广泛，对于大型钢件而言，热浸镀锌甚至是唯一的方法。其过程一般是：将钢浸入含酸或含碱的除泊液去除其油脂和油污；然后将钢浸入酸性的槽中，以去除铁锈和鳞皮，这个过程称为酸洗；冲洗之后，钢制品要通过熔剂处理，其目的是将钢制品的表面残存的氧化皮全部去除；下一步将钢浸入熔融的锌，大型的钢制品直接浸入锌槽；最后将钢制品从锌槽中取出。

喷镀的金属镀层是纯金属的，直接从喷枪喷向钢制品表面，所以不含融合剂或溶剂。其过程为：首先将金属粉末或金属线通过串气或其他气体送入喷嘴，然后通过适当的气体-氧气混合物将其熔化，用压缩空气或气体将熔融粒子喷向钢制品表面。因此，在对钢制品进行清理时，必须用火烫、锐利的砂粒以提高清洁度又保证适当的粗糙度表面。

电镀锌通常用于紧固件和其他的小零件。电镀工艺是一种电化学过程，其基本原理同钢的腐蚀原理一样。

扩散镀层金属通常呈粉末状，在熔点以下的温度与钢发生反应。镀层金属通过扩散渗入钢制品，生成锌扩散镀层的过程称作"渗锌处理"，镀层本身则一般称为"渗锌镀层"。渗锌处理主要用于小构件，如螺母、螺栓，通常不用于主要的钢构件。

4.5 其他型式的塔架

4.5.1 钢筋混凝土塔架

钢筋混凝土塔架也将是风力发电机塔架一种替代的型式。一般来讲，风力发电机组塔架多采用高度与截面宽度比较大的非实体式钢筋混凝土塔架。本节主要介绍钢筋混凝土塔架的圆筒形塔身的计算。

钢筋混凝土塔架的计算包括：

（1）承载能力极限状态。结构在各种荷载（自重、裹冰、风、地震等）设计值的组合作用下，按塑性状态计算时，应能满足规范对强度、稳定性的要求。

（2）正常使用极限状态。结构应能在正常使用条件下，不致因塑性变形太大而影响其材料性能。为此，结构在风荷载的标准值作用下，按弹性状态计算的应力不应超过材料的强度设计值。在各种荷载的标准值、动力和温度作用下，结构应能满足抗裂度、裂缝宽度、结构的水平位移和角位移、结构的振幅和加速度等的要求。

4.5.1.1 钢筋混凝土塔架的设计

以混凝土材料为主构成的结构称为混凝土结构，混凝土结构包括素混凝土结构、钢筋混凝土结构和预应力混凝土结构。素混凝土结构是指由无筋或不配置受力钢筋的混凝土制成的结构，钢筋混凝土结构是指由配置受力钢筋的混凝土制成的结构，预应力混凝土结构是指由配置受力的预应力钢筋通过张拉或其他方法建立预加应力的混凝土构成的结构。其中，钢筋混凝土结构在工程中应用最为广泛。

钢筋混凝土结构是由钢筋和混凝土两种力学性能完全不同的材料组成的共同受力的结构。混凝土具有较高的抗压强度，但抗拉强度却很低，仅为抗压强度的 $1/12 \sim 1/8$，因此素混凝土结构一般只用于承受压力的构件。当结构构件中出现拉应力时，在构件的受拉区配置适量的受力钢筋，可以很好地改善构件的受力性能。钢筋和混凝土这两种物理、力学性能完全不同的材料，能够结合在一起共同受力，其主要原因是钢筋与混凝土之间存在有良好的黏结力，能牢固地形成整体，保证在荷载作用下，钢筋和外围混凝土能够协调变形，相互传力，共同受力；同时钢筋和混凝土两种材料的温度线膨胀系数接近，两者间不会产生很大的相对变形而破坏它们之间的结合。

钢筋混凝土结构与其他结构相比，主要优点如下：

（1）合理用材。能充分合理地利用钢筋（高抗拉性能）和混凝土（高抗压性能）两种材料的受力性能。对于一般工程结构，经济指标优于钢结构。

（2）耐久性好。在一般环境下，钢筋受到混凝土保护而不易生锈，而混凝土的强度随着时间的增长还有所提高，所以其耐久性较好，不像钢结构那样需要经常的维修和保养。对处于侵蚀性气体或受海水浸泡的钢筋混凝土结构，经过合理的设计及采取特殊的措施，一般也可以满足工程需要。

（3）耐火性好。混凝土是不良导热体，遭火灾时，钢筋因有混凝土包裹而不至于很快升温到失去承载力的程度，这是钢、木结构所不能比拟的。

（4）可模性好。混凝土可根据设计需要支模浇筑成各种形状和尺寸的结构，因而适用于建造形状复杂的结构及空间薄壁结构，这一特点是砌体、钢、木等结构所不具备的。

（5）整体性好。整体浇筑的钢筋混凝土结构整体性好，再通过合适的配筋，可获得较好的延性，有利于抗震、防爆和防辐射，适用于防护结构。

（6）易于就地取材。混凝土所用的原材料中占很大比例的石子和砂子，便于就地取材。另外，还可有效利用矿渣、粉煤灰等工业废料。

但是，钢筋混凝土结构也有如下缺点：

（1）结构自重偏大。相对于钢结构来说，混凝土结构自重偏大，这对于建造高耸塔架是不利的。

（2）抗裂性差。由于混凝土的抗拉强度较低，在正常使用时，钢筋混凝土结构往往带裂缝工作，并会导致钢筋锈蚀，影响结构物的耐久性。

（3）施工比较复杂，工序多。钢筋混凝土结构需要支模、绑钢筋、浇筑、养护，施工工期长。现浇钢筋混凝土使用模板多，木材耗费量大。

（4）施工受季节、天气的影响较大。冬季和雨天施工困难，为保证工程质量，需采取必要的措施。

（5）新老混凝土不易形成整体。混凝土结构一旦破坏，修补和加固比较困难。

这些缺点使得混凝土结构的应用在一定范围内受到了限制，但随着科学技术的发展，上述缺点已在一定程度上得到了克服与改善，如采用轻质高强混凝土可以减轻结构的自重，采用预应力混凝土可以提高结构或构件的抗裂性能。由于混凝土结构所具有的上述优点很突出，因而从它的出现至今发展极为迅速，在土木工程、水利水电工程、交通工程等各个领域得到了广泛的应用，在风力发电机组塔架及基础中也有比较多的应用。

4.5.1.2 钢筋和混凝土材料

目前通用的钢材有碳素钢和普通低合金钢。碳素钢除含有铁元素外，尚有碳、硅、锰、硫、磷等元素；普通低合金钢除碳素钢中已有的成分外，再加入少量的合金元素如硅、锰、钒等。

钢筋混凝土结构（包括预应力混凝土结构）的国产钢筋可分为下列几类：

（1）热轧钢筋。冶金厂直接热轧制成的钢筋，其应力-应变曲线有明显的屈服点和流幅，断裂时有颈缩现象，伸长率较大。热轧钢筋分为 HPB235（Q235）（Ⅰ级）、HRB335（20MnSi）（Ⅱ级）、HRB400（20MnSiV、20MnSiNb、20MnTi）（Ⅲ级）和 RRB400（K20MnSi）（Ⅳ级），其中Ⅰ级钢筋有较好的塑性，但强度较低。级别越高，强度相应提高，塑性相对降低。

（2）冷拉钢筋和冷拔钢丝。是由热轧钢筋经冷加工而成。冷加工后，钢筋强度提高，伸长率减小，塑性降低。

（3）热处理（调质）钢筋。利用轧制钢筋的余热进行淬火，调质后钢筋强度得到较大幅度提高，而塑性降低不多。

考虑到各种类型钢筋的使用条件不同，应对钢筋从外观上加以区别，HPB235 钢筋为光面圆钢筋，HRB335、HRB400 钢筋都在表面上轧有肋纹（包括两条纵肋和一系列与纵肋以不小于 45°的角度相交的横肋），如图 4-39 所示。

我国《混凝土结构设计规范》（GB 50010—2010）规定：钢筋混凝土结构中的钢筋和预应力混凝土结构中的非预应力钢筋宜采用 HRB335 和 HRB400 钢筋，也可采用 HPB235 钢筋，以 HRB400 钢筋作为主导钢筋；预应力钢筋宜采用预应力钢绞线、钢丝，也可采用热处理钢筋。

钢筋的强度标准值应具有不小于 95% 的保证率。热轧钢筋的强度标准值系根据屈服强度

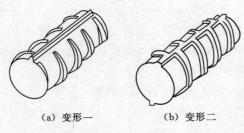

（a）变形一　　　（b）变形二

图 4-39　变形钢筋的外形

确定，用 f_{yk} 表示。预应力钢绞线、钢丝和热处理钢筋的强度标准值系根据极限抗拉强度确定，用 f_{ptk} 表示。

普通钢筋的强度标准值应按表 4-22 采用，预应力钢筋的强度标准值应按表 4-23 采用。

表 4-22　普通钢筋强度标准值

种　　类		符号	d/mm	f_{yk}/(N·mm^{-2})
热轧钢筋	HPB235（Q235）（Ⅰ级）	Φ	8～20	235
	HRB335（20MnSi）（Ⅱ级）	Φ	6～50	335
	HRB400（20MnSiV、20MnSiNb、20MnTi）（Ⅲ级）	Φ	6～50	400
	RRB400（K20MnSi）（Ⅳ级）	Φ^R	8～40	400

注：1. 热轧钢筋直径 d 指公称直径。
　　2. 当采用直径大于 40mm 的钢筋时，应有可靠的工程经验。

表 4-23　预应力钢筋强度标准值

种　　类		符号	d/mm	f_{ptk}/(N·mm^{-2})
钢绞线	1×3	Φ^s	8.6、10.8	1860、1720、1570
			12.9	1720、1570
	1×7		9.5、11.1、12.7	1860
			15.2	1860、1720

续表

种　类		符号	d/mm	f_{ptk}/(N·mm^{-2})
消除应力钢丝	光面 螺旋肋	ΦP ΦH	4、5	1770、1670、1570
			6	1670、1570
			7、8、9	1570
	刻痕	ΦI	5、7	1570
热处理钢筋	40Si2Mn	ΦHT	6	1470
	48Si2Mn		8.2	
	45Si2Cr		10	

注：1. 钢绞线直径 d 指钢绞线外接圆直径，即现行国家标准《预应力混凝土用钢绞线》（GB/T 5224—2014）中的公称直径 D_g，钢丝和热处理钢筋的直径 d 均指公称直径。

　　2. 消除应力光面钢丝直径 d 为 4~9mm，消除应力螺旋肋钢丝直径 d 为 4~8mm。

　　普通钢筋强度设计值按表 4-24 采用，预应力钢丝、钢绞线强度设计值按表 4-25 采用。

表 4-24　普通钢筋强度设计值

种　类		符号	f_y/(N·mm^{-2})	f_y'/(N·mm^{-2})
热轧 钢筋	HPB235（Q235）（Ⅰ级）	Φ	210	210
	HRB335（20MnSi）（Ⅱ级）	Φ	300	300
	HRB400（20MnSiV、20MnSiNb、20MnTi）（Ⅲ级）	Φ	360	360
	RRB400（K20MnSi）（Ⅳ级）	ΦR	360	360

注：在钢筋混凝土结构中，轴心受拉和小偏心受拉构件的钢筋抗拉强度设计值大于 300N/mm^2 时，仍应按 300N/mm^2 取用。

表 4-25　预应力钢筋强度设计值

种　类		符号	f_{ptk}/(N·mm^{-2})	f_{py}/(N·mm^{-2})	f_{py}'/(N·mm^{-2})
钢绞线	1×3	Φs	1860	1320	390
			1720	1220	
			1570	1110	
	1×7		1860	1320	390
			1720	1220	
消除应力钢丝	光面 螺旋肋	ΦP ΦH	1770	1250	410
			1670	1180	
			1570	1110	
	刻痕	ΦI	1570	1110	410
热处理钢筋	40Si2Mn	ΦHT	1470	1040	400
	48Si2Mn				
	45Si2Cr				

注：当预应力钢绞线、钢丝的强度标准值不符合表 4-25 的规定时，其强度设计值应进行换算。

钢筋弹性模量 E 按表 4 - 26 采用。

表 4 - 26　钢 筋 弹 性 模 量

种　　　类	$E_s/(\times 10^5 \text{N} \cdot \text{mm}^{-2})$
HPB235 钢筋	2.1
HRB335 钢筋、HRB400 钢筋、RRB400 钢筋、热处理钢筋	2.0
消除应力钢丝（光面钢丝、螺旋肋钢丝、刻痕钢丝）	2.05
钢绞线	1.95

注：必要时钢绞线可采用实测的弹性模量。

混凝土强度等级按立方体抗压强度标准值确定。立方体抗压强度标准值是指按照标准方法制作养护的边长为 150mm 的立方体试件在 28d 龄期，用标准试验方法测得的具有 95% 保证率的抗压强度。

钢筋混凝土结构的混凝土强度等级不应低于 C15；当采用 HRB335 钢筋时，混凝土强度等级不宜低于 C20；当采用 HRB400 和 RRB400 钢筋以及承受重复荷载的构件，混凝土强度等级不得低于 C20。

预应力混凝土结构的混凝土强度等级不应低于 C30；当采用钢绞线、钢丝、热处理钢筋作预应力钢筋时，混凝土强度等级不宜低于 C40。

混凝土轴心抗压，轴心抗拉强度标准值 f_{ck}、f_{tk} 应按表 4 - 27 采用。

表 4 - 27　混 凝 土 强 度 标 准 值

参数	混凝土强度等级													
	C15	C20	C25	C30	C35	C40	C45	C50	C55	C60	C65	C70	C75	C80
$f_{ck}/(\text{N} \cdot \text{mm}^{-2})$	10.0	13.4	16.7	20.1	23.4	26.8	29.6	32.4	35.5	38.5	41.5	44.5	47.4	50.2
$f_{tk}/(\text{N} \cdot \text{mm}^{-2})$	1.27	1.54	1.78	2.01	2.20	2.39	2.51	2.64	2.74	2.85	2.93	2.99	3.05	3.11

混凝土轴心抗压、轴心抗拉强度设计值 f_c、f_t 应按表 4 - 28 采用。

表 4 - 28　混 凝 土 强 度 设 计 值

参数	混凝土强度等级													
	C15	C20	C25	C30	C35	C40	C45	C50	C55	C60	C65	C70	C75	C80
$f_c/(\text{N} \cdot \text{mm}^{-2})$	7.2	9.6	11.9	14.3	16.7	19.1	21.1	23.1	25.3	27.5	29.7	31.8	33.8	35.9
$f_t/(\text{N} \cdot \text{mm}^{-2})$	0.91	1.10	1.27	1.43	1.57	1.71	1.80	1.89	1.96	2.04	2.09	2.14	2.18	2.22

混凝土受压或受拉的弹性模量 E_c 应按表 4 - 29 采用。剪变模量 G_c 可按表中混凝土弹性模量的 0.4 倍采用。

表 4 - 29　混 凝 土 弹 性 模 量

参数	混凝土强度等级													
	C15	C20	C25	C30	C35	C40	C45	C50	C55	C60	C65	C70	C75	C80
$E_c/(\times 10^4 \text{N} \cdot \text{mm}^{-2})$	2.20	2.55	2.80	3.00	3.15	3.25	3.35	3.45	3.55	3.60	3.65	3.70	3.75	3.80

4.5.1.3 钢筋混凝土塔架计算原理

钢筋混凝土塔架的静力分析，首先需要分析各种可能的荷载状况。根据这些荷载状况和计算工况情况得到结构截面的弯矩、扭矩、剪力和轴力，以此来检验结构的强度和阶段应力。钢筋混凝土圆筒形塔架在进行静动力分析时，除了要考虑风轮和机舱传来的荷载、自身风荷载、地震作用外，结构自重特别是机舱风轮的自重不容忽视。在基础倾斜、日照温差和风荷载作用下，塔身发生弯曲和水平位移，系统结构自重对塔身产生附加弯矩，附加弯矩值约占塔的总弯矩的10%。

在水平荷载作用下，圆筒形塔架迎风面受拉，背风面受压，受拉区混凝土可能发生开裂，引起钢筋锈蚀和混凝土作用降低，因此对裂缝宽度也有所限制。一般情况下，各种荷载（标准值）组合作用时，塔筒的最大裂缝宽度都不应超过0.2mm。

按承载能力极限状态计算时，主要考虑塔筒截面的强度计算，并使结构或构件达到最大承载能力，塔筒截面在受压区有一孔洞或无孔洞的情况下，截面的抗压承载能力和抗弯承载能力均不小于设计轴向力和设计弯矩加附加弯矩。按正常使用极限状态计算时，主要考虑塔筒水平位移的控制和最大裂缝宽度的控制。为此需要计算塔筒水平截面在永久荷载和风荷载的标准组合作用下所产生的边缘混凝土压应力和钢筋拉应力，其中混凝土压应力值应不大于混凝土强度设计值，钢筋拉应力应不大于钢筋强度设计值。

4.5.2 桁架式塔架

通常桁架式塔架通过角钢组装而成，并利用螺栓将斜撑体连接到支架上，将支架都连接在一起，在典型情况下，塔架呈方形，有四条腿，以便于斜撑体的连接。

桁架式塔架的优点之一是通过在塔架底部，塔架腿呈八字形张开来节省材料，而不会危害塔架自身的稳定性和带来运输问题。这种形式主要受叶片尖变形的限制，常采用细腰塔设计，塔架腿呈缓和的凹形曲线，体形更加优雅。

塔架腿的荷载源于塔架的弯矩，而斜撑的荷载则源于塔架剪切力和扭转力矩。在极限荷载情况下，每个构件的屈曲都必须要考虑，并且在接头处也必须要考虑其疲劳荷载。

目前，作为空间桁架的塔架计算方法可分为两类：即简化为平面桁架法和空间桁架法。空间桁架法又可分为简化空间桁架法、分层空间桁架法、整体空间桁架法。其中用分层空间桁架法计算时，又有采用力法和位移法之分；用整体空间桁架法计算时，则可考虑弦杆铰接或弦杆连续。

简化为平面桁架法是一种比较简便而粗略的方法，计算时把塔架分解成几个平面桁架，用节点法或截面法分别求出这些平面桁架的内力，再将内力组合起来，得到整个塔架的内力。这一方法由于忽略了塔架各个塔面的折角和各杆体间的变形协调关系，其计算结果有一定误差，对于塔柱坡度有变化的塔架，以及对六边形、八边形或十二边形的塔架，则将产生更多的误差。

空间桁架法考虑了塔架结构各杆体间的变形协调关系和力学平衡条件，可适用于多种形式的塔架，能比较准确地反映塔架受力的实际情况。

简化空间桁架法是一种比较简捷的计算方法，主要特点是简化了变形协调关系。塔架在外荷载作用下，假定其横截面只产生水平位移，而没有转角位移，横截面上各节点的几何关系始终保持为一平面，从而把塔架的每一层由超静定体系转化为静定空间体系。因此，只要根据力学的平衡条件，就可求出转化为静定空间体系各杆的内力。

分层空间桁架法把塔架看成超静定空间体系，根据变形协调关系和力学平衡条件列出联立方程，其基本假定仍为塔架横截面不变形，在水平位移和转角位移后仍保持为一平面。分层空间桁架法的特点是：每一层塔架独立地按超静定空间体系解算，忽略塔架层间杆件的变形协调的关系影响，因而带来了一定的计算误差。分层空间桁架法有两个分支，在同样的假定之下用力法和位移法计算。用力法计算时，将塔架看成一个空间铰接桁架，以内力为未知数；用位移法计算时，将塔架看成一个层间杆件铰接的网架，以位移为未知数，所以两种计算的精度是很接近的。

整体空间桁架法没有上述那些方法的假定，将整个塔架作为超静定空间体系，根据平衡条件和变形协调关系列出联立方程，然后求解塔架的内力和变形。矩阵位移法就是把塔架作为超静定空间体系，以每一根杆件为一单元，用矩阵位移法求解。由于采用了有限单元法计算，整体空间桁架法适用于各种腹杆形式的塔架，能自动形成各节点、各杆件的编号，以及各节点的坐标和外力，可计算塔架在风力和地震力作用下的杆件内力、位移和转角，还能计算塔架的自振周期和振型。

以上所有塔架计算方法，不论是平面桁架法还是空间桁架法，都假定桁架节点为理想的铰节点，而且塔架各杆件的工作完全处于弹性阶段。但是在塔架结构中，构造是连续性的，因此考虑弦杆为连续，腹杆与其铰接连接更为接近实际。所以整体空间桁架法就有考虑弦杆铰接与弦杆连续的两种方法。上述几种空间桁架法的比较，以简化空间桁架法最为简单方便，计算结果与最精确的整体空间桁架法比较，塔柱内力差在 $3\%\sim7\%$，一般略偏大，斜杆内力误差在 $3\%\sim12\%$，一般略偏小。这是由于在计算斜杆内力时，假定桁架、截面只产生水平位移，而没有转角位移，如果考虑塔架横截面转动，则斜杆将协同塔柱一起抵抗外力矩，从而增加斜杆内力，减少塔柱内力。

用力法分析的分层空间桁架法与整体空间桁架法比较，塔柱内力比较接近，都在 $\pm1\%$ 以内，个别杆件达到 3%；斜杆内力相差较大，个别达 9%。这个计算结果对工程计算来说，其精确度已足够。用力法分析的分层空间桁架法主要优点是：每一个层间独立地按超静定空间体系求解，将大大地减少联立方程数目，在缺少电子计算机的条件下，用一般计算工具就能解决问题。因此，分层空间桁架法用位移法分析可适用于任意布置、任意边数的塔架，这是分层空间桁架法用力法分析所不具备的优点。整体空间桁架法是一种最精确、适应面广的一种计算方法，由于需要求解大量联立方程，而方程中又包含大量系数，所以只有应用电子计算机才能迅速而又精确地进行求解。

各种塔架分析方法和计算公式均可在有关文献查阅到。

4.6 塔 架 安 装 施 工

4.6.1 典型的安装程序

4.6.1.1 安装前准备工作

（1）检查并确认风力发电机组基础已验收，符合安装要求。

（2）确认风电场输变电工程已经验收。

（3）确认安装当日气象条件适宜，地面最大风速不超过 8m/s。

（4）由制造厂技术人员会同建设单位（业主）组织有关人员认真阅读和熟悉风力发电机组制造厂随机提供的安装手册。

（5）以制造厂技术人员为主组织安装队伍，并明确安装现场的唯一指挥者人选。

（6）由现场指挥者牵头，制定详细的安装作业计划。明确工作岗位，责任到人，明确安装作业顺序、操作程序、技术要求、安全要求，明确各工序各岗位使用的安装设备、工具、量具、用具、辅助材料、油料等，并按需分别准备妥当。

（7）清理安装现场，去除杂物，清理出大型车辆通道。

（8）清理风力发电机组基础，清理基础环工作表面（法兰的上、下端面和螺栓孔），对使用地脚螺栓的，清理螺栓螺纹表面、去除防锈包装、加涂机油，个别损伤的螺纹用板牙修复。

（9）安装用的大、小吊车按要求落实，并进驻现场。

（10）办理风力发电机组出库领料手续，由各安装工序责任人负责按作业计划与明细表逐件清点，并完成去除防锈包装清洁工作，运抵安装现场。

4.6.1.2 安装程序

（1）塔架吊装。塔架吊装有两种方式，一种是使用起重量 50t 左右的吊车先将下段吊装就位，待吊装机舱和风轮时，再吊剩余的中、上段，这样可减少大吨位吊车的使用时间，适用于一次吊装风力发电机组数量少，且为地脚螺栓或基础结构。吊装时还需配备一台起重量 16t 以上的小吊车配合"抬吊"；另一种是一次吊装的台数较多，除使用 50t 吊车外，还使用起重量大于 130t、起吊高度大于塔架总高度 2m 以上的大吊车，一次将所有塔架各段全部吊装完成。塔架吊装时，由于连接用的紧固螺栓数量多，紧固螺栓占用时间长，有可能时，尽量提前单独完成，且宜采用流水作业方式一次连续吊装多台，以提高吊车利用率。特别是需调平上法兰上平面的采用地脚螺栓的风力发电机组塔架耗时更长。在安排计划时要注意这一特点。

（2）风轮组装。与塔架吊装就位一样，风轮组装也需要在吊装机舱前提前完成。风轮组装有两种方式，一种是在地面上将三个叶片与风轮轮毂连接好，并调好叶片安装角（有叶片加长节的，也一并连接好）；另一种是在地面上，把风轮轮毂与机舱的风轮轴连接，同时安装好离地面水平线有 120°的两个风轮叶片，第三个叶片待机舱吊装至塔架顶后再安装。

（3）机舱吊装。装有铰链式机舱盖的机舱，打开分成左右两半的机舱盖，挂好吊带或钢丝绳，保持机舱底部的偏航轴承下平面处于水平位置，即可吊装于塔架顶法兰上；装有水平剖分机舱盖的机舱，与机舱盖需先后分两次吊装。对于已装好轮毂并装有两个叶片的机舱，吊装前切记锁紧风轮轴并调紧刹车。

（4）风轮吊装。用两台吊车"抬吊"，并由主吊车吊住上扬的两个叶片的叶根，完成空中翻身调向，撤开副吊车后与已装好在塔架顶上的机舱风轮轴对接。

（5）控制柜就位。控制柜安装于钢筋混凝土基础上的，应在吊下段塔架时预先就位；控制柜固定于塔架下段下平台上的，可在放电缆前后从塔架工作门抬进就位。

（6）放电缆。使其就位。

（7）电气接线。完成所有控制电缆、电力电缆的连接。

（8）连接液压管路。

4.6.2 塔架主要安装工艺

1. 塔架与基础环连接

（1）清洁塔架油漆表面，对漆膜缺损处补漆处理；清理塔架下段下法兰端面及基础环上法兰端面，在基础环上法兰端面上涂密封胶。

（2）根据风力发电机组安装手册，采用大吨位主吊车与小吨位副吊车双机抬吊塔架，预先将主副吊具固定于两端法兰上，主吊车吊塔架小直径端，副吊车吊塔架大直径端，双机将塔架吊离地面后，在空中转 90°角，副吊车脱钩，同时卸去该端吊具。

（3）下端塔架工作门按标记方位对正后，徐徐下放塔架，借助两根小撬杠对正螺孔后，在相对 180°方位先插入两只已涂过 MoS_2 油脂的螺栓，手拧紧螺母后，再将其余所有涂好油脂的螺栓插入，用手拧紧螺母后放松吊绳，按对角拧紧法分两次拧紧螺栓至规定力矩。在第一次拧紧螺栓后去除主吊车吊钩。

（4）塔架中、上段按上述双机抬吊方法依次安装，对接时注意对正塔内直梯。塔架紧固连接后，用连接板连接各段间直梯，并将上、下段间安全保护钢丝绳按规定方法固定。

（5）若不立即吊装机舱总成和控制柜时，应将工作门锁住。

（6）结构上不设下平台、控制柜直接放置在塔内混凝土基础上的，在吊装下段塔架前，应先使控制柜就位。

2. 塔架通过地脚螺栓与基础连接

（1）清理基础表面，去掉地脚螺栓防锈包装，将所有地脚螺栓上的下调节螺母的上端面调至同一水平面。

（2）塔架下段清洁后，按前述双机抬吊法使塔架纵轴线铅垂，借助小撬杠使塔架下法兰螺栓孔与所有螺栓对正，下放塔架，使所有地脚螺栓插入下法兰孔中。

（3）待下法兰下端面与下调节螺母接触后，将地脚螺栓总数 1/3 数量的上调节螺母拧入，稍放松吊车吊绳，并按对角法紧至约 70％的规定力矩。

（4）用 U 形连通管法或经纬仪检验塔架上法兰上平面与水平面的平行度以及纵轴线与水平面的垂直度，并用调节螺母调节，使其达到安装手册标准规定的要求后，紧固螺母，并把其余螺母全上紧，去除吊车吊钩。

（5）依次把中、上段塔架用双机抬吊法安装，并按规定扭紧力矩用对角法分两次紧固连接螺栓。

（6）重复操作（4），复验平行度和垂直度，若未达到要求，调节地脚螺母使之达到要求。

（7）进行二次混凝土浇筑，把塔架下段法兰下端面与基础上平面之间的环状空间填满。应注意，要按工艺要求采用加有早凝剂的膨胀水泥，且浇筑采用手工捣固时应充分。

第5章 陆上风力发电机组基础

5.1 基础设计总述

5.1.1 基础设计发展历程

我国风力发电机组基础设计总体上可划分为三个阶段，即 2003 年以前小机组基础的自主设计阶段；2003—2007 年兆瓦机组基础设计的引进和消化阶段；2007 年以后兆瓦机组基础的自主设计阶段。

中国电建集团水电水利规划设计总院经过专题研究和全国性的研讨、评审，于 2007 年 9 月发布了《风电机组地基基础设计规定》（FD 003—2007），并同期推出了配套的设计软件。由于规范的统一指导和风电产业的不断成熟，经过我国项目业主和勘测设计单位的共同努力，现在风力发电机组基础设计已步入自主设计的轨道。

5.1.2 基础破坏典型案例及分析

风力发电机组塔架基础的设计和施工对风力发电机组的安全运行十分重要。由于塔架基础设计或施工出现问题致使整个风力发电机组倒塌而造成恶性事故的不乏先例。在《风电机组地基基础设计规定》（FD 003—2007）编制过程中及颁布后不久，出现了两起风机倒塌事故，这两个项目都没有按照《风电机组地基基础设计规定》（FD 003—2007）进行设计，事故的原因值得人们深思。下面对两起事故进行简要介绍。

5.1.2.1 在台风中破坏的风力发电机组及基础

在 2006 年 8 月 10 日的"桑美"台风中，某风电场 28 台机组全部受损，其中 5 台倒塌（3 台 600kW 风力发电机组钢塔筒被折断、2 台刚完成吊装的 750kW 风力发电机组连基础被拔出）、5 台机舱盖被吹坏、11 台叶片被吹断。据被吹倒的测风仪留下的最后数据显示，山顶上风电场的瞬时风速达 85m/s。如图 5-1 所示，两台连基础被拔出的倒塌风力发电机组非常值得关注。

该风电场的大部分基础承受了超设计风速的考验，但连根拔出的基础至少在设计和施工方面存在以下不安全因素：

（1）基础环（法兰筒）的底端在基础台柱和底板的分界面，没有伸入基础底板与扩展基础形成整体。

（2）基础台柱和底板混凝土分两次浇筑，且没有采取可靠的缝面处理措施，缝面黏结质量差，影响了台柱与底板之间的整体性。

（3）从拉断的基础台柱底部断面看，穿越台柱与底板之间的圆周向配筋太少，钢筋间距达 60cm 左右，进一步削弱了台柱与底板混凝土之间的整体性连接；台柱高度方向的配

图 5-1　在"桑美"台风中破坏的风力发电机组及基础

筋很少，钢筋间距在 40cm 左右，削弱了台柱本身的刚度。

（4）混凝土级配和混凝土现场搅拌质量不理想。

5.1.2.2　在正常运行中破坏的风力发电机组及基础

某风电场同批次施工安装了 59 台 850kW 的风力发电机组，并经过了 72h 的试运行，在 2008 年 4 月正常运行时，一台风机突然倒塌，基础连根被拔出，倒塌时风速约为 12m/s，已进入风力发电机组的额定风速，塔筒底部（基础环）钢筋完整拔出，如图 5-2 所示。

图 5-2　在正常运行中破坏的风力发电机组及基础

据调查分析，该风力发电机组基础存在以下不安全因素：

（1）基础混凝土设计强度等级为 C30，事故后钻孔取芯试验得出的强度等级为 C10～C25，基础混凝土实际标号偏低。

（2）塔筒底部混凝土搅拌、振捣不均匀，断面反映的混凝土级配较差。

（3）从断面看，基础可能不是一次性浇筑，存在施工冷缝，且因风沙天浇筑，缝面有沙土。

（4）钢筋数量减少、长度不足。

（5）胶凝材料用量和基础混凝土配合比可能不满足要求，塔筒底部（基础环）钢筋完整拨出，黏结质量有问题。

（6）初期运行时机组振动较厉害，且倒塌的机组换过叶片，可能与上部结构及基础的刚度有关。

另外，施工单位中标价格过低而导致其偷工减料、基础混凝土施工过程中监督不力也可能是引发事故的重要原因。

由于质量问题，同批施工的 59 台风力发电机组，除倒塌的 1 台，其余 58 台风力发电机组上部结构全部拆卸，并炸除混凝土基础，重新施工基础，重新安装风力发电机组，重新调试后再投入运行。给项目业主造成了巨大的经济损失。

从上述两个案例可以看到，当风力发电机组塔架基础出现问题而发生机组倒塌，将会发生灾难性后果。而塔架基础在整个风力发电机组的造价中仅占其总造价的 2.2%～2.5%，由于占总造价仅为 2.2%～2.5% 的塔架基础出现问题而导致整个机组报废，足可以看到塔架基础的重要性。

5.2 风力发电机组基础型式和设计要求

5.2.1 基础受力特点和结构型式

风力发电机组在正常运行时，塔架受到风轮重力的压力、风轮重力对塔架形成的弯矩作用；机舱和机舱内设备重力的压力、机舱及设备重力对塔架形成的弯矩的作用；风对塔架的推力及其对塔架的弯矩和剪力、风吹叶片旋转对叶片的推力、风轮旋转所形成的反转矩及塔架自重等作用。这些弯矩、剪力、压力都通过塔筒底部法兰、塔架基础的地脚螺栓作用在塔架基础上。

由于风力发电机组轮毂高度大（一般在 50m 以上）、顶部质量大、正常运行和极端风速情况承受的水平荷载大，机组正常运行时对倾斜控制严格、基础承受 360°方向重复荷载和大偏心受力、基础的荷载重分布性低，风资源丰富的沿海滩涂水文、地质条件复杂，这些都对基础提出更高的要求。为此，《风电机组地基基础设计规定》（FD 003—2007）考虑了方形扩展基础和方形承台桩基础。考虑风力发电机组基础承受 360°方向重复荷载以及不同的设计习惯，除了方形基础外，还扩充了圆形、八边形扩展基础以及圆形、八边形承台桩基础的设计方法，拓宽了风力发电机组基础的适应性。

陆上风力发电机基础均为现浇钢筋混凝土独立基础。从结构形式看，常用的可分为块状基础和框架式基础两种。基础尺寸则根据风电场场址工程地质条件、地基承载力以及基础荷载确定。

1. 块状基础

块状基础即实体重力式基础，应用广泛，对基础进行动力分析时，可以忽略基础的变形，并将基础作为刚性体来处理，仅考虑地基的变形。按其结构剖面又可分为倒凹形和凸形两种。倒凹形基础结构整个为方形实体钢筋混凝土，如图 5-3 所示。凸形基础结构与凹形相比，均属实体基础，区别在于扩展的底座盘上回填土也成了基础重力的一部分，这样可节省材料降低费用，如图 5-4 所示。

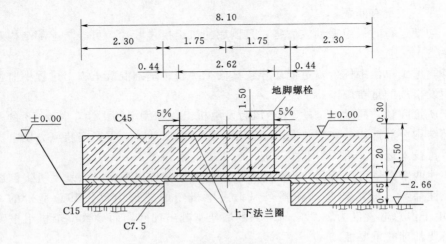

图 5-3 凹形基础结构（单位：m）

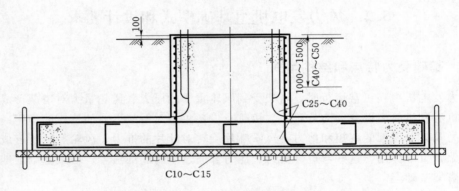

图 5-4 凸形基础结构

2. 框架式基础

框架式基础实为桩基群与平面板梁的组合体。从单个桩基持力特性看，又分为摩擦桩基和端承桩基两种，桩上的荷载由桩侧摩擦力和桩端阻力共同承受的为摩擦桩基础；桩上荷载主要由桩端阻力承受的则为端承桩基础。

根据基础与塔架（机身）的连接方式又可分为地脚螺栓式和法兰式两种类型。前者塔架用螺母与尼龙弹垫平垫固定在地脚螺栓上，后者塔架法兰与基础段法兰用螺栓对接。地脚螺栓式又分为单排螺栓、双排螺栓、单排螺栓带上下法兰圈等。

5.2.2 基础设计要求

《风电机组地基基础设计规定》（FD 003—2007）对上述陆上基础的规范进一步明确：风力发电机组基础形式主要有扩展基础、桩基础和岩石锚杆基础，具体采用哪种基础应根据建设场地地基条件和风力发电机组上部结构对基础的要求确定，必要时需进行试算或技术经济比较。当地基土为软弱土层或高压缩性土层时，宜优先采用桩基础。

设计时根据风力发电机组的单机容量、轮毂高度和地基复杂程度不同，地基基础分为三个设计级别，按表 5-1 选用。

表 5-1 地基基础设计级别

设计级别	单机容量、轮毂高度和地基类型	设计级别	单机容量、轮毂高度和地基类型
1 级	单机容量大于 1.5MW； 轮毂高度大于 80m； 复杂地质条件或软土地基	3 级	单机容量小于 0.75MW； 轮毂高度小于 60m； 地质条件简单的岩土地基
2 级	介于 1 级、3 级之间的地基基础		

注：1. 地基基础设计级别按表中指标划分属不同级别时，按最高级别确定。

2. 对 1 级地基基础，地基条件较好时，经论证基础设计级别可降低一级。

根据风电场工程的重要性和基础破坏后果（如危及人的生命安全、造成经济损失和产生社会影响等）的严重性，风力发电机组基础结构安全等级分为两个等级，见表 5-2。

表 5-2 风力发电机组基础结构安全等级

基础结构安全等级	基础的重要性	基础破坏后果
1 级	重要的基础	很严重
2 级	一般基础	严重

注：风力发电机组基础的安全等级还应与风力发电机组和塔架等上部结构的安全等级一致。

5.3 地 基 设 计

5.3.1 地基设计规定

在设计风力发电机组基础之前，必须对机组的安装现场进行工程地质勘察。充分了解、研究地基土层的成因、构造及物理力学性质等，从而对现场的工程地质条件作出正确的评价，这是进行风力发电机组基础设计的先决条件。风力发电机组具有承受 360° 方向重复荷载和大偏心受力的特殊性，对地基基础的稳定性要求高，基础应按大块体结构设计。基础的埋置深度应满足地基承载力、变形和稳定性要求。

由于风力发电机组的安装，将使地基中原有的应力状态发生变化，故需应用力学的方法来研究荷载作用下地基土的变形和强度问题，使地基基础的设计满足以下两个基本条件：

（1）要求作用于地基上的荷载不超过地基容许的承载能力，以保证地基在防止整体破坏方面有足够的安全储备。

（2）控制基础的沉降，使其不超过地基容许的变形值。以保证风力发电机组不因地基的变形而损坏或影响机组的正常运行。因此，风力发电机组基础设计的前期准备工作是保证机组正常运行必不可少的重要环节。

《风电机组地基基础设计规定》（FD 003—2007）对风力发电机组地基基础设计做了下列规定：

（1）所有风力发电机组地基基础均应满足承载力、变形和稳定性的要求。

（2）1 级、2 级风力发电机组地基基础均应进行地基变形计算。

（3）3 级风力发电机组地基基础一般可不作变形验算，如有下列情况之一时，仍应作变形验算：①地基承载力特征值小于 130kPa 或压缩模量小于 8MPa；②软土等特殊性的岩土。

具体表现为，风力发电机组地基基础设计应进行下列计算和验算：

（1）地基承载力计算。

（2）地基受力层范围内有软弱下卧层时应验算其承载力。

（3）基础的抗滑稳定、抗倾覆稳定等计算。

（4）基础沉降和倾斜变形计算。

（5）基础的裂缝宽度验算。

（6）基础（桩）内力、配筋和材料强度验算。

（7）有关基础安全的其他计算（如基础动态刚度和抗浮稳定等）。

（8）采用桩基础时，其计算和验算除应符合上述几点外，还应符合《混凝土结构设计规范》（GB 50010—2010）和《建筑桩基技术规范》（JGJ 94—2008）的规定。

5.3.2　地基承载力计算

地基承载力计算的基本要求是使通过基础传给地基基底的压力不大于地基的允许承载力。满足这个条件时，地基在附加压力作用下，经过一段时间完成压缩变形后即趋于稳定，从而使风力发电机组塔架等在规定的设计年限内可正常工作。

地基承载力计算的内容包括地基持力层承载力计算和软弱下卧层承载力验算等。

地基土的承载力并非土的工程特性指标，它不仅与土质、土层埋藏顺序有关，而且与基础底面的形状、大小、埋深、上部结构对变形的适应程度、地下水位的升降等有关。土是一种大变形材料，当荷载增加时，随着地基变形的相应增长，地基承载力也在逐渐加大，很难界定出一个真正的"极限值"，而对于从公式计算得出的承载力，当采用不同的岩土参数，不同的经验或理论公式，可以得出不同的值。

勘察报告所提供的地基承载力特征值 f_{ak} 是由荷载试验直接测定或由其与原位试验的相关关系间接推定及由此而累积的经验值。它相应于荷载试验时地基土压力-变形曲线上线性变形段内某一规定变形所对应的压力值，其最大值不应超过该压力-变形曲线上的比例界限值。

将 f_{ak} 用于做地基基础设计时至少还有一个深宽修正的问题要考虑。设计人员应在对勘察报告深入了解的基础上，确定一个相应于正常使用极限状态荷载效应标准组合时的修正后的地基承载力特征值 f_a。

当承受轴心荷载时，应满足下列要求：

$$p_k \leqslant f_a \tag{5-1a}$$

式中　p_k——荷载效应标准组合下，扩展基础底面处平均压力；

　　　f_a——修正后地基承载力特征值。

当承受偏心荷载时，除应满足式（5-1a）的要求外，尚应满足下列要求：

$$p_{kmax} \leqslant 1.2 f_a \tag{5-1b}$$

式中　p_{kmax}——荷载效应标准组合下，扩展基础底面边缘最大压力值。

以矩（方）形扩展基础为例，讨论基础底面的压力。

当扩展基础承受轴心荷载时，其底面的压力计算公式为

$$p_k = \frac{N_k + G_k}{A} \tag{5-2a}$$

其中

$$N_k = k_0 F_{zk}$$

$$A = bl$$

式中　N_k——荷载效应标准组合下，上部结构传至扩展基础顶面的竖向力修正标准值；

k_0——考虑风电场荷载不确定性和荷载模型偏差等因素的荷载修正安全系数，取 1.35；

G_k——荷载效应标准组合下，扩展基础自重和扩展基础上覆土重标准值；

A——扩展基础底面积；

b、l——基底面宽度、长度。

如图 5-5 所示，当扩展基础承受轴心荷载且在核心区内（$e \leqslant b/6$）承受偏心荷载时，其底面的压力计算公式为

$$\left. \begin{aligned} p_{kmax} &= \frac{N_k + G_k}{A} + \frac{M_k}{W} \\ p_{kmin} &= \frac{N_k + G_k}{A} - \frac{M_k}{W} \\ e &= \frac{M_k + H_k h_d}{N_k + G_k} \end{aligned} \right\} \tag{5-2b}$$

式中　M_k——荷载效应标准组合下，上部结构传至扩展基础顶面的力矩合力修正标准值；

H_k——荷载效应标准组合下，上部结构传至扩展基础顶面的水平合力修正标准值；

p_{kmax}、p_{kmin}——荷载效应标准组合下，扩展基础底面边缘最大、最小压力值；

e——合力作用点的偏心距；

h_d——基础环顶标高至基础底面的高度。

如图 5-6 所示，当扩展基础在核心区（$e > b/6$）以外承受偏心荷载，且基底脱开基土面积不大于全部面积的 1/4 时，单独承受偏心荷载的压力计算公式为

$$\left. \begin{aligned} p_{kmax} &= \frac{2(N_k + G_k)}{3la} \\ 3a &\geqslant 0.75b \end{aligned} \right\} \tag{5-2c}$$

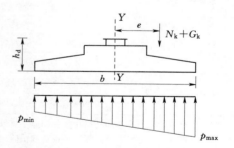

图 5-5　基底面未脱开地基
的基底压力示意

式中　a——合力作用点至扩展基础底面最大压力边缘的距离，按 $(b/2) - e$ 或 $(l/2) - e$ 计算。

当扩展基础宽度大于 3m 或埋置深度大于 0.5m 时，由荷载试验或其他原位测试、经验值等方法确定的地基承载力特征值，可按下式修正：

$$f_a = f_{ak} + \eta_b \gamma (b_s - 3) + \eta_d \gamma_m (h_m - 0.5) \tag{5-3}$$

式中　f_a——修正后土体的地基承载力特征值；

f_{ak}——地基承载力特征值；

η_b、η_d——扩展基础宽度和埋深的地基承载力修正系数，按表 5-3 确定；

γ——扩展基础底面以下土的重度，地下水位以下取浮重度；

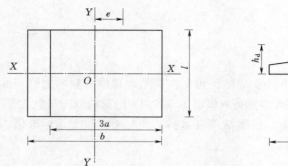
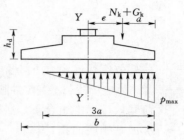

图 5-6　基底面部分脱开地基的基底压力示意

b_s——扩展基础底面力矩作用方向受压宽度，当扩展基础底面受压宽度大于 6m 时按 6m 取值；

γ_m——扩展基础底面以上土的加权平均重度，地下水位以下取浮重度；

h_m——扩展基础埋置深度。

表 5-3　承 载 力 修 正 系 数 表

土 的 类 型		η_b	η_d
淤泥和淤泥质土		0	1.0
人工填土、e 或 I_L 不小于 0.85 的黏性上		0	1.0
红黏土	含水比 $\alpha_\omega > 0.8$	0	1.2
	含水比 $\alpha_\omega \leq 0.8$	0.15	1.4
大面积压实填土	压实系数大于 0.95、黏粒含量 $\rho_c \geq 10\%$ 的粉土	0	1.5
	最大干密度大于 21kN/m³ 的级配砂石	0	2.0
粉土	黏粒含量 $\rho_c \geq 10\%$ 的粉土	0.3	1.5
	黏粒含量 $\rho_c < 10\%$ 的粉土	0.5	1.5
e 或 I_L 均小于 0.85 的黏性土		0.3	1.6
粉砂、细砂（不包括很湿与饱和时的稍密状态）		2.0	3.0
中砂、粗砂、砾砂和碎石土		3.0	4.4

注：1. 全风化岩石可参照所风化成的相应土类取值，其他状态下的岩石不修正。

　　2. 地基承载力特征值按深层平板荷载试验确定时 η_d 取 0，深层平板荷载试验按《建筑地基基础设计规范》（GB 50007—2011）执行。

工程实践证明，对于黏性土，基础宽度的增加对承载力影响很少，因此很少或不作宽度修正；对于砂性土，虽然随着宽度的增长允许承载力有所提高，但沉降量也随之增长，同样的土质在同样的压力下，当基础宽度超过一定值时，沉降量大为增长。

建筑物的正常使用应满足其功能要求，常常是承载力还有潜力可挖，而变形已达到或超过正常使用的限值，也就是由变形控制承载力，因此对承载力的宽度修正应采取慎重态度，当 b 大于 6m 时按 6m 取值。

5.3.3　地基变形计算

基础变形应验算沉降值和倾斜率，其计算值不应大于地基变形容许值。《风电机组地基基础设计规定》（FD 003—2007）中的地基变形容许值可按表 5-4 的规定采用。

表 5-4　地 基 变 形 容 许 值

轮毂高度 H	沉降容许值/mm		倾斜率容许值 $\tan\theta$
	高压缩性黏性土	低、中压缩性黏性土，砂土	
$H<60$	300		0.006
$60<H\leqslant80$	200	100	0.005
$80<H\leqslant100$	150		0.004
$H>100$	100		0.003

注：倾斜率指基础倾斜方向实际受压区域两边缘的沉降差与其距离的比值，其计算公式为

$$\tan\theta=\frac{s_1-s_2}{b_s}$$

式中　s_1、s_2——基础倾斜方向实际受压区域两边缘的最终沉降值；

$\quad\quad$ b_s——基础倾斜方向实际受压区域的宽度。

计算地基沉降时，地基内的应力分布可采用各向同性均质线性变形体理论假定，其最终沉降值可按下式计算：

$$s = \varphi_s s' = \varphi_s \sum_{i=1}^{n} \frac{p_{0k}}{E_{si}}(z_i \bar{\alpha}_i - z_{i-1} \bar{\alpha}_{i-1}) \quad\quad (5-4)$$

其中

$$p_{0k}=\frac{F_{zk}+G_k}{A_s} \quad\quad (5-5)$$

式中　s——地基最终沉降值；

$\quad\quad$ s'——按分层总和法计算出的地基沉降值；

$\quad\quad$ φ_s——沉降计算经验系数，根据地区沉降观测资料及经验确定，无地区经验时可采用表 5-5 的数值；

$\quad\quad$ n——地基沉降计算深度范围内所划分的土层数（图 5-7）；

$\quad\quad$ p_{0k}——荷载效应标准组合下，扩展基础底面处的附加压力，根据基底实际受压面积（$A_s=b_s l$）计算；

$\quad\quad$ E_{si}——扩展基础底面下第 i 层土的压缩模量，应取土自重压力至土的自重压力与附加压力之和的压力段计算；

$\quad\quad$ z_i、z_{i-1}——扩展基础底面至第 i、$i-1$ 层土底面的距离；

$\quad\quad$ $\bar{\alpha}_i$、$\bar{\alpha}_{i-1}$——扩展基础底面计算点至第 i、$i-1$ 层土底面范围内平均附加应力系数；

$\quad\quad$ F_{zk}——上部结构传来的竖向力。

表 5-5　沉降计算经验系数 φ_s

基底附加压力	$\overline{E}_s$/MPa				
	2.5	4.0	7.0	15.0	20.0
$P_{0k}\geqslant f_{ak}$/kPa	1.4	1.3	1.0	0.4	0.2
$P_{0k}\leqslant 0.75 f_{ak}$/kPa	1.1	1.0	0.7	0.4	0.2

注：$\overline{E}_s$ 为沉降计算深度范围内压缩模量的当量值，计算公式为

$$\overline{E}_s=\frac{\sum A_i}{\sum \dfrac{A_i}{E_{si}}}$$

式中　A_i——第 i 层土附加应力系数沿土层厚度的积分值。

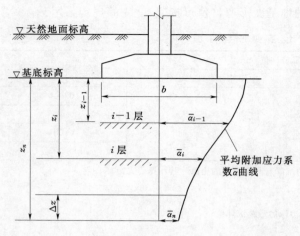

图 5-7 扩展基础沉降计算的分层示意图

5.3.4 地基稳定性计算

（1）地基稳定性计算原则。扩展基础和岩石锚杆基础的稳定性应根据工程地质和水文地质条件进行抗滑、抗倾覆或抗浮稳定计算。抗滑稳定计算应根据地质条件分别进行沿地基底面和地基深层结构面的稳定计算。

（2）抗滑、抗倾覆稳定性计算。

1）抗滑稳定计算。罕遇工况外的其他荷载工况下，其最危险滑动面上的抗滑力与滑动力应满足

$$\frac{F_R}{F_S} \geqslant 1.3 \qquad (5-6)$$

式中 F_R——荷载效应基本组合下的抗滑力；

F_S——荷载效应基本组合下的滑动力修正值。

根据《建筑抗震设计规范》（GB 50011—2010）的抗震设防目标，罕遇地震工况下抗滑稳定最危险滑动面上的抗滑力与滑动力应满足

$$\frac{F_R'}{F_S'} \geqslant 1.0 \qquad (5-7)$$

式中 F_R'——荷载效应偶然组合下的抗滑力；

F_S'——荷载效应偶然组合下的滑动力修正值。

2）沿基础底面的抗倾覆稳定计算，罕遇工况处的其他荷载工况下，其最危险计算工况应满足

$$\frac{M_R}{M_S} \geqslant 1.6 \qquad (5-8)$$

式中 M_R——荷载效应基本组合下的抗倾力矩；

M_S——荷载效应基本组合下的倾覆力矩修正值。

根据《建筑抗震设计规范》（GB 50011—2010）的抗震设防目标，罕遇地震工况下沿基础底面的抗倾覆稳定计算，其最危险工况应满足

$$\frac{M_R'}{M_S'} \geqslant 1.0 \qquad (5-9)$$

式中 M_R'——荷载效应偶然组合下的抗倾力矩；

M_S'——荷载效应偶然组合下的倾覆力矩修正值。

5.4 扩展基础设计

将上部结构传来的荷载通过向侧边扩展成一定底面积，使作用在基底的压应力等于或小于地基土的允许承载力，而基础内部的应力应同时满足材料本身的强度要求，这种起到

压力扩散作用的基础称为扩展基础。

5.4.1 扩展基础的设计内容与计算步骤

5.4.1.1 扩展基础的设计内容

（1）基底尺寸，可根据上部荷载及修正后的地基承载力特征值进行确定。

（2）基础高度，根据基础台阶变截面处的抗剪及抗冲切验算，确定基础的最小高度。

（3）基底反力分布计算，近似假定按线性分布形式考虑。

（4）进行地基承载力及变形验算。

（5）进行基础底板内力计算，确定基础配筋。

（6）进行配筋构造设计。

5.4.1.2 扩展基础的设计步骤

（1）基础方案的比较与选择，应从不同角度考虑基础方案的适应性，包括

1）满足地基承载力要求。

2）满足风力发电机组基础变形要求。

3）满足风力发电机组基础使用要求。

（2）基础埋置深度的确定，应综合考虑以下条件：

1）风力发电机组基础的功能和使用要求。

2）基础的类型和构造。

3）工程地质和水文地质条件。

4）防止地基土冻胀和融陷的不利影响。

5）避免受到不利环境的侵蚀。

（3）确定基础底板平面尺寸。根据设计经验初步拟定基础平面尺寸；对承载力复核（含下卧层）、脱开面积复核、抗滑稳定和抗倾覆稳定复核、沉降和倾斜验算，进行底板尺寸合理性初判；初判合格后，进行基础抗弯配筋、抗冲切和抗剪计算，确定基础底板尺寸，最终确定基础底板尺寸。

（4）地基承载力复核。上部结构传至塔筒底部的荷载采用修正标准值，其余荷载采用标准值。地基承载力采用特征值，可根据基础底面的实际受压宽度和埋深进行深度修正。

根据《高耸结构设计规范》（GB 50135—2006），在极端工况下，圆形底面积脱开面积小于 $1/4$，可表示为 $e/R \leqslant 0.43$。

地震工况下的地基承载力需乘以抗震调整系数，有关要求见《建筑抗震设计规范》（GB 50011—2010）。在多遇地震作用下基础底面不宜出现拉应力，即不允许脱开。

（5）软弱下卧层承载力复核。上部结构传至塔筒底部的荷载采用修正标准值，其余荷载采用标准值。软弱下卧层地基承载力采用其埋深进行深度修正。需注意的是，计算下卧层顶面自重应力的埋深与计算该处附加应力的埋深是不同的，前者至地面，后者至基础底面。

（6）变形计算。所有荷载采用标准值。

规范中沉降计算公式为轴心荷载作用下的中心点沉降计算，对于大偏心，采用实际受压面积代替基底全面积，但仍不能较好地反映大偏心受力下的沉降规律。

对于倾斜计算方法，规范无明确规定，采用受弯方向的角点沉降差除以边长。

另外，沉降计算时，应考虑地基变形的非线性，压缩模量应取土自重压力至土的自重压力与附加压力之和的压力段计算。

对于梯形分布的基底反力，将其分解为均布＋三角形分布。基底脱开的三角形基底反力分布，将其分解为三角形分布－均布。

对于风电基础，倾斜控制应比平均沉降量控制要严。

（7）抗倾覆稳定复核。上部结构传至塔筒底部的荷载采用修正标准值。

（8）抗滑稳定性复核。上部结构传至塔筒底部的荷载采用修正标准值。

5.4.2　荷载计算

5.4.2.1　荷载的分类

作用在风力发电机组地基基础上的荷载按随时间的变异性可分为三类：

（1）永久荷载，如上部结构传来的竖向力 F_{zk}、基础自重 G_1、回填土重 G_2 等。

（2）可变荷载，如上部结构传来的水平力 F_{xk} 和 F_{yk}、水平力矩 M_{xk} 和 M_{yk}、扭矩 M_{zk}，多遇地震作用 F_{e1} 等。当基础处于潮水位以下时应考虑浪压力对基础的作用。

（3）偶然荷载，如罕遇地震作用 F_{e2} 等。

根据《建筑工程抗震设防分类标准》（GB 50223—2008）的有关规定，风力发电机组地基基础的抗震设防分类定为丙类，应能抵御对应于基本烈度的地震作用，抗震设防的地震动参数按《中国地震动参数区划图》（GB 18306—2015）确定。

上部结构传至塔筒底部与基础环交界面的荷载效应宜用荷载标准值表示，为正常运行荷载、极端荷载和疲劳荷载三类。正常运行荷载为风力发电机组正常运行时的最不利荷载效应，极端荷载为《风力发电机组设计要求》（GB/T 18451.1—2012）中除运输安装外的其他设计荷载状况（DLC）中的最不利荷载效应，疲劳荷载为《风力发电机组设计要求》（GB/T 18451.1—2012）中需进行疲劳分析的所有设计荷载状况（DLC）中对疲劳最不利的荷载效应。

对于有地震设防要求的地区，上部结构传至塔筒底部与基础环交界面的荷载还应包括风力发电机组正常运行时分别遭遇该地区多遇地震作用和罕遇地震作用的地震惯性力荷载。

地基基础计算时应将同一工况两个水平方向的力和力矩分别合成为水平合力 F_{rk}、水平合力矩 M_{rk}，并按单向偏心计算。

5.4.2.2　荷载效应组合及分项系数

荷载效应组合见表 5-6。

（1）基础结构安全等级为一级、二级的结构重要性系数分别为 1.1 和 1.0。

（2）对于基本组合，荷载效应对结构不利时，永久荷载分项系数为 1.2，可变荷载分项系数不小于 1.5；荷载效应对结构有利时，永久荷载分项系数为 1.0，可变荷载分项系数为 0。疲劳荷载和偶然荷载分项系数为 1.0。地震作用分项系数按《建筑抗震设计规范》（GB 50011—2010）规定选取。对于标准组合和偶然组合，荷载分项系数均为 1.0。

表 5-6 荷 载 效 应 组 合

设计内容	荷载效应组合	荷载工况					主要荷载							
		正常运行荷载工况	极端荷载工况	疲劳强度验算工况	多遇地震工况	罕遇地震工况	F_{rk}	M_{rk}	F_{zk}	M_{zk}	G_1	G_2	F_{e1}	F_{e2}
(1) 扩展基础地基承载力复核	标准组合	✓	✓		**		✓	✓	✓		✓	✓	*	
(2) 桩基础基桩承载力复核	标准组合	✓	✓		**		✓	✓	✓		✓	✓	*	
(3) 截面抗弯验算	基本组合	✓	✓		**		✓	✓	✓		✓	✓	*	
(4) 截面抗剪验算	基本组合	✓	✓		**		✓	✓	✓				*	
(5) 截面抗冲切验算	基本组合	✓	✓		**		✓	✓	✓				*	
(6) 抗滑稳定分析	基本组合	✓	✓		**		✓	✓	✓		✓	✓	*	
(7) 抗倾覆稳定分析	基本组合	✓	✓		**		✓	✓	✓		✓	✓	*	
(8) 裂缝宽度验算	标准组合	✓	✓		**		✓	✓	✓		✓	✓	*	
(9) 变形验算	标准组合	✓	✓		**		✓	✓	✓		✓	✓	*	
(10) 疲劳强度验算	标准组合			✓			✓	✓	✓		✓	✓		
(11) 抗滑稳定验算（罕遇地震）	偶然组合					✓	✓	✓	✓	✓	✓	✓		✓
(12) 抗倾覆稳定验算（罕遇地震）	偶然组合					✓	✓	✓	✓	✓	✓	✓		✓

* 多遇地震工况需考虑多遇地震作用。

** 仅当多遇地震工况为基础设计的控制荷载工况时才进行该项验算。

（3）各设计内容的主要荷载的分项系数按表 5-7 采用。

（4）混凝土和钢筋的材料性能分项系数分别采用 1.4 和 1.1。承载力抗震调整系数等未规定的其他材料性能分项系数按所引用的规范采用。

（5）验算裂缝宽度时，混凝土抗拉强度和钢筋弹性模量等材料特性指标应采用标准值。

表 5-7 主要荷载的分项系数

设计内容	主要荷载							
	F_{rk}	M_{rk}	F_{zk}	M_{zk}	G_1	G_2	F_{e1}	F_{e2}
(1) 天然地基承载力复核	1.0	1.0	1.0		1.0	1.0	1.0	
(2) 基桩承载力复核	1.0	1.0	1.0		1.0	1.0	1.0	
(3) 截面抗弯验算	1.5	1.5	1.2/1.0		1.2/1.0	1.2/1.0	H：1.3 V：0.5	
(4) 截面抗剪验算	1.5	1.5	1.2				H：1.3 V：0.5	
(5) 截面抗冲切验算	1.5	1.5	1.2				H：1.3 V：0.5	
(6) 抗滑稳定分析	1.0	1.0	1.0	1.0	1.0	1.0	1.0	

设 计 内 容	主　要　荷　载							
	F_{rk}	M_{rk}	F_{zk}	M_{zk}	G_1	G_2	F_{e1}	F_{e2}
（7）抗倾覆稳定分析	1.0	1.0	1.0		1.0	1.0	1.0	
（8）裂缝宽度验算	1.0	1.0	1.0		1.0	1.0	1.0	
（9）变形验算	1.0	1.0	1.0		1.0	1.0	1.0	
（10）疲劳强度验算	1.0	1.0	1.0		1.0	1.0		
（11）抗滑稳定验算（罕遇地震）	1.0	1.0	1.0	1.0	1.0	1.0		1.0
（12）抗倾覆稳定验算（罕遇地震）	1.0	1.0	1.0	1.0	1.0	1.0		1.0

注：1.2/1.0—荷载效应对结构不利/荷载效应对结构有利；

　　H—水平方向惯性力；

　　V—竖向惯性力。

5.4.2.3　地震荷载计算

为了估计地震反应的大小，需要引进地震荷载这个概念。而地震荷载与一般荷载不同，它不仅取决于地震烈度的大小，而且与结构物的动力特性（结构的自震周期和阻尼大小）有关。因此，确定地震荷载比确定一般荷载要复杂得多。

目前国内外所采用的地震荷载计算方法，大致可分为以下几种：

（1）拟静力法。即结构各部件所受的地震荷载等于其本身的重量乘以固定的侧力系数。此系数主要取决于设计烈度，基本上不考虑结构本身的动力特性。

（2）底部剪力法。即首先根据结构的构造特点、重要性、动力特性、重量、地基条件及设计烈度等因素求出结构的底部剪力，即结构所受的总的地震侧力，然后将此总地震荷载按某种规律分布于结构各质点。

（3）振型分解法。即首先求出各振型的最大反应，然后按某种方法进行组合。

（4）直接动力分析法。即在设计塔型结构时，根据其具体条件选用一已有的地震记录，然后直接计算这个塔型结构在地面运动作用下的弹性或弹塑性反应，作为设计的依据。

在以上四种方法中，拟静力法由于未考虑结构的动力特性而与实际情况有较大的出入，直接动力分析方法则要求有相当数量的强震记录。而底部剪力法和振型分解法，都以地震反应谱理论为基础，在我国目前条件下采用是比较现实可行的。

5.4.3　矩形扩展基础计算

5.4.3.1　基础的破坏形式

扩展基础是一种受弯和受剪的钢筋混凝土构件，在荷载作用下，可能发生冲切破坏和弯曲破坏两种主要的破坏形式。

（1）冲切破坏。构件在弯、剪荷载共同作用下，主要的破坏形式是先在弯、剪区域出现斜裂缝，随着荷载增加，裂缝向上扩展，未开裂部分的正应力和剪应力迅速增加。当正应力和剪应力组合后的主应力出现拉应力，且大于混凝土的抗拉强度时，斜裂缝被拉断，出现斜拉破坏，在扩展基础上也称冲切破坏，如图 5-8 （a）所示。一般情况下，冲切破坏控制着扩展基础的高度。

（2）弯曲破坏。基底反力在基础截面产生弯矩，过大弯矩将引起基础弯曲破坏。这种破坏沿着墙边、柱边或台阶边发生。裂缝平行于墙或柱边，如图 5-8 （b）所示。为了防止这种破坏，要求基础各竖直截面上由于基底反力产生的弯矩不大于该截面的抗弯强度，设计时根据这个条件，决定基础的配筋。

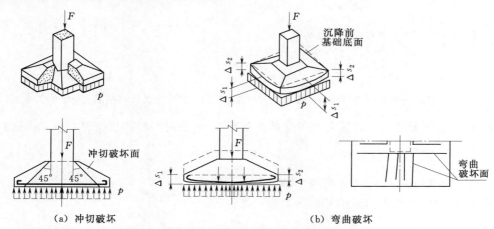

（a）冲切破坏 　　　　　　　　　　　　　　（b）弯曲破坏

图 5-8 　扩展基础的破坏形式

5.4.3.2 　基础底板尺寸确定

（1）平面尺寸的确定。坡形及台阶形顶面基础，其底板平面一般为方形或矩形，可按轴心荷载公式初定基底面积 A，然后按偏心荷载作用适当增大面积 $10\% \sim 50\%$ 后选定基础的边长 b、l，$A = b \times l$，根据初步确定的底面尺寸进行地基承载力验算，即

$$A \geqslant \frac{N}{f_a - \overline{\gamma} d} \tag{5-10}$$

式中 　N——上部结构柱脚传至基础底面的轴向压力；

　　　　d——基础的埋置深度；

　　　　$\overline{\gamma}$——基础及基础以上填土的平均重度；

　　　　f_a——修正后的地基承载力特征值。

（2）基底净反力的确定。钢筋混凝土板式基础，基底净反力分布本应按弹性基础板计算，当基底尺寸不大时，可近似假定仍按直线分布计算。

计算底板强度时，其基底净反力可分别按下列规定采用。

1）锥形顶面基础。计算任一截面的内力时的基底均布荷载值为

$$p = \frac{p_{max} + p_x}{2} \tag{5-11}$$

式中 　p_{max}、p_x——上部结构传至基础的竖向力（不包括基础底板自重及其上土重）设计值和弯矩设计值所引起的基底边缘最大净反力和相应计算截面 $x-x$ 处的基底净反力，如图 5-9 所示。

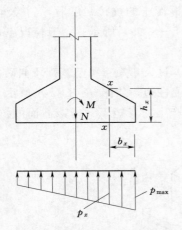

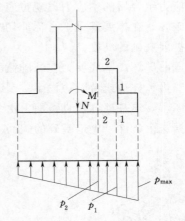

图 5-9　锥形板式基础基底荷载计算简图　　图 5-10　台阶形板式基础基底荷载计算简图

2）台阶形顶面基础。计算台阶形基础板截面 1-1 的内力时的基底的均布荷载值为

$$p = \frac{p_{\max} + p_1}{2} \tag{5-12}$$

式中　p_1——变阶截面 1-1 处的基底净反力。

计算截面 2-2 的内力时的基底的均布荷载值为

$$p = \frac{p_{\max} + p_2}{2} \tag{5-13}$$

式中　p_2——变阶截面 2-2 处的基底净反力，如图 5-10 所示。

（3）按抗冲切验算确定基础的高度。基础的高度是根据柱与基础交接处以及基础台阶变截面处混凝土的抗冲切承载力来确定，必须使基础可能冲切面（沿可能冲切面大致成 45°的方向拉裂，如图 5-11 所示）外的地基净反力所产生的冲切力 F_l 不大于该冲切面外混凝土的抗冲切承载力，冲切力 F_l 为

$$F_l = p_j A_l \tag{5-14}$$

混凝土的抗冲切承载力为

$$0.7\beta_{hp} f_t b_m h_0 \tag{5-15}$$

其中

$$b_m = \frac{b_t + b_b}{2}$$

式中　F_l——相应于荷载基本组合时作用于 A_l 上的地基土净反力设计值，即冲切力；

　　　　p_j——相应于荷载基本组合时基础底面单位面积上的净反力（基底反力扣除基础自重及其上土重），对偏心受压基础可取基础边缘处最大地基土单位面积净反力；

　　　　A_l——冲切验算时取用的部分基底面积（图 5-11 中的阴影面积 $ABCDEF$）；

　　　　β_{hp}——受冲切承载力截面高度影响系数，当 $h \leqslant 800mm$ 时取 $\beta_{hp} = 1.0$，当 $h \geqslant 2000mm$ 时取 $\beta_{hp} = 0.9$，其间按线性内插法取用；

　　　　f_t——混凝土轴心抗拉强度设计值；

　　　　b_m——基础冲切破坏锥体最不利一侧的计算长度；

　　　　b_t——冲切破坏锥体最不利一侧斜截面的上边长，当计算柱与基础交接处的受冲切

承载力时取柱宽，当计算基础变阶处的受冲切承载力时取上阶宽；

b_b——冲切破坏锥体最不利一侧斜截面的下边长，当计算基础变阶处的受冲切承载力时取上阶宽加两倍该处的基础有效高度，当冲切破坏锥体的底面在 b 方向落在基础底面以外时即 $b_t + 2h_0 > b$ 时取 $b_b = b$；

h_0——基础冲切破坏锥体的有效高度。

则
$$\gamma_0 F_l \leqslant 0.7\beta_{hp} f_t b_m h_0 \tag{5-16}$$

式中 γ_0——结构重要性系数。

设计时考虑冲切荷载取用的多边形面积 A_t 可分为下列两种情况：

1）当 $b > (b_t + 2h_0)$ 时，即冲切角锥体的底面积落在基底面积范围内，A_t 为图 5-11（a）中所示 $ABCDEF$ 阴影面积，即

$$A_t = \left(\frac{l}{2} - \frac{l_t}{2} - h_0\right)b - \left(\frac{b}{2} - \frac{b_t}{2} - h_0\right)^2 \tag{5-17}$$

2）当 $b \leqslant (b_t + 2h_0)$ 时，即冲切角锥体的底面积部分落在基底面积以外，则 A_t 为图 5-11（b）中所示 $ABCDEF$ 阴影面积，即

$$A_t = \left(\frac{l}{2} - \frac{l_t}{2} - h_0\right)b \tag{5-18}$$

式中 l——矩形基础的长度；

b——矩形基础的宽度；

l_t——基础的冲切破坏锥体斜截面长边的上边长度；

b_t——基础的冲切破坏锥体斜截面短边的上边长度。

采用式（5-16）验算获得的基础有效高度 h_0 加上受力钢筋的半径和混凝土保护层厚度，即为基础的设计高度（从柱底至基础底面的高度）。

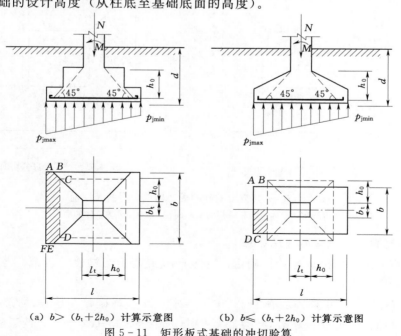

（a）$b > (b_t + 2h_0)$ 计算示意图　　（b）$b \leqslant (b_t + 2h_0)$ 计算示意图

图 5-11　矩形板式基础的冲切验算

137

5.4.3.3　方形单独基础冲切破坏计算

风力发电机组的扩展基础一般为对称布置，故本书重点介绍方形基础（图 5 - 12）。

竖向偏心荷载作用。方形基础应验算基础环与基础交接处以及基础台柱边缘的受冲切承载力。受冲切承载力应符合

$$\gamma_0 F_l \leqslant 0.7\beta_{hp} f_t a_m h_0 \tag{5-19}$$

$$a_m = \frac{a_t + a_b}{2} \tag{5-20}$$

式中　a_m——冲切破坏锥体最不利一侧计算长度；

　　　　a_t——受冲切破坏锥体最不利一侧斜截面的上边长，当计算基础环与基础交接处的受冲切承载力时，取基础环直径，当计算基础台柱边缘处的受冲切承载力时，取台柱宽；

　　　　a_b——受冲切破坏锥体最不利一侧斜截面在基础底面积范围内的下边长，当受冲切破坏锥体的底面落在基础底面以内，计算基础环与基础交接处的受冲切承载力时，取基础环直径加两倍基础有效高度，当计算基础台柱边缘受冲切承载力时，取台柱宽加两倍该处有效高度。

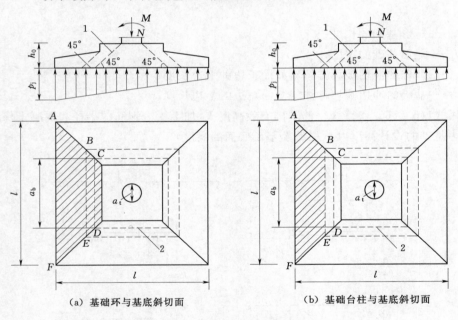

图 5 - 12　计算方形基础的受冲切承载力截面位置

1—冲切破坏锥形体最不利一侧的斜截面；2—冲切破坏锥体的底面线

5.4.3.4　方形单独基础弯曲破坏计算

基础底板的配筋应按抗弯计算确定，并遵照《混凝土结构设计规范》（GB 50010—2010）规定计算配筋量。

（1）轴心荷载或单向偏心荷载作用下，对于方形基础，当台阶的宽高比不大于2.5（a_1/h）和偏心矩小于或等于 1/6 基底宽度时，如图 5 - 13（a）所示，任意截面的底板受

弯可简化计算为

$$M_{\mathrm{I}} = \frac{1}{12}a_1^2\left[(2l+a')\left(p_{\max}+p-\frac{2G}{A}\right)+(p_{\max}-p)l\right] \qquad (5-21)$$

式中　M_{I}——荷载效应基本组合下，任意截面 I-I 处的弯矩设计值；

　　　$p_{\max}$——荷载效应基本组合下，基础底面边缘最大地基反力设计值；

　　　p——荷载效应基本组合下，在任意截面 I-I 处基础底面地基反力设计值；

　　　G——考虑荷载分项系数的基础自重及其上覆的土自重；

　　　a_1——任意截面 I-I 至基底边缘最大反力处的距离；

　　　a'——基础顶面边长；

　　　A——抗弯计算时的部分基底面积；

　　　l——基础底面的边长。

（2）在单向偏心荷载作用下，对于方形基础，当台阶的宽高比不大于 2.5（a_1/h）和偏心矩大于 1/6 基础宽度时，如图 5-13（b）所示，变高截面处的弯矩简化计算公式为

$$M_{\mathrm{I}} = \frac{1}{6}a_1^2(2l+a')\left(p_{\max}-\frac{G}{A}\right) \qquad (5-22)$$

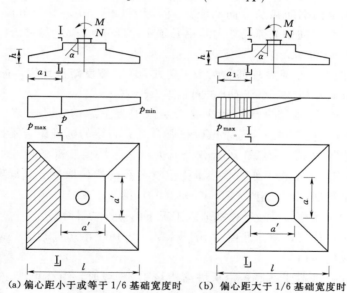

（a）偏心距小于或等于 1/6 基础宽度时　　　（b）偏心距大于 1/6 基础宽度时

图 5-13　矩形基础底板的计算示意图

5.4.3.5　扩展基础的底板设计

（1）底板配筋计算和裂缝宽度计算。底板配筋计算只考虑极端荷载工况。裂缝宽度验算一般应分别考虑极端荷载工况和正常运行荷载工况，并需符合不同的要求，但有人建议只进行正常运行荷载工况下的裂缝宽度验算，因为正常运行荷载工况为正常使用极限状态，极端荷载工况为承载能力极限状态。

配筋计算时所有荷载采用设计值，即标准值 X 分项系数；裂缝宽度计算所有荷载采用标准值，沿悬挑长度可以选择不同位置的截面进行受弯配筋计算。最重要的是悬挑根部

截面的底板配筋计算和裂缝宽度计算。

底板受压侧底面的计算弯矩等于基底反力引起的弯矩减去自重引起的弯矩，基底反力引起的弯矩计算公式见《风电机组地基基础设计规定》（FD 003—2007）第 9.2.2 条，这时自重为有利荷载，荷载分项系数为 1.0。底板受拉侧顶面的计算弯矩等于自重引起的弯矩减去基底反力引起的弯矩。

为防止出现少筋情况，大块体混凝土采用工民建混凝土构件的最小配筋率限制，要求偏严。鉴于此，单侧的纵向钢筋的最小配筋率不应小于 0.20%，且每米宽度内的钢筋截面面积不得小于 2500mm²。

1）径向配筋。计算底板下部半径 R_2 处单位弧长的径向弯矩设计值，据此计算径向配筋。

对于底面径向配筋，不小于 $\phi10$，悬挑根部径向钢筋弧长方向间距必须不小于 50mm，悬挑外缘径向钢筋弧长方向间距必须不大于 300mm；对于顶面径向配筋，不小于 $\phi8$，悬挑外缘径向钢筋弧长方向间距必须不大于 300mm。

2）环向配筋。计算底板下部单位宽度的环向弯矩设计值，据此计算环向配筋。

对于底板底面环向配筋，不小于 $\phi10$，悬挑根部径向钢筋弧长方向间距必须不小于 100mm，悬挑外缘径向钢筋弧长方向间距必须不大于 250mm；对于顶板底面环向配筋，不小于 $\phi8$，悬挑根部径向钢筋弧长方向间距必须不小于 100mm，悬挑外缘径向钢筋弧长方向间距必须不大于 250mm。

3）台柱部位配筋。计算台柱部位两个正交方向单位宽度矩设计值，据此计算配筋。

台柱部位的双向配筋：不小于 $\phi10$，间距不大于 200。

4）裂缝宽度计算。裂缝宽度计算公式参见《混凝土结构设计规范》（GB 50010—2010），但此处的标准值与建筑规范中风荷载遇合系数为零的标准组合不同，风荷载是风力发电机组正常运行的基本荷载，风荷载经风力机传至塔筒底部的荷载的遇合系数均为 1.0。钢筋应变不均匀系数按不作为直接承受重复荷载的构件取值。裂缝宽度容许值规定见《风电机组地基基础设计规定》（FD 003—2007）第 9.1.3 条。

（2）底板抗冲切计算。只进行极端荷载工况下的抗冲切计算。

所有荷载采用设计值，即标准值 X 分项系数。考虑了沿塔筒边缘（等效正方形）的冲切和沿台柱边缘的冲切。

有些底板形式采用不变高底板，从塔筒边缘引 45°线时，引线可能出现在截面之外，这时，建议调整截面形式。

（3）底板抗剪计算。试验研究证明，对圆板基础，剪切破坏并不存在。因此，在确定圆板基础厚度时，只考虑冲切控制已足够安全。《石油化工塔型设备基础设计规范》（SH/T 3030—2009）中也明确规定圆板基础不作剪切验算。

5.4.3.6 扩展基础的构造要求

风力发电机组基础的构造要求，根据《建筑地基基础设计规范》（GB 50007—2011）及《风电机组地基基础设计规定》（FD 003—2007）有以下要求：

（1）基础垫层厚度不宜小于 100mm，垫层混凝土强度等级为 C15。

（2）底板受力筋最小直径不宜小于 10mm，间距不宜大于 200mm，也不宜小于

100mm。有垫层时，钢筋保护层的厚度不宜小于40mm；无垫层时不宜小于70mm。基础混凝土强度等级不宜小于C25。有抗冻要求的混凝土，抗冻等级应由《水工建筑物抗冰冻设计规范》（GB/T 50662—2011）规定确定。

（3）风力发电机组基础钢筋配置应与风力发电机组厂家密切磋商后确定。

5.4.4 圆形扩展基础计算

目前国内已建成风电场的风力发电机组基础形式有正方形扩展基础、正八边形扩展基础、圆形扩展基础等三种形式，圆形扩展基础相对于前两种基础形式来说具有各方向抵抗矩相等的特点，完全符合风力发电机组基础承受360°方向重复荷载的要求，受力合理。目前竹胶板作为一种新的模板材料已广泛地应用到施工领域，其具有韧性强、容易成形等特点，利用竹胶板作为模板可以很容易做成圆形。因此圆形扩展基础的施工难度并不比正方形和正八边形基础大。综合以上考虑，在风力发电机组基础形式的选择中应优先选用圆形扩展基础。

5.4.4.1 偏心荷载作用下基础底面计算

在偏心荷载作用下圆形基础受力简图如图5-14所示。

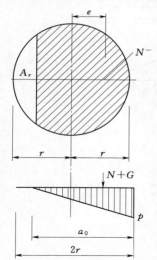

圆形基础在偏心荷载作用时，基础底面的压力公式为

$$p_{max} = \frac{N+G}{\xi r^2} \qquad (5-23)$$

式中　r——基础的半径；

　　　ξ——系数，可根据e/r值查表5-8确定，其中e为基础底面偏心距。

圆形基础底面受压宽度计算公式为

$$a_0 = \tau r \qquad (5-24)$$

式中　τ——系数，可根据e/r值查表5-8确定。

设计中一般可根据e/r的值来判断风力发电机组基础的脱开面积A_T是否大于基底面积A的1/4，若$e/r<0.43$，则$A_T<0.25A$；反之，若$e/r>0.43$，则$A_T>0.25A$。同时可计算出基础受压宽度a_0，根据a_0即可计算出基础实际脱开面

图5-14　圆形基础受力简图　积A_T。

表5-8　ξ、τ 值 列 表

e/r	ξ	τ	e/r	ξ	τ	e/r	ξ	τ
0.25	1.571	2.000	0.32	1.364	1.755	0.39	1.170	1.542
0.26	1.539	1.960	0.33	1.336	1.723	0.40	1.142	1.512
0.27	1.509	1.932	0.34	1.308	1.692	0.41	1.115	1.482
0.28	1.481	1.890	0.35	1.279	1.660	0.42	1.090	1.455
0.29	1.450	1.858	0.36	1.251	1.630	0.43	1.064	1.428
0.30	1.421	1.820	0.37	1.224	1.600			
0.31	1.392	1.787	0.38	1.196	1.570			

5.4.4.2　冲切及底板配筋计算

　　圆形扩展基础的冲切破坏与烟囱基础相同，故圆形扩展基础冲切验算可根据烟囱基础公式计算，计算公式为

$$\gamma_0 F_1 \leqslant 0.35 \beta_{kp} f_t (b_t + b_b) h_0 \tag{5-25}$$

式中　　F_1——冲切破坏体以外荷载设计值；

　　　　f_t——混凝土轴心受拉强度设计值；

　　　　β_{kp}——受冲切承载力截面高度影响系数；

　　　　b_t——冲切破坏锥体斜截面上边圆周长；

　　　　b_b——冲切破坏锥体斜截面下边圆周长。

　　圆形扩展基础的配筋除了与板的破坏图形有关外，还与板的配筋方式有关，风力发电机组基础底板配筋采用环径向配筋方式，《烟囱设计规范》（GB 50051—2013）给出了圆环形基础外悬挑部分径向和环向弯矩的计算方法，其弯矩的计算简图如图 5-15 所示。

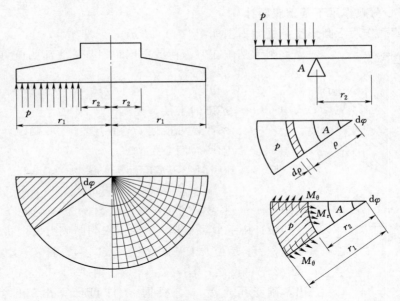

图 5-15　圆形基础弯矩计算简图

　　通过图 5-15 可看出，风力发电机组圆形扩展基础底板外悬挑部分弯矩计算与烟囱环形基础的外悬挑部分弯矩计算模式相同，因此风力发电机组圆形扩展基础底板外悬挑部分底板径向和环向弯矩可采用《烟囱设计规范》（GB 50051—2013）计算，即

$$M_r = \frac{p}{3(r_1 + r_2)} (2r_1^3 - 3r_1^2 r_2 + r_2^3) \tag{5-26}$$

$$M_\theta = M_r / 2 \tag{5-27}$$

式中　　M_r、M_θ——环向和径向的弯矩。

　　通过 M_r 和 M_θ 就可计算出基础底板环径向钢筋面积，具体计算方法参见《混凝土结构设计规范》（GB 50010—2010）。

5.4.5 八边形扩展基础计算

5.4.5.1 基础底面计算

对于经过正八边形基础中心的偏心荷载，中性轴有垂直于边长方向和对角线方向的两个极端情况。沿对角线方向的截面抵抗矩最小，即基底压力最大。

（1）对于基础底面承受轴心荷载和在核心区域承受偏心荷载时，基础底面不脱空的情况，正八边形基底最大压力可按图 5-16 进行计算，即

$$p_{kmax} = \frac{F_k + G_k}{A} + \frac{M_k}{W} \tag{5-28}$$

式中 F_k——相应于荷载效应标准组合时，上部结构传至基础顶面的竖向力值；

$\quad\quad G_k$——基础自重和基础上的土重；

$\quad\quad A$——基础底面面积；

$\quad\quad M_k$——相应于荷载效应标准组合时，作用于基础底面的力矩值；

$\quad\quad W$——基础底面的抵抗矩。

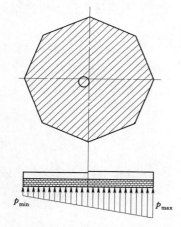

图 5-16   小偏心情况下的正八边形
扩展基础底面压力

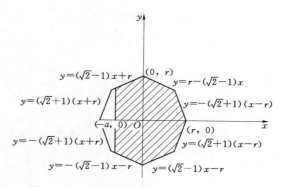

图 5-17   正八边形扩展基础平面几何方程

假设正八边形的坐标系如图 5-17 所示。正八边形的外界外接圆半径为 r（边长为 $0.7654r$），那么正八边形的每条边表示为

$$
\left.
\begin{aligned}
y &= r - (\sqrt{2}-1)x \\
y &= -(\sqrt{2}+1)(x-r) \\
y &= (\sqrt{2}+1)(x-r) \\
y &= (\sqrt{2}-1)x - r \\
y &= -(\sqrt{2}-1)x - r \\
y &= -(\sqrt{2}+1)(x+r) \\
y &= (\sqrt{2}+1)(x+r) \\
y &= (\sqrt{2}-1)x + r
\end{aligned}
\right\}
$$

那么以 x 轴为中性轴的截面惯性矩 I_x 的计算公式为

$$I_x = \iint_A y^2 \mathrm{d}y\mathrm{d}x$$

$$= 4\left[\int_0^{\frac{\sqrt{2}}{2}r}\int_0^{r-(\sqrt{2}-1)x} y^2 \mathrm{d}y\mathrm{d}x + \int_{\frac{\sqrt{2}}{2}r}^r\int_0^{-(\sqrt{2}+1)(x-r)} y^2 \mathrm{d}y\mathrm{d}x\right]$$

$$= \frac{\sqrt{2}}{3}r^4 + \frac{1}{6}r^4$$

因此可以得到

$$W_x = \frac{I_x}{r} = \frac{\sqrt{2}}{3}r^3 + \frac{1}{6}r^3 \tag{5-29}$$

通过式（5-29），就可以很方便地计算小偏心情况下的最大基底压力分布。

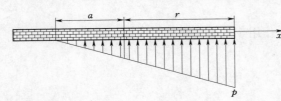

图 5-18　大偏心情况下的正八边形
扩展基础底面压力

（2）对于基础底面在核心区域外承受偏心荷载，且基础底面脱空地基土面积不大于全部面积的 1/4 情况。

正八边形基底最大压力可按图 5-18 进行计算。

可假设扩展基础基底脱开处距离基础中心距离为 a，基底最大压力为 p，最大值为 $p_{\max}$，则基底压力分布为

$$p = \frac{p_{\max}}{p+a}(x+a) \tag{5-30}$$

另外，根据力的平衡方程，有

$$M = \iint_A px\mathrm{d}x\mathrm{d}y \tag{5-31}$$

$$F + G = \iint_A p\mathrm{d}x\mathrm{d}y \tag{5-32}$$

把基础边界方程代入式（5-31）、式（5-32），即可得到：

当 $a < \frac{\sqrt{2}}{2}r$ 时

$$M = 2\int_0^{\frac{\sqrt{2}}{2}r}\int_0^{r-(\sqrt{2}-1)y}\frac{p_{\max}}{r+a}(x+a)x\mathrm{d}x\mathrm{d}y + 2\int_{\frac{\sqrt{2}}{2}r}^r\int_0^{(\sqrt{2}+1)(r-y)}\frac{p_{\max}}{r+a}(x+a)x\mathrm{d}x\mathrm{d}y +$$

$$2\int_{r-(\sqrt{2}-1)a}^r\int_0^{(\sqrt{2}+1)(y-r)}\frac{p_{\max}}{r+a}(x+a)x\mathrm{d}x\mathrm{d}y + 2\int_0^{r-(\sqrt{2}-1)a}\int_0^{-a}\frac{p_{\max}}{r+a}(x+a)x\mathrm{d}x\mathrm{d}y \tag{5-33}$$

$$F + G = 2\int_0^{\frac{\sqrt{2}}{2}r}\int_0^{r-(\sqrt{2}-1)y}\frac{p_{\max}}{r+a}(x+a)\mathrm{d}x\mathrm{d}y + 2\int_{\frac{\sqrt{2}}{2}r}^r\int_0^{(\sqrt{2}+1)(r-y)}\frac{p_{\max}}{r+a}(x+a)\mathrm{d}x\mathrm{d}y +$$

$$2\int_{r-(\sqrt{2}-1)a}^r\int_0^{(\sqrt{2}+1)(y-r)}\frac{p_{\max}}{r+a}(x+a)\mathrm{d}x\mathrm{d}y + 2\int_0^{r-(\sqrt{2}-1)a}\int_0^{-a}\frac{p_{\max}}{r+a}(x+a)\mathrm{d}x\mathrm{d}y \tag{5-34}$$

当 $r > a \geqslant \dfrac{\sqrt{2}}{2}r$ 时

$$M = 2\int_0^{\frac{\sqrt{2}}{2}r}\int_0^{r-(\sqrt{2}-1)y}\frac{p_{\max}}{r+a}(x+a)x\mathrm{d}x\mathrm{d}y + 2\int_{\frac{\sqrt{2}}{2}r}^{r}\int_0^{(\sqrt{2}+1)(r-y)}\frac{p_{\max}}{r+a}(x+a)x\mathrm{d}x\mathrm{d}y +$$

$$2\int_{\frac{\sqrt{2}}{2}r}^{r}\int_0^{(\sqrt{2}+1)(y-r)}\frac{p_{\max}}{r+a}(x+a)x\mathrm{d}x\mathrm{d}y + 2\int_{(\sqrt{2}+1)(r-a)}^{\frac{\sqrt{2}}{2}r}\int_0^{(\sqrt{2}-1)y-r}\frac{p_{\max}}{r+a}(x+a)x\mathrm{d}x\mathrm{d}y +$$

$$2\int_0^{(\sqrt{2}+1)(r-a)}\int_0^{-a}\frac{p_{\max}}{r+a}(x+a)x\mathrm{d}x\mathrm{d}y \tag{5-35}$$

$$F+G = 2\int_0^{\frac{\sqrt{2}}{2}r}\int_0^{r-(\sqrt{2}-1)y}\frac{p_{\max}}{r+a}(x+a)\mathrm{d}x\mathrm{d}y + 2\int_{\frac{\sqrt{2}}{2}r}^{r}\int_0^{(\sqrt{2}+1)(r-y)}\frac{p_{\max}}{r+a}(x+a)\mathrm{d}x\mathrm{d}y +$$

$$2\int_{\frac{\sqrt{2}}{2}r}^{r}\int_0^{(\sqrt{2}+1)(y-r)}\frac{p_{\max}}{r+a}(x+a)\mathrm{d}x\mathrm{d}y + 2\int_{(\sqrt{2}+1)(r-a)}^{\frac{\sqrt{2}}{2}r}\int_0^{(\sqrt{2}-1)y-r}\frac{p_{\max}}{r+a}(x+a)\mathrm{d}x\mathrm{d}y +$$

$$2\int_0^{(\sqrt{2}+1)(r-a)}\int_0^{-a}\frac{p_{\max}}{r+a}(x+a)\mathrm{d}x\mathrm{d}y \tag{5-36}$$

由式（5-33）～式（5-36）可知，由于 F、G、M、r 都是已知数，这两个方程组是关于 $p_{\max}$、距离 a 的多次线性方程组。

5.4.5.2 正八边形基底压力简化计算方法

对于基础底面承受轴心荷载和在核心区域承受偏心荷载时，基础底面不脱空的情况下，正八边形基底最大压力可以很方便地使用公式直接进行计算。

对于基础底面在核心区域外承受偏心荷载时，按偏心矩与正八边形边长的比值进行了计算。大偏心情况下正八边形基底压力计算简图如图 5-19 所示。正八边形的外接圆半径为 r，上部荷载重量为 $F+G$，偏心距为 e，基底与土的接触长度为 a_c，则

$$p_{\max} = \frac{F+G}{\xi r^2} \tag{5-37}$$

$$a_c = \tau r \tag{5-38}$$

式中 τ、ξ——与 e/r 有关的系数，见表 5-8。

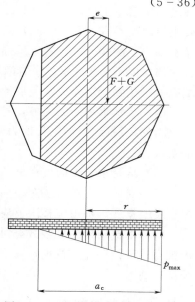

图 5-19 大偏心情况下正八边形
基底压力计算简图

5.5 桩 基 础 设 计

当地基的软弱土层较深厚，上部荷载大而集中，采用浅基础已不能满足塔架结构对地基承载力和变形要求时，可采用桩基础。根据桩传力模式的不同可分为端承桩和摩擦桩。

风力发电机组桩基础由承台和桩群或一单桩组成，采用一根桩的桩基础，称为单桩基础（通常为大直径桩）；群桩中的单桩称为基桩，由 2 根以上基桩组成的桩基础，称为群桩基础。风力发电机组群桩基础一般由 4 根以上基桩组成。

桩基础适用的范围：地基浅层土质不能满足上部建筑物对地基的强度、变形或稳定性的要求；上部结构物对基础的不均匀沉降敏感，地下水位或地表水位较高，施工排水困难等。

是否使用桩基础和使用哪一种类型的桩基础，要经过多方面分析比较后确定。

5.5.1　桩基础设计要求

（1）桩基础设计需按《风电机组地基基础设计规定》（FD 003—2007），并参照《建筑地基基础设计规范》（GB 5007—2010）与《建筑桩基技术规范》（JGJ 94—2008）的规定进行。

（2）桩基础设计应根据风力发电机组基础结构安全等级（表 5 - 2），按承载能力极限状态和正常使用极限状态进行设计。

（3）一般应选择较硬土层作为桩端持力层。桩端全断面进入持力层的深度，对于硬黏性土和中密沙土可取（3～4）d（d 为桩的边长或直径）；当存在软弱下卧层时，桩端以下硬土层厚度不宜小于（5～6）d，并应验算下卧层的承载力；对于穿越软弱土层，支承在倾斜基岩上的端承桩，若岩层强风化带的厚度大于 $2d$ 时，则桩端嵌入微风化或未风化岩层中的深度不应小于 d。嵌岩灌注桩嵌入微风化或中等风化岩体不宜小于 0.5m。摩擦桩端应尽量达到低压缩性的土层上。

（4）承受水平推力的桩，桩身内力可按 M 法计算，参见《建筑桩基技术规范》（JGJ 94—2008）。桩纵向筋的长度为 $4.0/a$，当桩长小于 $4.0/a$ 时应通长配筋，a 为桩的水平变形系数。

（5）承受水平力的桩在桩顶（3～5）d 范围内箍筋应适当加密。

（6）受横向力较大或对横向变位要求严格的桩基，应验算横向变位，必要时还应验算桩身裂缝宽度。桩顶位移限值应小于 10mm。

（7）塔式结构的桩多数有可能既受压又受拔力，应计算桩基在不同受力状况下的极限承载力。抗拔桩还应按现行《混凝土结构设计规范》（GB 50010—2010）验算桩基材料的受拉承载力。

5.5.2　桩和桩基础设计内容

5.5.2.1　桩的分类

（1）按承载性质分类。

1）摩擦桩。桩端未达到坚硬土层或基岩，桩顶荷载由桩侧摩擦阻力和桩端阻力共同承受，但其中主要桩顶荷载由桩侧摩擦阻力承担。它又可分为摩擦桩（桩顶荷载基本由桩侧摩擦阻力承担）和端承摩擦桩（桩顶荷载主要或大部由桩侧摩擦阻力承担，少部分由桩端阻力承担）两种，后者是一种最常见的桩。如图 5 - 20（a）和图 5 - 20（b）所示。

2）端承桩。桩顶荷载主要由桩端阻力承受，这种桩穿过软弱土层，达到深层坚实土中。根据在竖向极限荷载作用下桩端阻力和桩侧摩擦阻力分担荷载的比例，又可分为端承桩（桩顶荷载由桩端阻力承受）和摩擦端承桩（桩顶荷载少部分由桩侧摩擦阻力承受，主要由桩端阻力承受）。如图 5-20（c）和图 5-20（d）所示。

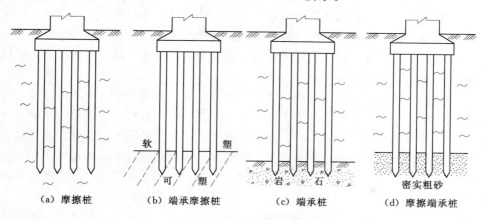

（a）摩擦桩　　　（b）端承摩擦桩　　　（c）端承桩　　　（d）摩擦端承桩

图 5-20　桩按承载性质分类

（2）按桩身材料分类。

1）素混凝土桩。用于对桩基承载力要求较低的中小型工程承压桩。

2）钢筋混凝土桩。钢筋混凝土桩适用于大中型各类建筑工程的承载桩。不仅可以承压，而且可以抗拔和抗弯以及承受水平荷载，因此，这类桩应用广泛。

3）钢桩。承载力高，重量轻，施工方便，但造价高、易锈蚀，主要用于超重型设备基础、江河深水基础和高层建筑深基槽护坡工程。

4）木桩。承载力低，易腐蚀且需要打入地下水位以下，很少应用。

5）组合材料桩。用两种不同材料组合的桩。例如，钢管桩内填充混凝土，或上部为钢管桩、下部为混凝土等形式的组合桩。

（3）按施工工艺分类。

1）非挤土桩。如钻孔灌注桩、人工挖孔桩等。

2）部分挤土桩。如预钻孔打入式预制桩及打入式敞开桩、部分挤土灌注桩等。

3）挤土桩。挤土预制桩或挤土灌注桩，用锤打、振动或静压法打桩。

（4）按桩径大小分类。

1）小桩。$d \leqslant 250$ mm，多用于基础加固以及复合桩基础。

2）中等直径桩。$250 \text{mm} \leqslant d < 800$ mm，大量使用，成桩方法和工艺多样。

3）大直径桩。$d \geqslant 800 \text{mm}$，通常用于高重型构筑物或沿海地基极度软弱地带。

本章主要讨论风力发电机组基础桩基，承台底面低于地面，属低承台桩基础，按其桩直径大多为中等或大直径桩。

（5）按桩的使用功能分类。

1）竖向抗压桩（抗压桩）。

2）竖向抗拔桩（抗拔桩）。

3）水平受荷桩（主要承受水平荷载）。

4）复合受荷桩（竖向、水平荷载均较大）。

5.5.2.2　桩型选择

桩型的选择原则如下：

（1）荷载条件。荷载是选择桩型时首先要考虑的条件，荷载的大小、性质、作用方向和施加方式等都密切地关系着桩型的选择。例如对于要求单桩设计承载力为 2000kN 的情况，一般只有人工挖孔桩、钻孔扩底灌注桩、预应力管桩以及贝诺特灌注桩和内击扩底沉管灌注桩等几种桩型可以满足要求。

（2）地质条件与环境条件。地质条件是桩型选择要考虑的一个很重要的因素，桩型的选择要求所选定桩种在该地质条件下是安全的，能符合桩基设计对于桩承载力和沉降的要求。符合要求的桩型可能不只是一种，这就要加上其他条件的限制，例如，所选定桩型能够最大限度地发挥地基和桩身的潜在能力，在该地质与环境条件下是可以施工的，最后还要考虑施工质量是否保证和是否满足经济性等。此外，桩的破坏模式与地质条件有关，因而也影响桩型的选择。

环境条件对桩型选择也有一定的影响和约束，现场环境是否允许所选桩型的施工工艺顺利实施，桩基施工是否会对邻近建筑物导致不良环境效应以及这些效应是否为有关法规所容许，这些问题都必须要慎重考虑。例如通常涉及最多的问题是打入桩的振动与挤土影响以及噪声污染等。

（3）结构条件。结构条件也是选择桩型时要考虑的重要因素之一，建筑物的结构型式、底层柱距、高低层关系、结构刚度以及建筑物的使用性质等因素都可能影响桩型的选择。

（4）施工条件。上述几个条件是从桩型的先进性与合理性来考虑的，选型先进与合理固属必要，但还要考虑可行性，即在既定的地质条件和环境条件下，所选定的桩型是否能利用现有施工条件（设备与技术水平、工期等）达到设计要求以及现场环境是否允许该施工工艺顺利实施。此外，地基加固时施工的可用空间也常常是决定桩型的因素。

（5）经济条件。桩型的最后选定还要看技术经济效果，即考虑包括桩的荷载试验在内的总造价和整个工程的综合经济效益。为此，对所选桩型和设计方案进行全面的技术经济分析，并同时顾及环境效益和社会效益。

总之，桩型与工艺选择应根据建筑结构类型、荷载性质、桩的使用功能、穿越土层、桩端持力层土类、地下水位、施工设备、施工环境、施工经验、制桩材料供应条件等，选择经济合理、安全适用的桩型及成桩工艺，选择时可参考《建筑桩基技术规范》（JGJ 94—2008）附录 A。

5.5.2.3　桩的类型、截面和桩长选择

桩基础设计，就是要根据上部结构的情况（结构型式、平面布置、荷载大小、使用要求等）、地基土的勘察资料、材料供应情况及施工条件等，选择桩的类型、桩的形状及断面尺寸，并选择好桩基础持力层，以便确定桩的长度。

（1）桩的类型和截面。

1）预制钢筋混凝土桩。目前使用最广泛，包括实心方桩和钢筋混凝土空心管桩，根据需要还可制成预应力方桩或空心管桩。预制方桩截面边长一般为 250～550mm。工厂预

制桩由于受运输条件限制，分段长度一般不超过 13.5m，且视打桩机的可打高度而定；钢筋混凝土空心管桩外径一般为 400mm 和 550mm，管壁厚 80～100mm，每节长度 8～10m，可用法兰盘和螺栓连接。当上部荷载较大而集中、需采用超长桩时，往往桩身结构强度成为控制因素，此时采用预应力桩较为合适。

2）灌注桩。在密集建筑群中采用灌注桩可以避免打桩产生的噪声、振动和挤土对周围环境产生影响等问题。根据地质环境条件和施工方法的不同，灌注桩可分为钻孔灌注桩、沉管灌注桩和挖孔灌注桩。大直径的钻孔灌注桩能满足抗水平荷载的要求，人工挖孔灌注桩在某些大型施工机械难以展开的场地往往应用较多。由于成孔、护壁和清浆等施工环节容易产生问题，为保证灌注桩混凝土的施工质量而进行的检验工作量较大。另外灌注桩现场施工周期较长。

3）钢桩。按截面形状可分为钢管桩和 H 形钢桩，钢管桩具有强度高、裁接方便、容易灌入、而且开口钢管桩还有挤土量小的优点，桩管直径（mm）有 400，600，900，1200 等系列。常用 H 形钢桩截面尺寸（mm×mm）为 200×200，350×250，300×300，350×350，400×400 等。因钢桩价格昂贵，故在一般情况下不宜采用，在特别重大的工程中可根据综合因素进行计算对比分析考虑使用。

（2）桩长选择。选择桩基持力层时除满足前述设计要求外，尚应注意以下几点：

1）应使同一承台的桩打至同一土层中，且桩端标高相差不宜太大。同一承台上，应避免一部分桩端进入硬土层，而另一部分桩端置于软弱土层上。

2）各个桩的沉桩贯入度不宜相差过大。

5.5.3 桩的承载力计算

5.5.3.1 竖向承载力计算

（1）单桩竖向承载力特征值为

$$R_a = \frac{1}{K} Q_{uk} \qquad (5-39)$$

式中 Q_{uk}——单桩竖向极限承载力标准值；

  K——安全系数，取 $K = 2$。

（2）设计采用的单桩竖向极限承载力标准值规定如下：

1）1 级桩基础，应通过单桩静载试验确定。

2）2 级桩基础，应通过单桩静载试验确定，仅当地质条件简单时，可参照地质条件相同的试桩资料，结合静力触探等原位测试和经验参数综合确定。

3）3 级桩基础，可根据原位测试和经验参数综合确定。

（3）单桩竖向极限承载力标准值、极限侧阻力标准值和极限端阻力标准值的确定应符合下列规定：

1）单桩竖向静载试验按《建筑基桩检测技术规范》（JGJ 106—2014）执行。

2）对于大直径端承型桩，也可通过深层平板（平板直径应与孔径一致）荷载试验确定极限端阻力。

3）对于嵌岩桩，也可通过岩基平板（直径 0.3m）荷载试验确定极限端阻力标准值，通过嵌岩短墩（直径 0.3m）确定极限侧阻力标准值和极限端阻力标准值。

4）桩的极限侧阻力标准值和极限端阻力标准值宜通过埋设桩身轴力测试元件静载试验确定，可通过测试结果建立极限侧阻力标准值和极限端阻力标准值与土层物理指标、岩石饱和单轴抗压强度以及静力触探等土的原位测试指标间的经验关系。

（4）当根据土的物理指标与承载力参数之间的经验关系确定基桩抗压极限承载力标准值时，其估算公式为

$$Q_{uk} = Q_{sk} + Q_{pk} = u \sum q_{sik} l_i + q_{pk} A_p \tag{5-40}$$

式中　Q_{sk}、Q_{pk}——总极限侧阻力标准值和总极限端阻力标准值；

　　　　u——桩身周长；

　　　　q_{sik}——桩侧第 i 层土的极限侧阻力标准值，如无当地经验值时，可查表 5-9；

　　　　l_i——桩穿越第 i 层土的厚度；

　　　　q_{pk}——极限端阻力标准值，如无当地经验值时，可查表 5-10；

　　　　A_p——桩端面积。

（5）基桩承载力荷载标准组合计算应满足：

1）轴心竖向力

$$N_{ik} \leqslant Ra \tag{5-41}$$

2）偏心竖向力

$$N_{ikmax} \leqslant 1.2Ra \tag{5-42}$$

式中　N_{ik}——荷载标准组合下第 i 基桩的竖向压力（或拉力）；

　　　　N_{ikmax}——荷载效应标准组合偏心竖向力作用下桩顶最大竖向力。

表 5-9　桩的极限侧阻力标准值 q_{sik}　　　　　　　　　　　单位：kPa

土的名称	土 的 状 态		桩　型		
			混凝土预制桩	泥浆护壁钻（冲）孔桩	干作业钻孔桩
填土	—		22～30	20～28	20～28
淤泥	—		14～20	12～18	12～18
淤泥质土	—		22～30	20～28	20～28
黏性土	流塑	$I_L > 1$	24～40	21～38	21～38
	软塑	$0.75 < I_L \leqslant 1$	40～55	38～53	38～53
	可塑	$0.50 < I_L \leqslant 0.75$	55～70	53～68	53～66
	硬可塑	$0.25 < I_L \leqslant 0.50$	70～86	68～84	66～82
	硬塑	$0 < I_L \leqslant 0.25$	86～98	84～96	82～94
	坚硬	$I_L \leqslant 0$	98～105	96～102	94～104
红黏土	$0.7 < \alpha_w \leqslant 1$		13～32	12～30	12～30
	$0.5 < \alpha_w \leqslant 0.7$		32～74	30～70	30～70

土的名称	土 的 状 态		桩 型		
			混凝土预制桩	泥浆护壁钻（冲）孔桩	干作业钻孔桩
粉土	稍密	$e>0.9$	26~46	24~42	24~42
	中密	$0.75\leq e\leq 0.9$	46~66	42~62	42~62
	密实	$e<0.75$	66~88	62~82	62~82
粉细砂	稍密	$10<N\leq 15$	24~48	22~46	22~46
	中密	$15<N\leq 30$	48~66	46~64	46~64
	密实	$N>30$	66~88	64~86	64~86
中砂	中密	$15<N\leq 30$	54~74	53~72	53~72
	密实	$N>30$	74~95	72~94	72~94
粗砂	中密	$15<N\leq 30$	74~95	74~95	76~98
	密实	$N>30$	95~116	95~116	98~150
砾砂	稍密	$5<N_{63.5}\leq 15$	70~110	50~90	60~100
	中密（密实）	$N_{63.5}>15$	116~138	116~130	112~130
圆砾、角砾	中密、密实	$N_{63.5}>10$	160~200	135~150	135~150
碎石、卵石	中密、密实	$N_{63.5}>10$	200~300	140~170	150~170
全风化软质岩	—	$30<N\leq 50$	100~120	80~100	80~100
全风化硬质岩	—	$30<N\leq 50$	140~160	120~140	120~150
强风化软质岩	—	$N_{63.5}>10$	160~240	140~200	140~220
强风化硬质岩	—	$N_{63.5}>10$	220~300	160~240	160~260

注: 1. 对于尚未完成自重固结的填土和以生活垃圾为主的杂填土，不计算其侧阻力。

2. I_L 为土的液性指标；a_w 为含水比，$a_w=w/w_t$，其中 w 为土的天然含水量，w_t 为土的液限；e 为孔隙比；N 为标准贯入击数；$N_{63.5}$ 为重型圆锥动力触探击数。

3. 全风化、强风化软质岩和全风化、强风化硬质岩指其母岩分别为 $f_{rk}\leq 15MPa$、$f_{rk}>30MPa$ 的岩石，f_{rk} 为饱和单轴抗压强度。

表5-10 桩的极限端阻力标准值 q_{pk}　　　　　　　　单位：kPa

土名称	土的状态		不同桩型桩长										
			混凝土预制桩桩长 l/m				泥浆护壁钻（冲）孔桩桩长 l/m				干作业钻孔桩桩长 l/m		
			$l\leq 9$	$9<l\leq 16$	$16<l\leq 30$	$l>30$	$5\leq l<10$	$10\leq l<15$	$15\leq l<30$	$30\leq l$	$5\leq l<10$	$10\leq l<15$	$15\leq l$
黏性土	软塑	$0.75<I_L\leq 1$	210~850	650~1400	1200~1800	1300~1900	150~250	250~300	300~450	300~450	200~400	400~700	700~950
	可塑	$0.50<I_L\leq 0.75$	850~1700	1400~2200	1900~2800	2300~3600	350~450	450~600	600~750	750~800	500~700	800~1100	1000~1600
	硬可塑	$0.25<I_L\leq 0.50$	1500~2300	2300~3300	2700~3600	3600~4400	800~900	900~1000	1000~1200	1200~1400	850~1100	1500~1700	1700~1900
	硬塑	$0<I_L\leq 0.25$	2500~3800	3800~5500	5500~6000	6000~6800	1100~1200	1200~1400	1400~1600	1600~1800	1600~1800	2200~2400	2600~2800

土名称	土的状态		混凝土预制桩桩长 l/m				泥浆护壁钻（冲）孔桩桩长 l/m				干作业钻孔桩桩长 l/m		
			$l\leqslant9$	$9<l\leqslant16$	$16<l\leqslant30$	$l>30$	$5\leqslant l<10$	$10\leqslant l<15$	$15\leqslant l<30$	$30\leqslant l$	$5\leqslant l<10$	$10\leqslant l<15$	$15\leqslant l$
粉土	中密	$0.75\leqslant e\leqslant0.9$	950～1700	1400～2100	1900～2700	2500～3400	300～500	500～650	650～750	750～850	800～1200	1200～1400	1400～1600
	密实	$e<0.75$	1500～2500	2100～3000	2700～3600	3600～4400	650～900	750～950	900～1100	1100～1200	1200～1700	1400～1900	1600～2100
粉砂	稍密	$10<N\leqslant15$	1000～1600	1500～2300	1900～2700	2100～3000	350～500	450～600	600～700	650～750	500～950	1300～1600	1500～1700
	中密、密实	$N>15$	1400～2200	2100～3000	3000～4500	3800～5500	600～750	750～900	900～1100	1100～1200	900～1000	1700～1900	1700～1900
细砂	中密、密实	$N>15$	2500～4000	3600～5000	4400～6000	5300～7000	650～850	900～1200	1200～1500	1500～1800	1200～1600	2000～2400	2400～2700
中砂			4000～6000	5500～7000	6500～8000	7500～9000	850～1050	1100～1500	1500～1900	1900～2100	1800～2400	2800～3800	3600～4400
粗砂			5700～7500	7500～8500	8500～10000	9500～11000	1500～1800	2100～2400	2400～2600	2600～2800	2900～3600	4000～4600	4600～5200
砾砂	中密、密实	$N>15$	6000～9500		9000～10500		1400～2000		2000～3200		3500～5000		
角砾、圆砾		$N_{63.5}>10$	7000～10000		9500～11500		1800～2200		2200～3600		4000～5500		
碎石、卵石		$N_{63.5}>10$	8000～11000		10500～13000		2000～3000		3000～4000		4500～6500		
全风化软质岩		$30<N\leqslant50$	4000～6000				1000～1600				1200～2000		
全风化硬质岩		$30<N\leqslant50$	5000～8000				1200～2000				1400～2400		
强风化软质岩		$N_{63.5}>10$	6000～9000				1400～2200				1600～2600		
强风化硬质岩		$N_{63.5}>10$	7000～11000				1800～2800				2000～3000		

注：1. 砂土和碎石类土中桩的极限端阻力取值。宜综合考虑土的密实度，桩端进入持力层的深径比 h_r/d，土愈密实，h_r/d 愈大，取值愈高。

2. 预制桩的岩石极限端阻力指桩端支承于中、微风化基岩表面或进入强风化岩、软质岩一定深度条件下极限端阻力。

3. 全风化、强风化软质岩和全风化、强风化硬质岩指其母岩分别为 $f_{rk}\leqslant15MPa$、$f_{rk}>30MPa$ 的岩石。

5.5.3.2　水平承载力及荷载效应计算

桩基础在风荷载、地震荷载、土压力以及上部结构传来的水平力作用下将产生水平荷载。风力发电机组塔架基础上的水平力往往较大，甚至是主要的外荷载。

在水平荷载作用下，桩身挠曲并挤压桩侧土，同时桩侧土方对桩产生水平力。随着水平力的加大，桩的水平位移和挠度相应增大，最终桩身产生裂缝、断裂，直至土体塑性隆起，桩的水平位移值大大超过允许值，桩基达破坏状态。桩截面尺寸、刚度、材料强度，嵌固程度，土的特性，桩入土深度及桩的间距等都是桩的水平承载力的影响因素。

（1）单桩水平承载力特征值的现场试验测定根据《风电机组地基基础设计规定（试行）》（FD 003—2007）和《建筑桩基技术规范》（JGJ 94—2008）进行。

1）对于受水平荷载较大的 1 级和 2 级桩基础，单桩的水平承载力特征值应通过单桩水平静载试验确定，试验方法可按《建筑基桩检测技术规范》（JGJ 106—2014）执行。

2）对于钢筋混凝土预制桩、桩身全截面配筋率不小于 0.65% 的灌注桩，可根据静载试验结果取地面处水平位移为 10mm（对于水平位移敏感的建筑物取水平位移 6mm）所对应的 75% 为单桩水平承载力特征值。

3）对于桩身配筋率小于 0.65% 的灌注桩，可取单桩水平静载试验的临界荷载的 75% 为单桩水平承载力特征值。

（2）单桩水平力作用下的荷载效应（桩顶所受水平力及桩身最大弯矩值的计算）。

本节仅介绍《建筑桩基技术规范》（JGJ 94—2008）推荐的 M 法，即假定地基侧向基床（抗力）系数 k_x，随深度 z 成正比增大。

1）单桩在桩顶水平力 H_0、弯矩 M_0 和地基水平抗力 P_x 作用下产生挠曲。

定义桩的水平变形系数为

$$\alpha = \sqrt[5]{\frac{mb_0}{EI}} \qquad (5-43)$$

式中　α——桩的水平变形系数；

EI——桩身抗弯刚度，对于钢筋混凝土桩，$EI = 0.85E_0I_0$，其中 I_0 为桩身换算截面惯性矩，E_0 为混凝土弹性模量；

b_0——桩身的计算宽度，对圆形桩，当直径 $d \leqslant 1\text{m}$ 时，$b_0 = 0.9(1.5d + 0.5)$，当直径 $d > 1\text{m}$ 时，$b_0 = 0.9(d + 1)$；

m——桩侧土水平抗力系数的比例系数，可用实验测出，如无实验资料，可根据岩土类别、桩的种类由表 5-11 查出。

表 5-11　地基土水平抗力系数的比例系数 m 值

序号	地基土类别	预制桩		灌注桩	
		m /(MN·m⁻⁴)	相应单桩在地面处水平位移/mm	m /(MN·m⁻⁴)	相应单桩在地面处水平位移/mm
1	淤泥、淤泥质土，饱和湿陷性黄土	2~4.5	10	2.5~6	6~12
2	流塑（$I_L > 1$）、软塑（$0.75 < I_L \leqslant 1$）状黏性土，$e > 0.9$ 粉土，松散粉细砂，松散、稍密填土	4.5~6.0	10	6~14	4~8
3	可塑（$0.25 < I_L \leqslant 0.75$）状黏性土，$e = 0.75 \sim 0.9$ 粉土，湿陷性黄土，中密填土、稍密细砂	6.0~10	10	14~35	3~6

续表

序号	地 基 土 类 别	预制桩		灌注桩	
		m /(MN·m⁻⁴)	相应单桩在地面处水平位移/mm	m /(MN·m⁻⁴)	相应单桩在地面处水平位移/mm
4	硬塑（$0<I_L<0.25$）坚硬（$I_L≤0$）状黏性土，湿陷性黄土，$e<0.75$ 粉土，中密的中粗砂，密实老填土	10～22	10	35～100	2～5
5	中密、密实的砾砂、碎石类土	—	—	100～300	1.5～3

注：1. 当桩顶水平位移大于表列数值或灌注桩配筋率较高（≥0.65%）时，m 值应适当降低；当预制桩的水平向位移小于 10mm 时，m 值可适当提高。

2. 当水平荷载为长期或经常出现的荷载时，应将表列数值乘以 0.4 降低采用。

3. 当地基为可液化土层时，应按《建筑桩基技术规范》（JGJ 94—2008）规定执行。

对于 $\alpha l≥4$ 的桩（l 为桩长），桩底边界条件对桩的受力变形影响很小，各种类型的桩（摩擦桩、端承桩）可统一用以下公式计算桩身在承台以下任一深度处的内力和位移：

$$\left.\begin{aligned}
x_z &= \frac{H_0}{\alpha^3 EI}A_x + \frac{M_0}{\alpha^2 EI}B_x \\
\varphi_z &= \frac{H_0}{\alpha^2 EI}A_\varphi + \frac{M_0}{\alpha EI}B_\varphi \\
M_z &= \frac{H_0}{\alpha}A_m + M_0 B_m \\
H_z &= H_0 A_Q + \alpha M_0 B_Q
\end{aligned}\right\} \qquad (5-44)$$

式中　A_x、B_x、A_φ、B_φ、A_m、B_m、A_Q、B_Q——无量纲系数，与桩的入土深度和桩身计算截面深度 z 有关，均为 αl 和 αz，可由表 5-12 查出，表中 $\bar{h}=\alpha z$ 为换算系数。

表 5-12　系数 A_x、B_x、A_φ、B_φ、A_m、B_m、A_Q、B_Q 数值

$\bar{h}=\alpha z$	A_x	B_x	A_φ	B_φ	A_m	B_m	A_Q	B_Q
0.0	2.4407	1.6210	1.000	0.0000	0.0000	1.0000	−1.6210	−1.7510
0.1	2.2787	1.4509	0.9883	−0.0075	0.0996	0.9997	−1.6160	−1.6510
0.2	2.1187	1.2909	0.9555	−0.0280	0.1970	0.9981	−1.6010	−1.5510
0.3	1.9588	1.1408	0.9047	−0.0582	0.2901	0.9938	−1.5770	−1.4510
0.4	1.8027	1.0006	0.8390	−0.0955	0.3774	0.9862	−1.5430	−1.3520
0.5	1.6504	0.8704	0.7615	−0.1375	0.4575	0.9746	−1.5020	−1.2540
0.6	1.5027	0.7498	0.6749	−0.1819	0.5294	0.9586	−1.4520	−1.1570
0.7	1.3602	0.6389	0.5820	−0.2296	0.5923	0.9382	−1.3960	−1.0620
0.8	1.2237	0.5373	0.4852	−0.2709	0.6456	0.9132	−1.3340	−0.9700
0.9	1.0936	0.4448	0.3869	−0.3215	0.6893	0.8841	−1.2670	−0.8800
1.0	0.9704	0.3612	0.2890	−0.3506	0.7231	0.8509	−1.1960	−0.7930
1.2	0.7459	0.2191	0.1015	−0.4134	0.7618	0.7742	−1.0420	−0.6300

续表

$\bar{h}=\alpha z$	A_x	B_x	A_φ	B_φ	A_m	B_m	A_Q	B_Q
1.4	0.5518	0.1079	−0.0659	−0.4549	0.7650	0.6869	−0.8940	−0.4840
1.6	0.3881	0.0242	−0.2056	−0.4738	0.7373	0.5937	−0.7430	−0.3560
1.8	0.2593	−0.0357	−0.3135	−0.4710	0.6849	0.4989	−0.6010	−0.2470
2.0	0.1470	−0.0757	−0.3884	−0.4491	0.6141	0.4066	−0.4710	−0.1560
3.0	−0.0874	−0.0947	−0.3607	−0.1905	0.1931	0.0760	−0.0700	0.0630
4.0	−0.1079	−0.0149	0.0000	−0.0005	0.0001	0.0001	−0.0030	0.0850

图 5-21 为单桩在水平力作用下的挠度 x、弯矩 M、剪力 H 和水平抗力 P 的分布曲线图。

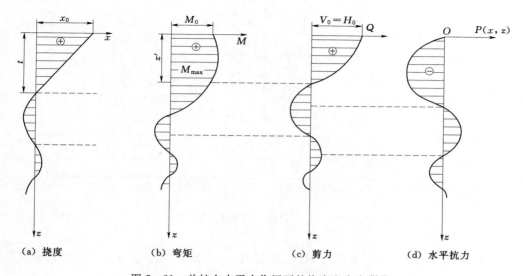

图 5-21　单桩在水平力作用下的挠度和内力曲线

2）桩身最大弯矩及其位置。设计时最关心的是桩身最大弯矩值及其所在位置，以便据此确定桩身截面配筋。

桩身最大弯矩为

$$M_{\max}=C_{II}M_0 \tag{5-45}$$

桩身最大弯矩位置为

$$z'=\frac{\bar{h}}{\alpha} \tag{5-46}$$

设

$$C_{I}=\alpha\frac{M_{i0}}{H_{i0}} \tag{5-47}$$

式中　z'——桩身最大弯矩位置；

M_{i0}、H_{i0}——第 i 排桩桩顶所受弯矩及水平力。

由式（5-47）算出 C_I 后，可根据表 5-13 查出 C_{II} 和相应 $\bar{h}$，再由式（5-46）算出桩身最大弯矩位置 z'，由式（5-45）算出桩身最大弯矩 $M_{\max}$。

表 5 - 13　系 数 $C_{\rm I}$、$C_{\rm II}$

$\bar{h}$	$C_{\rm I}$	$C_{\rm II}$	$\bar{h}$	$C_{\rm I}$	$C_{\rm II}$
0.0	∞	1.00	1.7	-0.555	-0.740
0.1	131.252	1.001	1.8	-0.665	-0.530
0.2	34.186	1.004	1.9	-0.768	-0.396
0.3	15.544	1.012	2.0	-0.865	-0.304
0.4	8.781	1.029	2.1		
0.5	5.530	1.057	2.2	-1.048	-0.187
0.6	3.710	1.101	2.3		
0.7	2.566	1.169	2.4	-1.230	-0.118
0.8	1.791	1.274	2.5		
0.9	1.238	1.441	2.6	-1.420	-0.074
1.0	0.824	1.728	2.7		
1.1	0.503	2.299	2.8	-1.635	-0.045
1.2	0.246	3.876	2.9		
1.3	0.034	23.438	3.0	-1.893	-0.026
1.4	-0.145	-4.596	3.5	-2.994	-0.003
1.5	-0.299	-1.876	4.9	-0.045	-0.011
1.6	-0.434	-1.128			

注： 1. 本表是按桩长 $l=4.0/\alpha$ 的情况编制的，如桩长 $l<4.0/\alpha$ 应视为刚性桩，当 $l>4.0/\alpha$ 时，为长桩，可按本表计算。

2. 桩顶刚接于承台的桩，桩长在 $l=4.0/\alpha$ 以下深度桩身的弯矩 M、剪力 Q 实际上很小，可忽略不计，只需配置构造钢筋即可。

3）桩顶所受弯矩 M_{i0}、水平力 H_{i0}、垂直力 F_{i0} 的确定。F_{i0}、M_{i0}、H_{i0} 的确定视桩的受力情况分为以下两种处理方式：

a. 垂直于水平力作用平面的单排桩，设其单排桩桩数为 n，且按对称于水平力作用平面布置，每根桩顶荷载均为

$$\left.\begin{array}{l} F_{i0}=\dfrac{F_{\rm k}}{n} \\[2mm] H_{i0}=\dfrac{H_{\rm k}}{n} \\[2mm] M_{i0}=\dfrac{M_{\rm k}}{n} \end{array}\right\} \tag{5-48}$$

b. 位于水平力作用平面内的单排桩或多排桩，其单桩的桩顶荷载，可根据桩顶与承台的连接条件视为刚接或铰接，通常均做成刚接，承台刚度很大，且桩身受力筋伸入承台 $(30\sim40)\,d$ 以上（d 为钢筋直径）。

此种情况桩属于超静定结构，一般将外力作用平面内的桩作为一平面框架，用结构位移法解出各桩顶上的作用力 F_{i0}、H_{i0}、M_{i0}，由此即可应用式（5-44）单桩计算公式来进行桩的承载力、强度与位移验算，并验算单桩水平承载力。

（3）当缺少荷载试验资料时，单桩水平承载力特征值 R_{ha} 根据《建筑桩基技术规范》（JGJ 94—2008）和《风电机组地基基础设计规定（试行）》（FD 003—2007）确定。

1）配筋率小于 0.65% 的灌注桩的单桩水平承载力特征值按式（5-49）计算（对于混凝土护壁的挖孔桩，其设计直径取护臂内径），此计算式是假定桩顶弯矩为 0，桩身最大弯矩等于桩身抵抗弯矩时导出的。

$$R_{ha}=\frac{0.75\alpha\gamma_{m}f_{t}W_{0}}{\nu_{m}}(1.25+22\rho_{g})\left(1\pm\frac{\xi_{N}N_{ik}}{\gamma_{m}f_{t}A_{n}}\right) \qquad (5-49)$$

其中

$$A_{n}=\frac{\pi d^{2}}{4}[1+(\alpha_{E}-1)\rho_{g}]$$

式中　$\pm$——根据桩顶竖向力性质确定，压力取"+"，拉力取"-"；

　　　α——桩的水平变形系数；

　　　γ_{m}——桩截面模量塑性系数，圆形截面 $\gamma_{m}=2$；

　　　f_{t}——桩身混凝土抗拉强度设计值；

　　W_{0}——桩身换算截面受拉边缘的截面模量，圆形截面为 $W_{0}=\frac{\pi d}{32}[d^{2}+2(\alpha_{E}-1)\cdot$

　　　　　$\rho_{g}d_{0}^{2}]$，其中 d 为桩直径，d_{0} 为扣除保护层的桩直径，α_{E} 为钢筋弹性模量与混凝土弹性模量的比值；

　　　ν_{m}——桩身最大弯矩系数，按表 5-14 取值；

　　　ρ_{g}——桩身配筋率；

　　　A_{n}——桩身换算截面积；

　　　ξ_{N}——桩顶竖向力影响系数，竖向压力取 0.5，竖向拉力取 1.0；

　　　N_{ik}——桩拔力。

表 5-14　桩顶（身）最大弯矩系数 ν_{m} 和桩顶水平位移系数 ν_{x} 表

桩顶约束情况	桩的换算埋深 αh	ν_{m}	ν_{x}
铰接、自由	4.0	0.768	2.441
	3.5	0.750	2.501
	3.0	0.703	2.727
	2.8	0.675	2.905
	2.6	0.639	3.163
	2.4	0.601	3.526
固接	4.0	0.926	0.940
	3.5	0.934	0.970
	3.0	0.967	1.028
	2.8	0.990	1.055
	2.6	1.018	1.079
	2.4	1.045	1.095

2）当桩的水平承载力由水平位移控制，且缺少单桩水平静载实验资料时，可按下式估算预制桩、桩身配筋率不小于 0.65% 的灌注桩单桩水平承载力特征值。

$$R_{ha} = 0.75 \frac{\alpha^3 EI}{\nu_x} x_{0a} \tag{5-50}$$

式中　EI——桩身抗弯刚度，对于钢筋混凝土桩，$EI = 0.85E_c I_0$，其中 I_0 为桩身换算截面惯性矩，圆形截面，$I_0 = W_0 d/2$；

x_{0a}——桩顶容许水平位移值，当以位移控制时，可取 $x_{0a} = 10\text{mm}$（对水平位移敏感的结构物取 $x_{0a} = 6\text{mm}$）；

ν_x——桩顶水平位移系数，按表 5-14 取值；

α——桩的水平变形系数。

3) 验算地震作用桩基的水平承载力时，应将上述方法确定的单桩水平承载力设计值乘以调整系数 1.25；验算永久荷载作用的桩基础水平承载力时，应将上述方法确定的单桩水平承载力设计值乘以调整系数 0.80。

4) 群桩基础（不含水平力垂直于单排桩基纵向轴线和力矩较大的情况）的基桩水平承载力特征值应考虑由承台、桩基、土相互作用产生的群桩效应，可按下式确定：

$$R_h = \eta_h R_{ha} \tag{5-51}$$

$$\eta_h = \eta_i \eta_r + \eta_l \tag{5-52}$$

$$\eta_i = \frac{\left(\dfrac{s_a}{d}\right)^{0.015n_2 + 0.45}}{0.15n_1 + 0.10n_2 + 1.9} \tag{5-53}$$

$$\eta_l = \frac{m x_{0a} B_c' h_c^2}{2 n_1 n_2 R_{ha}} \tag{5-54}$$

$$x_{0a} = \frac{R_{ha} \nu_x}{\alpha^3 EI} \tag{5-55}$$

式中　η_h——群桩效应综合系数；

η_i——桩的相互影响效应系数；

η_r——桩顶约束效应系数（桩顶嵌入承台长度 50～100mm 时），按表 5-16 取值；

η_l——承台侧向土抗力效应系数，承台侧面回填土为松散状态时取 $\eta_l = 0$；

s_a/d——沿水平荷载方向的距径比；

n_1、n_2——沿水平荷载方向与垂直于水平荷载方向每排桩中的桩数；

m——承台侧面土水平抗力系数的比例系数，当无试验资料时可按表 5-11 取值；

x_{0a}——桩顶（承台）的水平位移容许值，当以位移控制时，可取 $x_{0a} = 10\text{mm}$（对水平位移敏感的结构物取 $x_{0a} = 6\text{mm}$），当以桩身强度控制（低配筋率灌注桩）时，可近似按式（5-55）确定；

B_c'——承台受侧向土抗力一边的计算宽度，$B_c' = B_c + 1$，B_c 为承台宽度；

h_c——承台高度。

表 5-15　桩顶约束效应系数 η_r 表

换算深度	2.4	2.6	2.8	3.0	3.5	≥4.0
位移控制	2.58	2.34	2.20	2.13	2.07	2.05
强度控制	1.44	1.57	1.71	1.82	2.00	2.07

5.5.4 软卧层承载力、抗拔承载力计算

5.5.4.1 软弱下卧层的承载力

对于桩距不超过 $6d$ 的群桩基础，桩端持力层下存在承载力低于桩端持力层 1/3 的软弱下卧层时，软弱下卧层的承载力（图 5-22）计算式为

$$\sigma_z + \gamma_m(l+t) \leq f_{az} \qquad (5-56)$$

$$\sigma_z = \frac{(N_k + G_k) - 2(A_0 + B_0)\sum q_{sik}l_i}{(A_0 + 2t\tan\theta)(B_0 + 2t\tan\theta)}$$

$$(5-57)$$

式中　σ_z——作用于软弱下卧层顶面的附加应力；

γ_m——软弱层顶面以上各土层重度（地下水位以下取浮重度）的厚度加权平均值；

t——硬持力层厚度；

f_{az}——软弱下卧层经深度修正的地基极限承载力特征值，深度修正系数取 1.0；

A_0、B_0——桩群外缘矩形面积的长、短边长；

θ——桩端硬持力层压力扩散角，按表 5-16 取值。

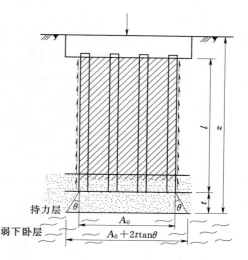

图 5-22　软弱下卧层承载力验算

表 5-16　桩端硬持力层压力扩散角 θ　　单位：（°）

E_{s1}/E_{s2}	$t=0.25B_0$	$t \geq 0.50B_0$
1	4	12
3	6	23
5	10	25
10	20	30

注：1. E_{s1}、E_{s2} 为硬持力层、软弱下卧层的压缩模量；

　　2. 当 $t < 0.25B_0$ 时，θ 降低取值；当 t 介于 $0.25B_0$ 和 $0.50B_0$ 之间时，可内插取值。

5.5.4.2 抗拔承载力

群桩基础及其基桩的抗拔极限承载力确定方法如下：

（1）对于 1 级和 2 级桩基础，基桩的抗拔极限承载力应通过现场单桩上拔静荷载试验确定。单桩上拔静荷载试验及抗拔极限承载力标准值取值可按《建筑基桩检测技术规范》（JGJ 106—2014）执行；对于群桩的抗拔极限承载力应按以下规定验算。

（2）对于 3 级桩基础，如无当地经验时，群桩基础及基桩的抗拔极限承载力取值按下式计算。

1）群桩呈非整体破坏时，基桩的抗拔极限承载力标准值为

$$T_{uk} = \sum \lambda_i q_{sik} u_i l_i \tag{5-58}$$

式中　u_i——桩身周长，对于等直径桩取 $u = \pi d$；对于扩底桩按表 5-18 取值；

　　　l_i——抗拔系数，按表 5-17 取值。

　　2）群桩呈整体破坏时，基桩的抗拔极限承载力标准值为

$$T_{gk} = \frac{1}{n} u_1 \sum \lambda_i q_{sik} l_i \tag{5-59}$$

式中　u_1——桩群外围周长。

表 5-17　抗 拔 系 数 l_i

土　类	l_i 值
砂土	0.50～0.70
黏性土、粉土	0.70～0.80

注：桩长 l 与桩径 d 之比小于 20 时，l_i 取小值。

　　承受拔力的桩基础，应同时验算群桩基础呈整体破坏和呈非整体破坏时基桩抗拔承载力，计算应符合下列极限状态计算式。

$$N_{ik} \leqslant \frac{T_{gk}}{2} + G_{gp} \tag{5-60}$$

$$N_{ik} \leqslant \frac{T_{uk}}{2} + G_p \tag{5-61}$$

式中　N_{ik}——荷载效应标准组合下，基桩拔力；

　　　G_{gp}——群桩基础所包围体积的桩土总自重除以总桩数，地下水位以下取浮重度；

　　　G_p——基桩自重，地下水位以下取浮重度，对于扩底桩应按表 5-18 确定桩、土柱体周长，计算桩、土桩自重。

表 5-18　扩底桩破坏表面周长 u_i

自桩底起算的长度 l_i	$\leqslant (4\sim10)d$	$> (4\sim10)d$
u_i	πD	πd

注：l_i 对于软土取低值，对于卵石、砾石取高值；l_i 取值按内摩擦角增大而增加。

5.5.5　桩基沉降计算

　　风力发电机组桩基变形可用沉降量和倾斜率表示。倾斜率指建筑物桩基础倾斜方向两端点的沉降差与其距离的比值。风力发电机组基础变形（沉降量）允许值见表 5-4。

　　对于桩中心距小于或等于 6 倍桩径的桩基，其最终沉降量计算可用单向压缩分层总和法。地基内的应力分布宜采用各向同性均质线性变形体理论，按实体深基础计算。

　　桩基最终计算沉降量计算公式为

$$S = \psi_p \sum_{j=1}^{m} \sum_{i=1}^{n} \frac{P_0}{E_{si}} (z_i \bar{\alpha}_i - z_{i-1} \bar{\alpha}_{i-1}) \tag{5-62}$$

式中　S——桩基最终计算沉降量，mm；

E_{si}——桩端平面下第 i 层土在自重应力至自重应力加附加应力作用段的压缩模量，MPa；

m——角点法计算点对应的荷载分块数；

n——桩端平面下，计算深度范围内所划分的土层数；

P_0——桩底平面处的附加压力，实体深基础的支承面积可按图 5-23 采用；

ψ_p——实体深基础桩基沉降经验系数，应根据地区桩基础沉降观测资料及经验统计确定，在不具备条件时，可按表 5-19 采用；

j——角点法计算时，桩端平面有效压力分块的第 j 块；

z_i、z_{i-1}——基础桩基底面至第 i 层土、第 $i-1$ 层土底面的距离，m；

α_i、α_{i-1}——桩基底面起算至第 i 层土、第 $i-1$ 层土底面范围内平均附加应力系数。

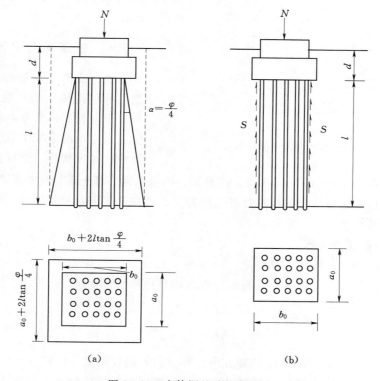

图 5-23 实体深基础的底面积

表 5-19 实体深基础桩基沉降经验系数 ψ_p

$\overline{E_s}/\mathrm{MPa}$	$\overline{E_s}<15$	$15\leqslant\overline{E_s}<30$	$30\leqslant\overline{E_s}<40$
ψ_p	0.5	$\leqslant 0.4$	$\leqslant 0.3$

地基桩基底变形计算深度 z_n，按应力比法确定，且 z_n 处的附加应力 σ_z 与土的自重应力 σ_c 符合以下要求：

$$\sigma_z \leqslant 0.2\sigma_c \tag{5-63}$$

$$\sigma_z = \sum_{j=1}^{m} \alpha_j p_0 \qquad (5-64)$$

式中　α_j——附加应力系数，j 为桩底平面处附加应力 P_0 分块数。

以下风力发电机组地基基础的桩基应进行沉降验算：

（1）Ⅰ级、Ⅱ级风力发电机组地基基础，均应进行地基变形计算。

（2）Ⅲ级风力发电机组基础，一般可不做变形计算，但如有下列情况之一时，仍应做变形验算：①地基承载力特征值小于 130kPa 或压缩模量小于 8MPa；②软土等特殊性岩土。

计算桩基沉降时，应考虑相邻基础的影响，并采用叠加原理进行计算。

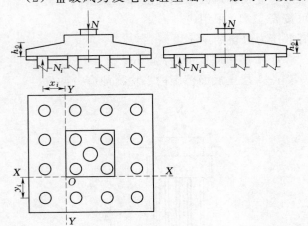

图 5-24　承台弯矩计算示意图

5.5.6　桩基承台设计

承台的作用是将各桩联成整体，把上部结构传来的荷载转换、调整、分配于各桩。风力发电机组桩基础承台应采用钢筋混凝土重力式。承台设计应按国家现行《混凝土结构设计规范》（GB 50010—2010）满足抗冲切、抗剪切、抗弯承载力和上部结构的要求。

承台设计包括选择承台的材料及其强度等级、选择几何形状及其尺寸、计算承台结构承载力，并使其构造满足一定的要求。

5.5.6.1　承台的抗弯验算

桩基承台配筋应按抗弯计算确定。

（1）多桩矩形承台弯矩计算。截面取在基础环边和承台变阶处（图 5-24）

$$M_X = \sum N_i y_i \qquad (5-65)$$

$$M_Y = \sum N_i x_i \qquad (5-66)$$

式中　M_X、M_Y——垂直 X 轴和 Y 轴方向计算截面处的弯矩设计值；

　　　x_i、y_i——垂直 X 轴和 Y 轴方向自桩轴线到相应计算截面的距离；

　　　N_i——荷载效应基本组合下，扣除承台和其上填土自重后的第 i 桩竖向力设计值。

（2）多桩圆形承台弯矩计算。如图 5-25 所示，可对基础圆盘形承台取多个断面进行弯矩计算，所取断面位置和个数应视圆盘内桩的布置而定。计算式及其说明同（1）。

5.5.6.2　承台的冲切验算

（1）冲切破坏锥体应采用自基础环边或台桩边缘至相应桩顶边缘边线所构成的截锥体，锥体斜面与承台底面的夹角不小于 45°，如图 5-26 所示。

（2）基础环对承台的冲切力计算为

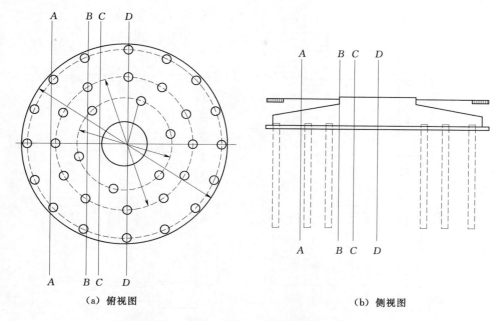

（a）俯视图 （b）侧视图

图 5-25 圆形风力发电机组基础弯矩计算简图

$$\gamma_0 F_i \leqslant 2[\beta_{0X}(b_c + a_{0Y}) + \beta_{0Y}(h_c + a_{0X})]\beta_{hp} f_t h_0$$

$$(5-67)$$

其中 $$F_i = N - \sum N_i$$

$$\beta_{0X} = 0.84/(\lambda_{0X} + 0.2) \qquad (5-68)$$

$$\beta_{0Y} = 0.84/(\lambda_{0Y} + 0.2) \qquad (5-69)$$

式中 F_i——荷载效应基本组合下，扣除承台及其上填土自重，作用在冲切破坏锥体上的冲切力设计值；

h_0——承台冲切破坏锥体的有效高度；

β_{hp}——承台受冲切承载力截面高度影响系数，当 $h_0 < 800\mathrm{mm}$ 时取 1.0，当 $h_0 > 2000\mathrm{mm}$ 时取 0.9，其间按线性内插值法取用；

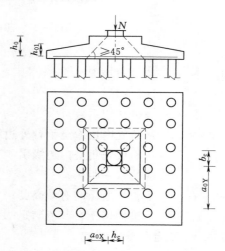

图 5-26 基础环对承台冲切计算示意图

β_{0X}、β_{0Y}——冲切系数；

λ_{0X}、λ_{0Y}——冲跨比，$\lambda_{0X} = a_{0X}/h_0$，$\lambda_{0Y} = a_{0Y}/h_0$；

a_{0X}、a_{0Y}——基础环或台桩边缘至桩边的水平距离，当 $a_{0X}(a_{0Y}) < 0.25h_0$ 时，$a_{0X}(a_{0Y}) = 0.25h_0$，$a_{0X}(a_{0Y}) > h_0$ 时，$a_{0X}(a_{0Y}) = h_0$；

N——荷载效应基本组合下，基础环根部轴力设计值。

（3）群桩矩形承台受角桩冲切的承载力应按下式计算（如图 5-27 所示）：

$$\gamma_0 N_t \leqslant [\beta_{1X}(c_2 + a_{1Y}/2) + \beta_{1Y}(c_1 + a_{1X})/2]\beta_{hp} f_t h_0 \qquad (5-70)$$

$$\beta_{1X} = 0.56/(\lambda_{1X} + 0.2) \qquad (5-71)$$

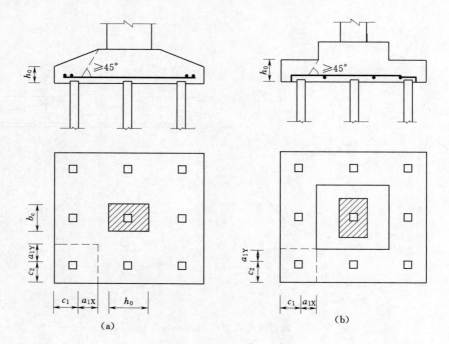

图 5-27　四柱以上承台角柱冲切验算

$$\beta_{1Y} = 0.56/(\lambda_{1Y} + 0.2) \tag{5-72}$$

式中　N_t——荷载效应基本组合下，扣除承台及其上填土自重后的角桩桩顶竖向力设计值；

β_{1X}、β_{1Y}——角桩冲切系数；

c_1、c_2——从角桩内边缘至承台外边缘的距离；

a_{1X}、a_{1Y}——从承台底角桩内边缘引 45° 冲切线与承台顶面或承台变阶处相交至角桩内边缘的水平距离；

h_0——承台外边缘的有效高度；

λ_{1X}、λ_{1Y}——角桩冲垮比，其值满足 0.25～1.0，$\lambda_{1X} = a_{1X}/h_0$，$\lambda_{1Y} = a_{1X}/h_0$。

5.5.6.3　承台的受剪验算

桩基础承台应对台柱边缘和桩边连线形成的斜截面进行受剪计算。

（1）剪切破坏面为通过柱边和桩边连线形成的斜截面。

（2）斜截面受剪计算如图 5-28 所示，受剪承载力的计算公式为

$$\gamma_0 V \leqslant \beta_{hs}\beta f_t b_0 h_0 \tag{5-73}$$

$$\beta = 1.75/(\lambda + 1.0) \tag{5-74}$$

$$b_0 = \left[1 - 0.5\frac{h_1}{h_0}\left(1 - \frac{b}{b_1}\right)\right]b_1 \tag{5-75}$$

式中　V——荷载效应基本组合下，扣除承台及其上填土自重后斜截面的最大剪力设计值；

β_{hs}——受剪截面承载力截面高度影响系数，当 $h_0 < 800\text{mm}$ 时取 $h_0 = 800\text{mm}$，当 $h_0 > 2000\text{mm}$ 时取 $h_0 = 2000\text{mm}$；

β——承台剪切系数；

b_0——承台计算截面处的计算宽度；

h_0——计算宽度处的承台有效高度；

λ——计算截面的剪跨比，$\lambda = a/h_0$，a 为基础环或台桩边缘处至计算一排桩的桩边的水平距离，当 $\lambda < 0.25$ 时取 $\lambda = 0.25$，当 $\lambda > 3.0$ 时取 $\lambda = 3.0$。

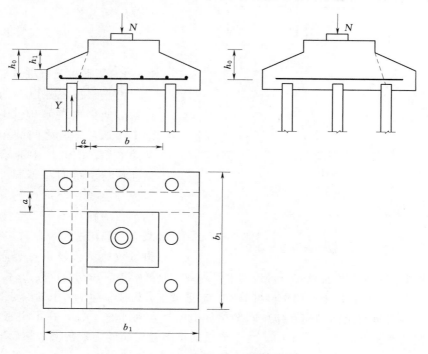

图 5-28 承台斜截面受剪计算

（3）当基础环边有多排桩形成多个剪切斜面时，对每一个斜截面都应进行受剪承载力计算。

（4）对于锥形承台应对 A—A 及 B—B 两个截面进行受剪承载力计算，如图 5-29 所示。

截面有效高度均为 h_0，截面的计算宽度分别为

A—A
$$b_{y0} = \left[1 - 0.5 \frac{h_1}{h_0} \left(1 - \frac{b_{y2}}{b_{y1}} \right) \right] b_{y1} \tag{5-76}$$

B—B
$$b_{x0} = \left[1 - 0.5 \frac{h_1}{h_0} \left(1 - \frac{b_{x2}}{b_{x1}} \right) \right] b_{x1} \tag{5-77}$$

5.5.6.4 承台的局部受压及抗震验算

（1）当承台混凝土强度等级低于桩的强度等级时，应按现行《混凝土结构设计规范》（GB 50010—2010）的规定验算承台的局部受压承载力。

（2）当进行承台抗震验算时，应根据现行《建筑抗震设计规范》（GB 50011—2010）的规定，对承台的受弯、受剪承载力进行抗震调整。

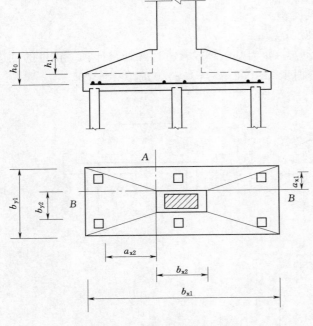

图 5-29　锥形承台受剪计算

5.5.7　桩基础的设计计算

实际工程中的桩基础，除了独立柱基础下大直径桩有时采用一柱一桩外，一般都是由多根桩组成，上部用承台连接。因而桩基础的设计中要综合考虑及验算其承载力和变形。

5.5.7.1　群桩及群桩效应

由三根或三根以上的桩组成的桩基础叫做群桩基础。由于桩、桩间土和承台三者之间的相互作用和共同工作，使群桩中的承载力和沉降性状与单桩明显不同。群桩基础受力（主要是竖向压力）后，其总的承载力往往不等于各个单桩的承载力之和，这种现象称为群桩效应。群桩效应不仅发生在竖向压力作用下，在受到水平力时，前排桩对后排桩的水平承载力有屏蔽效应；在受拉拔时，群桩可能发生整体拔出，……，以上都属于群桩效应。这里着重分析在竖向压力下的群桩效应问题。

首先，分析桩与土间的相互作用问题。如上所述，对于挤土桩，在不很密实的砂土、饱和度不高的粉土和一般黏性土中，由于成桩的挤土效应而使土被挤密，从而增加桩的侧阻力。而在饱和软黏土中沉入较多的挤土桩则会引起超静孔隙水压力，从而降低桩的承载力，且随着地基土的固结沉降还会发生负摩擦力。桩所承受的力最终将传递到地基土中。对于端承桩，桩上的力通过桩身直接传到桩端土层上，若该土层较坚硬，桩端承压的面积很小，各桩端的压力彼此间基本不会相互影响，如图 5-30（a）所示。在这种情况下，群桩的沉降量与单桩基本相同，因而群桩的承载力就等于各单桩承载力之和。摩擦型桩通过桩侧面的摩擦力将竖向力传到桩周土，然后再传到桩端土层上。一般认为桩侧摩擦力在土中引起的竖向附加应力按某一角度 θ 沿桩长向下扩散到桩端平面上，如图 5-30 中的阴影所示。当桩数少，并且桩距 S_a 较大时，例如 $S_a > 6d$（d 为桩径），桩端平面处各桩传来的附加压力互不重叠或重叠不多，如图 5-30（b）所示，这时群桩中各桩的工作状态类似于单桩。但当桩数较多，桩距较小时，例如常用的桩距 $S_a = (3 \sim 4)d$ 时，桩端处地基中各桩传来的压力就会相互叠加，如图 5-30（c）所示，使得桩端处压力要比单桩时数值增大，荷载作用面积加宽，影响深度更深。其结果一方面可能使桩端持力层总应力超过土层承载力；另一方面由于附加应力数值加大，范围加宽、加深，而使群桩基础的沉降大大高于单桩的沉降，特别是如果在桩端持力层之下存在着高压缩性土层的情况，如图 5-30（d）所示，则可能由于沉降控制而明显减小桩的承载力。对于端承摩擦桩，由于群桩摩擦力的扩散和相邻桩的端承压力，使每个桩端底面的外侧上附加应力增加，这相当于在计算桩端承力的公式中，增加了 q，从而会提高单桩的端承力。

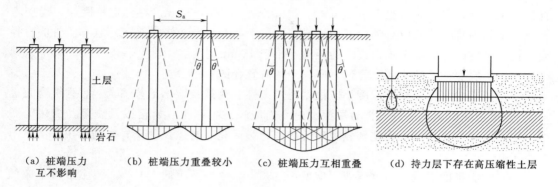

（a）桩端压力 互不影响	（b）桩端压力重叠较小	（c）桩端压力互相重叠	（d）持力层下存在高压缩性土层

图 5-30 群桩效应

其次，承台在群桩效应中也起重要的作用。承台与桩间土直接接触，在竖向压力作用下承台会发生向下的位移，桩间土表面承压，分担了作用于桩上的荷载，有时承受的荷载高达总荷载的三分之一，甚至更高的比例。只有在如下几种情况下，承台与土面可能分开或者不能紧密接触，导致分担荷载的作用不存在或者不可靠：①桩基础承受经常出现的动力作用；②承台下存在可能产生负摩擦力的土层，如湿陷性黄土、欠固结土、新近填土、高灵敏度黏土、可液化土；③在饱和软黏土中沉入密集的群桩，引起超静孔隙水压力和土体隆起，随后桩间土逐渐固结而下沉的情况；④桩周堆载或降水而可能使桩周地面与承台脱开等。不过在设计中出于安全考虑，一般不计承台下桩间土的承载作用。

第三，承台对于各桩的摩阻力和端承力也有影响。一方面，由于在承台底部，土、桩、承台三者有基本相同的位移，因而减少了桩与土间相对位移，使桩顶部位的桩侧阻力不能充分发挥出来。另一方面，承台底面向地面施加的竖向附加应力，又使桩的侧阻力和端阻力有所增加。由刚性承台连接群桩，可起调节各桩受力的作用。在中心荷载作用下尽管各桩顶的竖向位移基本相等，但各桩分担的竖向力并不相等，一般是角桩的受力分配大于边桩的，边桩的大于中心桩的，亦即是马鞍形分布。同时整体作用还会使质量好、刚度大的桩多受力，质量差、刚度小的桩少受力，最后使各桩共同工作，增加了桩基础的总体可靠度。

总之，群桩效应有些是有利的，有些是不利的，这与群桩基础的土层分布和各土层的性质、桩距、桩数、桩的长径比、桩长及承台宽度比、成桩工艺等诸多因素有关。用以度量群桩承载力因群桩效应而降低或提高的幅度的指标叫做群桩效应系数 η_p，具体表示为

$$\eta_p = \frac{\text{群桩基础承载力}}{\text{组成群桩基础的各单桩承载力之和}}$$

η_p 值受上述各因素影响，砂土、长桩、大间距情况下，η_p 值大一些。在《建筑桩基技术规范》（JGJ 94—2008）中有较为详细的规定，但在工程设计中通常取 $\eta_p = 1$。

5.5.7.2 桩基础构造

桩和桩基础的构造应符合下列规定：

（1）布置桩位时宜使桩的承载力合力点与竖向永久荷载合力点重合。

（2）摩擦型桩的中心距不宜小于桩身直径的 3 倍；扩底灌注桩的中心距不宜小于扩底直径的 1.5 倍，当扩底直径大于 2 m 时，桩端净距不宜小于 1m。在确定桩距时，尚应考虑施工工艺中挤土等效应对邻近桩的影响。边桩中心至承台边缘的距离不宜小于桩的直径或边长，且桩的外边缘至承台边缘的距离不小于 150mm。

（3）扩底灌注桩的扩底直径，不应大于桩身直径的 3 倍。

（4）桩底进入持力层的深度，应根据地质条件、荷载及施工工艺确定，宜为桩身直径的 1～3 倍。在确定桩底进入持力层深度时，尚应考虑特殊土、岩溶以及震陷、液化等影响。嵌岩灌注桩周边嵌入完整和较完整的新鲜、微风化、弱风化硬质岩体的最小深度，不宜小于 0.5m。

（5）预制桩的混凝土强度等级不应低于 C30，灌注桩不应低于 C25，预应力桩不应低于 C40。

（6）打入式预制桩的最小配筋率不宜小于 0.8%，静压预制桩的最小配筋率不宜小于 0.6%，灌注桩的最小配筋率不宜小于 0.2%～0.65%（小直径桩取大值）。

（7）配筋长度应符合下列规定：

1）受水平荷载和弯矩较大的桩，配筋长度应通过计算确定。

2）桩基承台下存在淤泥、淤泥质土或液化土层时，配筋长度应穿过淤泥、淤泥质土或液化土层。

3）8 度及 8 度以上地震区的桩、抗拔桩、嵌岩端承桩应通长配筋。

4）桩径大于 600mm 的钻孔灌注桩，构造钢筋的长度不宜小于桩长的 2/3。

（8）桩顶嵌入承台内的长度应不小于 70mm。主筋伸入承台内的锚固长度不宜小于钢筋直径（Ⅰ 级钢）的 30 倍和钢筋直径（Ⅱ 级钢和 Ⅲ 级钢）的 35 倍。

5.5.7.3　桩基础的设计步骤

（1）调查研究，收集设计资料。设计必需的资料包括：建筑物的有关资料、地质资料和周边环境、施工条件等资料。建筑物资料包括建筑物的形式、荷载及其性质、建筑物的安全等级、抗震设防烈度等。

由于桩基础可能涉及埋藏较深的持力层，设计前详细掌握建筑物场地的工程地质勘察资料十分重要。并且对于勘探孔的深度和间距有特殊的要求。

在设计中还需要相邻建筑物及周边环境的资料，包括相邻建筑物的安全等级、基础形式和埋置深度，周边建筑物对于防振或噪声的要求，排放泥浆和弃土的条件以及水、电、施工材料供应等。

（2）选定桩型、桩长和截面尺寸。在对以上收集的资料进行分析研究的基础上，针对土层分布情况，考虑施工条件、设备和技术等因素，决定采用端承桩还是摩擦桩，挤土桩还是非挤土桩，最终可通过综合经济技术比较确定。

由持力层的深度和荷载大小确定桩长、桩截面尺寸，同时进行初步设计与验算。桩身进入持力层的深度应考虑地质条件，荷载和施工工艺，一般为 1～3 倍桩径；对于嵌岩灌注桩，桩周嵌入完整和较完整的未风化、微风化、中风化硬质岩体的深度不宜小于 0.5m。当持力层以下存在软弱下卧层时，桩端以下硬持力层厚度不宜小于 $4d$。

（3）确定单桩承载力的特征值，确定桩数并进行桩的布置。确定单桩承载力的特征

值。然后根据基础的竖向荷载和承台及其上自重确定桩数，当中心荷载作用时，桩数 n 为

$$n \geqslant \frac{F_k + G_k}{R_a} \qquad (5-78)$$

式中　n——初估桩数，取整数；

　　　F_k——作用于桩基承台顶面的竖向力，kN；

　　　G_k——承台及其上土自重的标准值，kN；

　　　R_a——单桩竖向承载力特征值，kN。

当桩基础承受偏心竖向力时，按式（5-78）计算的桩数可以按偏心程度增加 10%～20%。

在初步确定了桩数之后，就可以布置桩并初步确定承台的形状和尺寸。

（4）桩基础的验算。在完成布桩之后，根据初步设计进行桩基础的验算。验算的内容包括桩基中单桩承载力的验算、桩基的沉降验算及其他方面的验算等。值得注意的是，其承载力、沉降和承台及桩身强度验算采用的荷载组合不同：当进行桩的承载力验算时，应采用正常使用极限状态下荷载效应的标准组合；进行桩基的沉降验算时，应采用正常使用极限状态下荷载效应的准永久组合；而在进行承台和桩身强度验算和配筋时，则采用承载能力极限状态下荷载效应的基本组合。

（5）承台和桩身的设计、计算。包括承台的尺寸、厚度和构造的设计，应满足抗冲切、抗弯、抗剪、抗裂等要求。而对于钢筋混凝土桩，要对于桩的配筋、构造和预制桩吊运中的内力、沉桩中的接头进行设计计算。对于受竖向压荷载的桩，一般按构造设计或采用定型产品。

总结以上的桩基础设计步骤，如图5-31所示。

5.5.8　桩基的施工

1. 静压法

静压法施工是通过静力压桩机以压桩机自重及桩架上的配重作反力将预制桩压入土中的一种沉桩工艺。静压法施工因具有无噪声、无振动、无冲击力等优点及适应绿色岩土工程的要求得以广泛应用。

静压法通常适用于中高压缩性黏性土层，在基岩地区或卵砾石分布地区适用性较差，因此，当桩以基岩、卵砾石为持力层或须穿透一定厚度的卵砾石、砂性土夹层时，必须根据桩机的压桩力与终压力及土层分布的形状、厚度、密度、桩型、桩的构造、强度、桩截面规格大小与布桩形式、地下水位高低以及终压前的稳压时间与稳压次数等综合考虑其适用性。

2. 灌注桩后注浆

灌注桩后注浆技术是土体加固技术与桩工技术的有机结合。它分为桩侧后注浆、桩端后注浆、桩底桩侧复

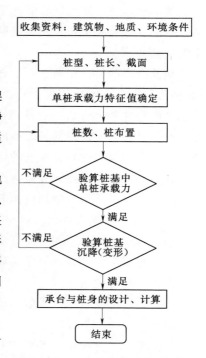

图5-31　桩基础设计步骤流程图

合后注浆三种。其要点是在桩身混凝土达到一定强度后，用注浆泵将水泥浆或水泥与其他材料的混合浆液，通过顶置于桩身中的管路压入桩周或桩端土层中。桩侧注浆会使桩土间界面的几何和力学条件得以改善，桩端注浆可使桩底沉渣、施工桩孔时桩端受到扰动的持力层得到有效的加固或压密，进而提高桩的承载能力。

3. 长螺旋钻孔压灌桩

长螺旋钻孔压灌桩成桩工艺适用于长度不超过 30m 的建筑桩基和基坑支护桩。它采用长螺旋钻机钻孔，至设计深度后在提钻同时通过钻杆中心导管灌注混凝土，混凝土灌注完成后，借助于插筋器和振动锤将钢筋笼插入混凝土桩中，完成桩的施工。成孔、成桩由一机一次完成任务。此施工方法不受地下水位的限制，适用于黏性土、粉土、素填土、中等密实以上的砂土。当需要穿越老黏土、厚层砂土、碎石土以及塑性指数大于 25 的黏土时，应进行试钻。

5.6　地　基　处　理

5.6.1　概述

地基处理指采取各种地基加固、补强等措施，改善地基土的工程性质、增加地基强度和稳定性以满足工程要求，这些措施统称地基处理。

1. 地基处理的对象与目的

地基处理的对象包括软弱地基和不良地基（特殊土地基）。软弱地基在地表下相当深度范围内存在软弱土，不良地基则包括黄土、膨胀土、红黏土、盐渍土、冻土等不良特殊土的地基。

地基处理的目的主要包括：改善抗剪特性，增加地基土的抗剪强度，防止侧向流动（塑性流动）产生的剪切变形；改善压缩特性，以便减少地基土的沉降；改善透水特性，采取措施使地基土变成不透水或减轻其水压力；改善动力特性，采取措施防止地基土液化，改善其振动特性以提高地基的抗震性能；改善特殊土的不良地基特性，主要是指消除或减少黄土的湿陷性和膨胀土的胀缩性等特殊土的不良地基的特性。

地基处理应做到技术先进、经济合理、安全适用和确保质量，同时应做到因地制宜、就地取材、保护环境和节约资源等要求。

2. 地基处理方案前期工作

（1）收集详细的工程地质、水文地质及地基基础设计资料等。

（2）根据工程的设计要求，确定地基处理的目的、处理范围和处理后要求达到的各项技术经济指标等。

（3）结合工程情况，了解本地区及其他地区相似场地上同类工程的地基处理经验和使用情况等。

（4）考虑上部结构、基础和地基的协同作用，决定选用地基处理方案或选用加强上部结构和处理地基相结合的方案。

3. 地基处理方法、步骤

（1）根据结构类型、荷载大小及使用要求，结合地形、地貌、地层、土质条件、地下水特征、周边环境和对邻近建筑物影响等因素，初步选定几种可能的地基处理方法。

（2）对初步选定的几种可能的地基处理方法进行技术经济分析和对比，选择最佳的地基处理方法，必要时也可综合采用两种或多种地基处理方法。

（3）对已选定的地基处理方法，按建筑物安全等级和场地的复杂程度，进行相应的现场试验和试验性施工与测试，如未达到设计要求，应采取措施或修改设计。

（4）施工结束后应按国家规定进行工程质量检验和验收。

（5）经地基处理的建筑应在施工期间进行水平位移、孔隙水压力观测；对于重要的或对沉降有严格限制的建筑，尚应在使用期间进行沉降观测。

4. 经处理后的地基承载力、地基变形验算及稳定性验算

（1）经处理后的地基，当按地基承载力确定基础底面积及埋深，而需要对现行规范确定的地基承载力特征值进行修正时，应符合下列规定：

1）基础宽度的地基承载力修正系数应取 0。

2）基础埋深的地基承载力修正系数应取 1.00。

（2）经处理后的地基，当在受力层范围内仍存在软弱下卧层时，尚应验算下卧层的地基承载力。对水泥土类桩复合地基尚应根据修正后的复合地基承载力特征值进行桩身强度验算。

（3）进行过地基处理的建筑物或构筑物，如系按地基变形要求设计或应做变形验算的，应对处理后的地基进行变形验算。

（4）建造在处理后的地基上的建筑物及构筑物，如受较大水平荷载或位于斜坡上，应进行地基稳定性验算。

（5）对于现行国家标准《建筑地基基础设计规范》（GB 50007—2011）的规定需要进行地基变形计算的建筑物或构筑物，经地基处理后，应进行沉降观测。直至沉降达到稳定为止。

5.6.2　软弱地基及其处理方法

1. 软弱地基的对象及特性

软弱地基是指主要由淤泥、淤泥质土、杂填土、冲填土或其他高压缩性土层构成的地基。通常也将泥炭、松散的粉细砂列入软弱地基范畴。这类土的工程特性为压缩性高、强度低，通常很难满足地基承载力和变形的要求。由于软弱土的物质组成、成因及存在环境（如水的影响）不同，不同的软弱地基其性质也不同。

（1）淤泥及淤泥质土。淤泥是黏性土的一种，它在静水或缓慢流水环境中沉积，并经生物化学作用形成，其自然含水量大于液限，天然孔隙比大于 1.5。当天然孔隙比小于 1.5 而不小于 1.0 时应为淤泥质土。在工程上，淤泥及淤泥质土统称为软土。

软土是第四纪后期形成的海相、三角洲相、湖相及河相的黏性土沉积物，有的是新近淤积物，其地质成因甚为复杂。软土的物理力学特征为：软土主要由黏粒及粉粒组成，常成絮状结构，并含有机质；其天然含水量大于液限，有的可达 200%；孔隙比大

且具有高压缩性，其压缩性随液限的增高而增高；强度低，其内摩擦角与加荷速度及排水条件密切相关；黏聚力不大；标贯值普遍很低，通常小于5；渗透性差，其渗透系数一般小于10^{-5}mm/s；软土具有显著的结构性，一旦受到扰动，土的强度显著降低；明显的流变性，在荷载作用下，不排水时，抗剪强度可逐渐衰减，排水时，当土中孔隙水压力完全消散后，基础还可能继续沉降，产生较大的次固结；软土构造比较复杂，土层各向异性。

总之，建筑在软土地基上建筑物沉降量大，沉降稳定时间长，如不认真对待，常会出现建筑物因差异沉降过大而开裂破坏，甚至出现土体整体滑动的现象。一般承受较大荷载的构筑物软土地基必须进行地基处理。

（2）杂填土。杂填土含建筑垃圾、工业废料和生活垃圾等。建筑垃圾由碎砖、瓦砾与黏性土等混合而成，有机质含量较少；工业废料有矿渣、炉渣（如钢渣）、煤渣和其他工业废料（如化学废料），有的对混凝土的侵蚀性大，有的孔隙率很大，搭空现象严重而不稳定；生活垃圾成分极为复杂，含大量有机质。杂填土的特性如下：

1）不均匀性。由于物质来源和组成成分的复杂性，杂填土性质很不均匀，密度变化大，呈现无规律性，这是杂填土主要特点和薄弱环节。

2）性质受填土龄期影响较大。龄期是影响杂填土性质的一个重要因素，一般来说龄期越长，则土层越密实、有机质含量相对较少，其承载力随龄期增长而变高。新近填筑的杂填土处于欠压密状态，因而具有较高的压缩性。

3）杂填土遇水后往往会产生湿陷和潜蚀。

（3）冲填土。冲填土是用挖泥船或泥浆泵将泥沙夹带大量水分排放到江河两岸而形成的冲积土层。由于水力的分选性，在冲填的入口处，土颗粒较粗，而远离出口处则逐渐变细。有时在冲填过程中，泥沙来源有变化，造成冲填土在纵横方向的不均匀性。若冲填物以黏性土为主，土中含有大量水分，则为强度较低和压缩性较高的欠固结土；若冲填物是砂或其他粗颗粒土，则其固结情况和力学性质较好。冲填土的含水量较大，一般都大于液限。如原地面高低不平或局部低洼，冲填后土内水不易排出，将长期处于饱和软弱状态。

对冲填土地基，应具体分析它的状态，考虑它的欠固结影响和不均匀性。

2. 软弱地基的处理

（1）局部软弱土层及暗塘、暗沟的处理。在工程上经常会遇到局部软弱土层及暗塘、暗沟等不良地基，这类地基的特点是均匀性很差、土质软弱、有机质含量较高，因而地基承载力低、不均匀变形大，一般都不能作为天然地基的持力层。对这类地基，工程上常用的处理方法有以下几种：

1）基础梁跨越。适用于处理软弱土范围较窄而深度较深又不容易挖除的情况。采用基础梁跨越，将上部结构荷载通过基础梁传至两侧较好的土层中。必要时，对上部结构进行适当加强。

2）换填垫层。适用于处理软弱土范围较大，而深度不深，其下为好土层的情况。此时，可将软弱土层挖除，换填上质地坚硬、性能稳定、无侵蚀性的砂、砾砂、级配砂石、矿渣等材料。

3）基础落深。适用于需要处理的软弱土范围和深度不大、下卧层土质较好并便于施工的情况。施工时，将局部软弱土挖除，把基础落深到下面的好土层中。

4）短桩。适用于需要处理的深度较大、采用其他方法施工困难或容易造成对周围环境的不利影响等情况，采用桩基础，将上部结构荷载传布到桩端较好的土层中。

（2）杂填土地基的处理。杂填土地基的处理主要是改善它的均匀性和提高其密实度。对于以建筑垃圾或工业废料为主要成分的杂填土地基，常用的处理方法主要有以下几种：①分层回填碾压；②振动压实；③挤密法；④柱锤冲扩桩法；⑤重锤夯实法。

（3）软土地基的处理。

1）薄层软土地基处理采用换填垫层法。

2）深厚软土地基处理采用预压法。

5.6.3 特殊土地基（不良地基）及其处理方法

1. 黄土地基

（1）黄土的成因。黄土按成因分为原生黄土和次生黄土。一般认为不具层理的风成黄土为原生黄土，原生黄土经过水流冲刷、搬运而重新沉积形成的为次生黄土。次生黄土具有层理，并含有较多砂粒以及细砾。次生黄土的结构强度一般较原生黄土低，而湿陷性较高。从建筑工程角度来看，主要是根据土的物理、力学性质来评价其工程特性，对区分黄土或黄土状土的必要性不大，因此除非特别说明，一般将黄土和黄土状土统称为黄土。

（2）黄土的分布。我国黄土分布面积约为 63.5 万 km²，占世界黄土分布总面积的 4.9％左右。主要分布于北纬 33°～47°，尤以北纬 34°～45°最为发育。南始于甘肃南部的崛山、陕西的秦岭、河南的熊耳山和伏牛山，北以陕西的白于山、河北的燕山为界，与北方的沙漠、戈壁相连，西起祁连山，东至太行山，包括黄河中下游的环形地带，横贯我国北方、呈东西走向的带状分布特征。该区湿陷性黄土发育最为广泛，主要分布在黄河及其支流的河谷地区。除此以外，在山东中部、甘肃河西走廊、西北内陆盆地、东北松辽平原等地也有零星分布，但一般面积较小，且不连续。

我国湿陷性黄土的分布面积占我国黄土分布面积的 60％左右，大部分分布在黄河中游地区。这一地区位于北纬 34°～41°、东经 102°～114°之间年降雨量在 250～500mm 的黄河中游地区，北起长城附近，南达秦岭，西自乌鞘岭，东至太行山，除河流沟谷切割地段和突出的高山外，湿陷性黄土几乎遍布本地区的整个范围，面积达 27 万 km²，是我国湿陷性黄土的典型地区。湿陷性黄土一般都覆盖在下卧的非湿陷性黄土层上，其厚度以六盘山以西地区较大，最大达 30m；六盘山以东地区稍薄，如汾、渭河谷的湿陷性黄土厚度多为几米到十几米；再向东至河南西部则更小，并且常有非湿陷性黄土层位于湿陷性黄土层之间。

（3）黄土的物理力学性质。湿陷性黄土具有与一般粉土与黏性土不同的特性，主要是具有大孔隙和湿陷性。在自然界用肉眼即可见土中有大孔隙，在一定压力下浸水，土的结构则迅速被破坏，并发生显著的沉陷。

1）湿陷性黄土在天然状态下具有低含水量、低天然容重和高孔隙的特点，其垂直方向的渗透系数多大于水平方向的渗透系数，而垂直方向的抗压强度多大于水平方向的抗压强度。

2）当黄土的含水量低于塑限时，水分变化对强度的影响较大，随着含水量的增加，土的内摩擦角和黏聚力明显降低；当含水量高于塑限时，含水量对抗剪强度的影响较小；当黄土的含水量相同时，则干容重越大，其抗剪强度越高。

3）在一个地区内，低阶地与高阶地比较，湿陷性黄土的含水量增大，天然容重增加，孔隙比减小，压缩性增大，湿陷系数减小，湿陷性降低。

4）在水平区域分布上，由北向南，由西向东，湿陷性黄土的粉粒（0.05～0.005mm）含量变化不大，但砂粒（＞0.05mm）含量逐渐减小，黏粒（＜0.005mm）含量逐渐增加，天然含水量和天然容重趋于增加，孔隙比减小，液限和塑性指数略有增大，压缩性增大，湿陷系数减小，湿陷性降低。

5）我国主要黄土地区中湿陷性黄土的物理性质和粒度成分具有西北-东南向的分带性，即陇西地区和陇东地区的指标相近，关中地区和汾河流域地区的相应指标也比较接近。

6）在垂直剖面上，随着深度的增加，湿陷性黄土的细砂粒（0.1～0.05mm）和粗粉粒（0.05～0.01mm）含量逐渐减少，黏粒含量逐渐增加，天然容重逐渐变大，含水量趋于增加（同时受地下水埋藏、地表水和大气降水渗入等影响），孔隙比变小，黏聚力和内摩擦角变大，相对密度和塑性状态指标与深度变化关系不明显。

7）在沉积时间上，地层由老到新，黄土的粒度由细到粗，砂粒（＞0.05mm）含量增多，黏粒（＜0.005mm）含量减少，压缩性减少，湿陷系数增大，湿陷性增大。

（4）湿陷性黄土地基的处理方法。

1）垫层法。

2）强夯法。

3）挤密法。

4）预浸水法。

2．膨胀土地基

（1）膨胀土的特点及危害。膨胀土一般指黏粒成分主要由亲水性黏土矿物组成，同时具有显著的吸水膨胀和失水收缩两种变形特性的黏性土。膨胀岩是指含有较多亲水矿物，含水率变化时发生较大体积变化的岩石，其具有遇水膨胀、软化、崩解和失水收缩、开裂的特性。膨胀土（岩）地基一般强度较高，压缩性低，易被误认为是建筑性能较好的地基土。但由于具有膨胀和收缩的特性，当利用这种土（岩）作为建筑物地基时，如果对这种特性缺乏认识，或在设计和施工中没有采取必要的措施，会给建筑物造成危害，尤其对低层、轻型的房屋或构筑物的危害更大。

（2）我国膨胀土的分布。我国膨胀土主要分布在华中、华南、西南地区，遍布在广西、云南、湖北、河南、安徽、四川、陕西、河北、江西、江苏、山东、贵州、广东、新疆、海南等20多个省（直辖市、自治区），总面积在10万km²以上，其中以湖北、河南、云南、广西的一些地区最为发育。

（3）膨胀土的成因及分类。

1）成因。膨胀土发生胀缩变形的内部因素主要有以下几个方面：①矿物及化学成分，如上所述膨胀土含大量蒙特土和伊利土，亲水性强，胀缩变形大，化学成分以氧化硅、氧化铝为主，氧化硅含量大，则胀缩量大；②黏粒含量，黏粒 $d<0.005$mm 比表面积大，电分子吸引力大，因此黏粒含量高时胀缩变形大；③土的干密度 ρ_0，如 ρ_0 大即 e 小，则浸水膨胀强烈，失水收缩小，反之，如 ρ_0 小即 e 大，则浸水膨胀小，失水收缩大；④含水率 w，若初始 w 与膨胀后 w 接近，则膨胀小，收缩大，反之则膨胀大，收缩小；⑤土的结构，当土的结构被破坏后，胀缩性增大。

膨胀土发生胀缩变形的外部因素主要有以下几个方面：①气候条件，包括降雨量、蒸发量、气温、相对湿度和地温等，雨季土体吸水膨胀，旱季失水收缩；②地形地貌，同类膨胀地基，地势低处比高处胀缩变形小；③周围树木，尤其阔叶乔木，旱季树根吸水，加剧地基土干缩变形，使邻近树木房屋开裂；④日照程度，房屋向阳面开裂多，背阴面开裂少。

2）分类。根据国内外大量膨胀土研究结果，膨胀土的成因可概括为三种成因类型：残积（风化）型膨胀土、沉积型膨胀土和热液蚀变型膨胀土。

a. 残积（风化）型膨胀土。是热带亚热带气候区，特别是干旱草原、荒漠区最主要的膨胀土类型，也是膨胀土工程问题和地质灾害最严重的一种类型，它具有高孔隙比、高含水量和强烈胀缩的特点，这种不良特性来自化学风化作用，使岩石结构破坏、矿物化学分解、碱、碱土金属及碳酸盐淋失。这种类型的膨胀土能导致建筑物产生不均匀开裂变形、结构破坏等情况。根据其母岩成分，主要有以下几种母岩形成的膨胀土工程性质很差：①玄武岩、辉长岩形成的富含蒙脱石的膨胀土；②泥灰岩、泥岩残积土；③泥质岩残积型膨胀土。

b. 沉积型膨胀土。工程实践和理论研究表明：非所有的黏土都具有显著的膨胀性，都属于膨胀土，而仅仅是有效蒙脱石含量大于 10％的黏土属于膨胀土。由于蒙脱石是微碱性富含 Mg 的地球化学环境下的产物，因此富含蒙脱石及其混层矿物的沉积型黏土主要形成和分布在半湿润、半干旱的暖温带和南北亚热带半干旱草原气候环境的沉积盆地中，其形成方式可以是湖相、滨海相沉积，也可以是洪积、坡积或冰水沉积。

c. 热液蚀变型膨胀土。是地下热水和温泉分布区由于热水和温泉与岩石相互作用导致岩石中长石等矿物分解转化为蒙脱石而形成的膨胀土，但并非各种岩石都可以产生蒙脱石化作用，而通常仅是中基性火成岩（如玄武岩、辉绿岩等）可产生蒙脱石化作用，因此这种类型并不普遍，在我国仅在内蒙古阿巴旗第四纪玄武岩和温泉发育区有灰绿色热液蚀变型膨胀黏土的分布，且具有很高的膨胀势。在近代火山活动频繁、泉温热水发育的地区这种类型的膨胀土较多。

（4）膨胀土的物理力学特点。

1）膨胀土的物理力学特征指标。膨胀土物理力学指标包括含水量、天然孔隙比、液塑限、压缩系数、抗剪强度等。而且膨胀土中矿物成分含量决定膨胀土的基本物理力学指标大小。

2）主要工程特性。

a. 多裂隙性。膨胀土中普遍发育有各种特定形态的裂隙，形成土体的裂隙结构，这是膨胀土区别于其他土类的重要特性之一。

膨胀土中的裂隙一般有 2～3 组以上，不同裂隙组合形成膨胀土多裂隙结构体。这些裂隙结构的特征表现在平面上大多呈一定规则的多边形分布。在空间上主要有三种裂隙，即陡倾角的垂直裂隙、倾角的水平裂隙及斜交裂隙。其中前两者尤为发育，这些裂隙将膨胀土体分割成一定的几何形态的块体，如棱柱体、棱块体、短柱体等。

研究表明，膨胀土中的裂隙通常由构造应力与土的胀缩效应所产生的张力应变形成，水平裂隙大多由沉积间断与胀缩效应所形成的水平应力差形成。

b. 超固结性。膨胀土的超固结性是指土体在地质历史过程中曾经承受过比现在上覆压力更大的荷载作用，并已达到完全或部分固结的特性，这是膨胀土的又一重要特性，但并不是说所有膨胀土都一定是超固结土。

膨胀土在地质历史过程中向超固结状态转化的因素很多，但形成超固结的主要原因是上部卸载作用。

c. 胀缩性。膨胀土吸水后体积增大，可能会使其上部建（构）筑物隆起；若失水则体积收缩，伴随土中出现开裂，可能造成建（构）筑物开裂与下沉。

一般认为收缩与膨胀这两个过程是可逆的，已有研究表明，在干湿循环中的收缩量与膨胀量并不完全可逆。

d. 崩解性。膨胀土浸水后其体积膨胀，在无侧限条件下发生吸水湿化。不同类型的膨胀土，其湿化崩解是不同的，这同土的黏土矿物成分、结构、胶结性质和土的初始含水状态有关。

一般由蒙脱石组成的膨胀土，浸水后只需几分钟即可崩解。

（5）膨胀土的地基处理

1）换土。

2）桩基。

3）化学固化处理。

4）补偿垫层。

5）预浸水。

3. 红黏土地基

（1）红黏土的形成条件。红黏土的形成一般应具有气候和岩性两个条件。

1）气候条件。气候变化大，年降水量大于蒸发量，因气候潮湿，有利于岩石的机械风化和化学风化，风化结果便形成红黏土。

2）岩性条件。主要为碳酸盐类岩石，当岩层褶皱发育、岩石破碎、易于风化时，更易形成红黏土。

（2）红黏土的工程特性。红黏土具有两大特点，一是土的天然含水量、孔隙比、饱和度以及可塑性（液限、塑限）很高，但却具有较高的力学强度和较低的压缩性；二是各种指标的变化幅度很大，红黏土中小于 0.005mm 的黏粒含量为 60%～80%，其中小于 0.002mm 的胶粒占 40%～70 %，使红黏土具有高分散性。红黏土中较高的黏土颗粒含量，使其具有高分散性和较大的孔隙比。红黏土常处于饱和状态（$S_r > 85\%$），天然含水量（30%～50%）、液限（60%～110%）、塑限（30%～60%）都很高，其天然含水量几乎与塑限相等，但液性指数较小（0.1～0.4），这说明红黏土以含结合水为主。因此，红黏土的含水量虽高，但土体一般仍处于硬塑或坚硬状态。压缩系数 $a=0.1～0.4MPa$，变形模量 $E=10～30MPa$，固结快剪内摩擦角 $\varphi=10°～30°$，黏聚力 $c=40～90kPa$，红黏土具有较高的强度和较低的压缩性。此外，红黏土的各种性能指标变化幅度很大，具有较高的分散性。原状红黏土浸水后膨胀量很小，失水后收缩剧烈。

（3）红黏土地区的岩溶和土洞。由于红黏土的成土母岩为碳酸盐系岩石，这类基岩在水的作用下，岩溶发育，上覆红黏土层在地表水和地下水作用下常形成土洞。实际上，红黏土与岩溶、土洞之间有不可分割的联系，它们的存在可能严重影响建筑场地的稳定，并且造成地基的不均匀性。其不良影响主要如下：

1）溶洞顶板塌落造成地基失稳，尤其是一些浅埋、扁平状、跨度大的洞体，其顶板岩体受数组结构面切割，在自然或人为的作用下，有可能塌落造成地基的局部破坏。

2）土洞塌落形成场地塌陷，实践表明，土洞对建筑物的影响远大于岩溶，其主要原因是土洞埋藏浅、分布密、发育快、顶板强度低，因而危害也大。有时在建筑施工阶段还未出现土洞，只是由于新建建筑物后改变了地表水和地下水的条件才产生土洞和地表塌陷。

3）溶沟、溶槽等低洼岩面处易于积水，使土呈软塑至流塑状态，在红黏土分布区，随着深度增加，土的状态可以由坚硬、硬塑变为可塑以至流塑。

4）基岩岩面起伏大，常有峰高不等的石芽埋藏于浅层土中，有时外露地表，导致红黏土地基的不均匀性。常见石芽分布区的水平距离只有 1m、土层厚度相差可达 5m 或更多的情况。

5）岩溶水的动态变化给施工和建筑物造成不良影响，雨期深部岩溶水通过漏斗、落水洞等竖向通道向地面涌泄，以致场地可能暂时被水淹没。

（4）红黏土的分布。红黏土主要分布在我国长江以南（即北纬33°以南）的地区。西起云贵高原，经四川盆地南缘、鄂西、湘西、广西向东延伸到粤北、湘南、皖南、浙西等丘陵山地。

4. 盐渍土地基

（1）盐渍土地基的特点。

1）溶陷性。天然状态下盐渍土的自重压力或附加压力作用下，受水浸湿时产生的附加变形称作盐渍土的溶陷变形。根据大量研究表明，只有干燥和稍湿的盐渍土才具有溶陷性。

2）盐胀性。盐渍土地基的盐胀性一般可分为两类，即结晶膨胀和非结晶膨胀。结晶膨胀是由于盐渍土因温度降低或失去水分后溶于孔隙水中的盐浓缩并析出结晶所产生的体积膨胀。当土中硫酸钠含量超过某一值（约2%）时，在低温或含水量下降时，硫酸钠发生结晶膨胀，对于无上覆压力的地面或路基，膨胀高度可达数十至几百毫米，这成了盐渍土地区的一个严重的工程问题。非结晶膨胀是指由于盐渍土中存在着大量的吸附性阳离子，特别是低价的水化阳离子与黏土胶粒相互作用使扩散层水膜厚度增大而引起土体膨胀。最具代表性的是碳酸盐渍土，含水量增加时，土质泥泞不堪。

3）腐蚀性。盐渍土的腐蚀性是一个十分复杂的问题。盐渍土中含有大量的无机盐，使土具有明显的腐蚀性，对建筑物基础和地下设施是一种严重的腐蚀环境，影响其耐久性和安全使用。

（2）盐渍土的分布。我国盐渍土主要分布在西北干旱地区，如新疆、青海、甘肃、宁夏、内蒙古等地势低平的盆地，青藏高原一些湖盆洼地中也有分布，另外沿海地区也占有相当的面积。盐渍土中的盐，主要来源于岩石中盐类的溶解、海水和工业废水的渗入，而盐分迁移和在土中的重新分布，则依靠地表水、地下水流和风力来完成。在干旱地区，每当春夏冰雪融化或骤降暴雨后，形成地表水流，溶解沿途盐分后，在流速缓慢和地面强烈蒸发的情况下，水中盐分聚集在地表或地表以下一定深度范围内。当含有盐分的地下水通过毛细管作用，使含盐水溶液上升，随着地表蒸发，水中盐分析出而生成盐渍土。另外，在风多、风大的我国西北干旱地区，风将含盐砂土、粉土吹落至山前平原和沙漠形成盐渍土层。在滨海地区受海潮侵袭或海水倒灌，经地表蒸发也能形成盐渍土。

（3）盐渍土的处理方法。

1）浸水预溶法。

2）强夯法。

3）浸水预溶加强夯法。

4）换土垫层法。

5）盐化处理方法。

6）桩基。

5．冻土地基

（1）冻土的定义、分类、分布。

1）冻土的定义。凡温度不高于0℃并且含有冰晶的岩土，称为冻土。冻土是由矿物颗粒、冰、未冻水和气体四种物质组成的多成分多相体系，其中冰、未冻水和气体的含量随温度而变化。

2）冻土的分类。

a．季节性冻土。指地壳表层冬季冻结而在夏季又全部融化的土（岩）。我国华北、东北与西北大部分地区为此类冻土。在基础埋深设计中，应考虑当地冻结深度。

b．隔年冻土。指冬季冻结，而翌年夏季并不融化的那部分冻土。

c．多年冻土。指持续冻结时间在2年或2年以上的土（岩）。这种冻土通常很厚，常年不融化，具有特殊的性质。当温度条件改变时，其物理力学性质随之改变，并产生冻胀、融陷、热融滑塌等现象。

3）冻土的分布。我国的冻土主要分布于高海拔、高纬度地区。多年冻土主要分布于东北大（小）兴安岭北部、青藏高原、天山以及阿尔泰山等地区，总面积约为215万 km²。中国季节性冻土的分布面积远大于多年冻土，遍布长江流域以北10多个省区，冻结深度大于0.5m的季节性冻土区占全国总面积的68.6%，其南界（以地表1月最低温度−0.1℃等值线为准）西起云南章凤，向东经昆明、贵阳、川北到长沙、安庆、扬州一带。

（2）冻土的物理力学性质。

1）构造和融沉性。由于土的冻结速度、冻结的边界条件及土中水的多少不同，在冻结中可以形成晶粒状构造、层状构造、网状构造三种冻土构造。

多年冻土的构造和其融沉性有很大关系。一般粒状构造的冻土融沉性不大，而层状和网状构造的冻土在融化时可产生很大的融沉。

2）融化压缩。短期荷载作用下，冻土的压缩性很低，可以不计其变形。但是冻土在融化时，结构破坏，变成高压缩性和稀释的土体，产生剧烈的变形。

3）冻胀量。土体冻胀变形的基本特征是冻胀量，通常采用地面的总冻胀量和土体中某土层的垂直膨胀变形的冻胀量来表示。为了比较各地区、各地段土体冻胀变形强度，以及对冻胀强弱性进行评价，常用冻胀率 η 来表示这个特征。

4）法向和切向冻胀力。地基土冻结时，随着土体的冻胀，作用于基础底面向上的抬起力称为基础底面的法向冻胀力，简称法向冻胀力；平行向上作用于基础侧表面的抬起力称为基础侧面的切向冻胀力。

5）冻结力。冻土与基础表面通过冰晶胶结在一起，这种胶结力称为基础表面与冻土间的冻结强度，简称冻结力。在实际使用中通常以这种胶结的强度来衡量冻结力。

6）抗压强度。冻土的抗压强度是指冻土承受竖向作用的极限强度。冻土的抗压强度与冰的胶结作用有关，因此比未冻土大许多倍，且与温度和含水量有关。

冻土中因有冰和未冻水存在，故在长期荷载下有强烈的流变性。长期荷载作用下的冻土的极限抗压强度比瞬时荷载下的抗压强度要小很多倍，而且与冻土的含冰量及温度有关，在选用地基承载力时必须考虑到这一点。

7）抗剪强度。冻土的抗剪强度是指冻土在外力作用下抵抗剪切滑动的极限强度。冻土的抗剪强度不仅与外压力有关，而且与土温及荷载作用历时有密切关系。

冻土融化后其抗压强度与抗剪强度将显著降低。对于含冰量很大的土，融化后的内聚力约为冻结时的 1/10 时，建于冻土上的建筑物将会因地基强度的破坏而造成严重事故。

（3）建筑物冻害的防治措施。为防止建筑物发生冻害，可采取以下防治措施：

1）换填法。

2）物理化学法。

3）保温法。

4）排水隔水法。

5）结构措施。①采用深基础，埋于当地冻深层以下；②锚固式基础，包括深桩基础与扩大基础；③回避性措施，包括架空法、埋入法、隔离法。

5.6.4 岩石锚杆基础

5.6.4.1 地基处理原理、适用范围及一般规定

（1）岩石锚杆基础原理。岩石锚杆基础，就是采用灌浆料和锚筋注入钻凿成型的岩孔内的锚桩基础，由于发挥了原状岩体的力学性能，因而具有良好的抗拔性能，特别是上拔和下压地基的变形比其他类型基础都小，大大降低了基础材料的用量，节约工程造价。

（2）岩石锚杆的适用范围。对于那些在工程地质条件相对较好的地区建造的风力发电机组基础，岩石的整体性好、稳定性强、无滑移且岩石承载力标准值较高，可以采用岩石锚杆基础来降低工程造价。

（3）岩石锚杆的一般规定。岩石锚杆基础应置于较完整的岩体上，且与基岩连成整

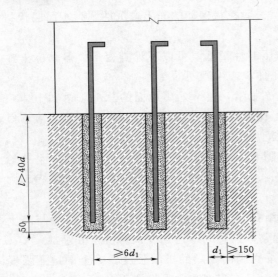

图 5-32　岩石锚杆基础
d_1—锚杆孔直径；l—锚杆的有效锚固长度；d—锚杆直径

体，并应符合下列要求：

1）锚杆孔直径宜取锚杆直径的 3 倍，但不应小于 1 倍锚杆直径加 50mm。岩石锚杆基础的构造要求，可按图 5-32 采用。

2）锚杆插入混凝土承台结构的长度应符合钢筋的锚固长度要求。

3）锚杆宜采用热扎带肋钢筋，水泥砂浆强度不宜低于 30MPa，细石混凝土强度不宜低于 C30。灌浆前，应将锚杆孔清理干净。

5.6.4.2　设计

（1）锚杆基础中单根锚杆所承受的拔力为

$$N_{tik} = \frac{N_k + G_k}{n} - \frac{M_{Yk} x_i}{\sum x_i^2} \quad (5-79)$$

$$N_{tkmax} \leqslant R_t \quad (5-80)$$

其中
$$N_k = k_0 F_{zk}$$
$$M_{Yk} = k_0 (M_{rk} + F_{rk} h_d)$$

式中　N_k——荷载效应标准组合下，作用在基础顶面上的竖向力修正标准值；

G_k——基础自重及其上覆的土自重标准值；

M_{Yk}——荷载效应标准组合偏心竖向力作用下，作用于基础底面，绕通过基础底面形心的 Y 主轴的合力矩修正标准值；

x_i——第 i 根锚杆至基础底面形心的 Y 轴线的距离；

N_{tik}——荷载效应标准组合下，第 i 根锚杆所受的拔力；

N_{tkmax}——荷载效应标准组合下，锚杆所受的最大拔力；

R_t——单根锚杆抗拔承载力特征值；

k_0——考虑风力发电机组荷载不确定性和荷载模型偏差等因素的荷载修正安全系数，一般取 1.35。

（2）对 1 级和 2 级桩基础，单根锚杆抗拔承载力特征值 R_t 应通过现场试验确定；对于其他基础，则为

$$R_t \leqslant 0.8 \pi d_1 l f \quad (5-81)$$

式中　f——砂浆与岩石间的黏结强度特征值，可按表 5-20 选用。

表 5-20　砂浆锚杆与岩石间的黏结强度特征值

岩石坚硬程度	硬质岩	较软岩	软岩
黏结强度 f/MPa	0.4～0.6	0.2～0.4	<0.2

注：水泥砂浆强度为 30MPa，混凝土强度等级 C30。

5.6.4.3　工程案例

（1）工程概况。风力发电机组基础轮毂高度为 70m，单机容量为 1500kW，叶片直径

为 70m。

该场地地表为残、破积土，主要由碎石组成，厚度约 0.4m；地表以下为强风化混合岩②2 层，由透闪石英片岩、二云片岩、白云片岩、角闪变粒岩和斜长角闪岩在较强烈的混合岩化作用下形成，变晶结构，变成构造，岩芯呈碎块状，较软岩，岩体较破碎，本层厚度约 3.6m；②2 层以下为中等风化混合岩②3 层，由透闪石英片岩、二云片岩、白云片岩、角闪变粒岩和斜长角闪岩在较强烈的混合岩化作用下形成，变晶结构，变成构造，岩芯呈短柱状，较软岩，岩体完整性好，本层厚度大于 5.0m。

水泥砂浆与岩石间的黏结强度特征值 $f=0.2N/mm^2$。

（2）风力发电机组基础荷载。见表 5-21。

表 5-21 风力发电机组基础荷载表

工 况	竖向力 F_z /kN	水平力 F_{res} /kN	扭矩 M_z /(kN·m)	组合弯矩 M_{res} /(kN·m)	分项系数 γF
极端荷载工况	2400	565	975	34759	1.0

注：荷载为传到基础环顶中心处的荷载。

荷载修正系数 $k_0=1.35$。

（3）设计方案优化。根据《风电机组地基基础设计规定》（FD 003—2007）的要求，风力发电机组基础采用天然地基时，承台内切圆直径最小为 16.2m，基础埋深 2.4m 时，单个承台主体混凝土方量为 352.9m³。根据风电场的工程地质条件，结合工程经验，风力发电机组基础可以采用岩石锚杆基础。当采用此种基础形式时，承台内切圆直径为 14.4m，基础埋深 2.4m 时，单个承台主体混凝土方量为 283.0m³。因此，采用岩石锚杆基础方案能够充分利用岩石地基条件，节约工程造价。

（4）例题详解。

1）选择基础类型及基础尺寸。此风力发电机组基础建在岩石地基上，承受轴力弯矩及水平力，故锚杆基础必须埋入整体性好的花岗岩中。设置 40 根锚杆，如图 5-33 所示。

2）抗拔力计算。基础及其以上覆土自重 G_k，覆土容重 $\gamma=18kN/m^3$

$$G_k=\gamma A_d=8800kN$$

单根锚杆所承受的拔力计算，采用极端荷载下的修正标准值进行计算：

$$F_z=k_0 F_{zk}+G_k=1.204\times10^4 kN$$

$M_{xy}=k_0(M_r+F_r H)=4.914\times10^4 kN\cdot m$，单根锚杆的拉力为

$$R_t=F_z/n-M_{xy}x_i/\sum x_i^2=-71.25<0$$

用 HRB335 级钢筋。每根锚杆所需的面积为 $A_s=R_t/f_y=237.5mm^2$；选 Φ 25，$A_s=491mm^2$。

锚杆孔直径取 $d=95mm$。

锚杆长度 $L=R_t/0.8d_1 f\pi=1492.8mm$。

最后取锚杆长度 $L=2000mm$。

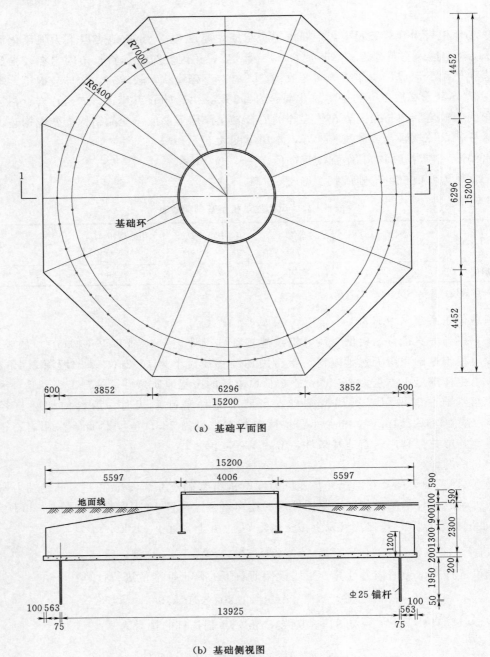

（a）基础平面图

（b）基础侧视图

图 5-33　岩石锚杆基础图

5.6.5　水泥土搅拌法

5.6.5.1　地基处理原理、适用范围及一般规定

（1）水泥土搅拌法原理。水泥土搅拌法是利用水泥（或石灰）等材料作为固化剂，通

过特制的搅拌机械，在地基深处就地将软土和固化剂（浆液或粉体）强制搅拌，固化后结成具有整体性、水稳性和一定强度的水泥加固土，从而提高地基土强度和增大变形模量。水泥土搅拌法分为深层搅拌法（以下简称湿法）和粉体喷搅法（以下简称干法），前者是用浆液和地基土搅拌，后者是用粉体和地基土搅拌。

（2）水泥土搅拌法适用范围及一般规定。

1）水泥土搅拌法适用于处理正常固结的淤泥与淤泥质土、粉土、饱和黄土、素填土、黏性土以及无流动地下水的饱和松散砂土等地基。国内目前采用水泥浆搅拌（深层搅拌法），加固深度可达 18m；采用粉喷机（粉体喷搅法）的成桩直径一般在 500～700mm 范围，深度一般可达 15m。石灰固化剂一般适用于砂土颗粒含量大于 20％，粉粒及黏粒含量之和大于 35％，黏土的塑性指数大于 10，液性指数大于 0.7，土的 pH 值为 4～8，有机质含量小于 11％，土的天然含水量大于 30％的偏酸性的土质加固。

一般认为用水泥作加固料，对含有高岭石、多水高岭石、蒙脱石等黏土矿物的软土加固效果较好；而对含有伊利石、氯化物和水铝石英等矿物的黏性土以及有机质含量高、pH 值较低的黏性土加固效果较差。

2）水泥土搅拌法形成的水泥土加固体，可作为竖向承载的复合地基，基坑工程围护挡墙、被动区加固、防渗帷幕，大体积水泥稳定土等。加固体形状可分为柱状、壁状、格栅状或块状等。

3）确定处理方案前应搜集拟处理区域内的详尽岩土工程资料。尤其是填土层的厚度和组成，软土层的分布范围、分层情况，地下水位及 pH 值，土的含水量、塑性指数和有机质含量等。

4）设计前应进行拟处理土的室内配比试验。应选择最弱的一层土进行室内配比试验。针对现场拟处理的最弱层软土的性质，选择合适的固化剂、外掺剂及其掺量，为设计提供各种龄期、各种配比的强度参数。

5.6.5.2 设计

（1）固化剂的选用。固化剂宜选用强度等级为 32.5 级及以上的普通硅酸盐水泥。水泥掺量除块状加固时可用被加固湿土质量的 7％～12％外，其余宜为 12％～20％。湿法的水泥浆水灰比可选用 0.45～0.55，外掺剂可根据工程需要和土质条件选用具有早强、缓凝、减水以及节省水泥等作用的材料，但应避免污染环境。

（2）水泥土搅拌法的设计主要是确定搅拌桩的置换率和长度。竖向承载搅拌桩的长度应根据上部结构对承载力和变形的要求确定，并宜穿透软弱土层到达承载力相对较高的土层；为提高抗滑稳定性而设置的搅拌桩，其桩长应超过危险滑弧以下 2m。湿法的加固深度不宜大于 20m，干法不宜大于 15m。水泥土搅拌桩的桩径不应小于 500 mm。对软土地区，地基处理的任务主要是解决地基的变形问题，增加桩长对减少沉降是有利的。实践证明，若水泥土搅拌桩能穿透软弱土层到达强度相对较高的持力层，则沉降量是很小的。从承载力角度提高置换率比增加桩长的效果更好。水泥土桩是介于刚性桩与柔性桩间具有一定压缩性的半刚性桩，且桩越长，则对桩身强度要求越高。为了充分发挥桩间土的承载力和复合地基的潜力，应使土对桩的支承力与桩身强度所确定的单桩承载力接近，通常使后者略大于前者较为安全和经济。

（3）水泥土搅拌桩复合地基的竖向承载力特征值的确定。水泥土搅拌桩复合地基的竖向承载力特征值应通过现场一单桩或多桩复合地基荷载试验确定。初步设计时的估算公式为

$$f_{spk} = m\frac{R_a}{A_p} + \beta(1-m)f_{sk} \qquad (5-82)$$

式中　m——面积置换率；

　　　R_a——单桩竖向承载力特征值，kN；

　　　A_p——桩的截面积，m^2；

　　　f_{sk}——处理后桩间土承载力特征值，kPa，可取天然地基承载力特征值；

　　　β——桩间土承载力折减系数，当桩端土未经修正的承载力特征值大于桩周土的承载力特征值的平均值时，可取 0.1～0.4，差值大时取低值；当桩端土未经修正的承载力特征值小于或等于桩周土的承载力特征值的平均值时，可取 0.5～0.9，差值大时或设置褥垫层时均取高位。

桩间土承载力折减系数是反映桩土共同作用的一个参数。如 $\beta=1$ 时，则表示桩与土共同承受荷载，与柔性桩复合地基的计算公式相同；如 $\beta=0$ 时，则表示桩间土不承受荷载，与一般刚性桩基的计算公式相似。

确定 β 值还应根据建筑物对沉降要求有所不同。当建筑物对沉降要求控制较严时，即使桩端是软土，β 值也应取小值，这样较为安全；当建筑物对沉降要求控制较低时，即使桩端为硬土，β 值也可取大值，这样较为经济。

考虑水泥土桩复合地基的变形协调，引入折减系数 β，它的取值与桩间土和桩端土的性质、搅拌桩的桩身强度和承载力、养护龄期等因素有关。桩间土较好、桩端土较弱、桩身强度较低、养护龄期较短，则取高值；反之，则取低值。

（4）单桩竖向承载力特征值应通过现场荷载试验确定。初步设计时可按下式估算，即由桩身材料强度确定的单桩承载力大于（或等于）由桩周土和桩端土的抗力所提供的单桩承载力。

$$R_a = u_p \sum_{i=1}^{n} q_{si}l_i + \alpha q_p A_p \qquad (5-83)$$

$$R_a = \eta f_{cu} A_p \qquad (5-84)$$

式中　u_p——桩的周长，m；

　　　n——桩长范围内所划分的土层数；

　　　q_{si}——桩周第 i 层土的侧阻力特征值，是根据现场荷载试验结果和已有工程经验总结确定的，对淤泥可取 4～7kPa，对淤泥质土可取 6～12kPa，对软塑状态的黏性土可取 10～15kPa，对可塑状态的黏性土可以取 12～18kPa；

　　　l_i——桩长范围内第 i 层土的厚度，m；

　　　α——桩端天然地基土的承载力折减系数，与施工时桩端施工质量及桩端土质等条件有关，当桩端为较硬土层时取高值，如果桩底施工质量不好，水泥土桩没能真正支承在硬土层上，桩端地基承载力不能充分发挥，这时取 $\alpha=0.4$；反之，当桩底质量可靠时取 $\alpha=0.6$，通常取 $\alpha=0.5$；

q_p——桩端地基土未经修正的承载力特征值，kPa，可按现行国家标准《建筑地基基础设计规范》（GB 50007—2011）的有关规定确定；

η——桩身强度折减系数，干法可取 0.20～0.30，湿法可取 0.25～0.33；

f_{cu}——与搅拌桩桩身水泥土配比相同的室内加固土试块（边长为 70.7mm 的立方体，也可采用边长为 50mm 的立方体）在标准养护条件下 90d 龄期的立方体抗压强度平均值，kPa。

（5）竖向承载搅拌桩复合地基应在刚性基础和桩之间设置褥垫层。设置褥垫层可以保证基础始终通过褥垫层把一部分荷载传到桩间土上，调整桩和土荷载的分担作用。褥垫层厚度可取 200～300mm，其材料可选用中砂、粗砂、级配砂石等，最大粒径不宜大于 20mm。

（6）设计时采用变掺量的施工工艺。根据室内模型试验和水泥土桩的加固机理分析，其桩身轴向应力自上而下逐渐减小，其最大轴力位于桩顶 3 倍桩径范围内。因此，在水泥土单桩设计中，为节省固化剂材料和提高施工效率，设计时可采用变掺量的施工工艺。现有工程实践证明，这种变强度的设计方法能获得良好的技术经济效果。故竖向承载搅拌桩复合地基中的桩长超过 10m 时，可采用变掺量设计。

（7）竖向承载搅拌桩的平面布置形式。竖向承载搅拌桩的平面布置形式对加固效果很有影响，一般根据工程地质特点和上部结构要求可采用柱状、壁状、格栅状、块状（图5 -34）以及长短桩相结合等不同加固形式。桩可只在基础平面范围内布置，独立基础下的桩数不宜少于 3 根。柱状加固可采用正方形、等边三角形等布桩形式。

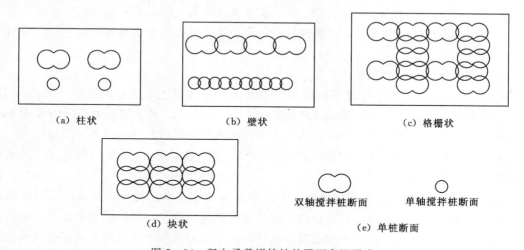

图 5 - 34　竖向承载搅拌桩的平面布置形式

（8）当搅拌桩处理范围以下存在软弱下卧层时，应按现行国家标准《建筑地基基础设计规范》（GB 50007—2011）的有关规定进行下卧层承载力验算。

（9）竖向承载搅拌桩复合地基的变形。竖向承载搅拌桩复合地基的变形包括搅拌桩复合土层的平均压缩变形 s_1 与桩端下未加固土层的压缩变形 s_2。

1）搅拌桩复合土层的压缩变形的计算为

$$s_1 = \frac{(p_s + p_{sl})l}{2E_{sp}} \tag{5-85}$$

$$E_{sp} = mE_p + (1-m)E_s \tag{5-86}$$

式中　p_s——搅拌桩复合土层顶面的附加压力值，kPa；

$\quad\quad p_{sl}$——搅拌桩复合土层底面的附加压力值，kPa；

$\quad\quad E_{sp}$——搅拌桩复合土层的压缩模量，kPa；

$\quad\quad E_p$——搅拌桩的压缩模量，可取（100～120）f_{cu}，kPa，对桩较短或桩身强度较低者可取低值，反之可取高值；

$\quad\quad E_s$——桩间土的压缩模量，kPa。

式（5-85）和式（5-86）是半理论半经验的搅拌桩水泥土体的压缩量计算公式。根据大量水泥土单桩复合地基荷载试验资料，得到了在工作荷载下水泥土桩复合地基的复合模量，一般为 15～25MPa，其大小受面积置换率、桩间土质和桩身质量等因素的影响，且根据理论分析和实测结果，复合地基的复合模量总是大于由桩的模量和桩间土的模量的面积加权之和。

2）桩端下未加固土层的压缩变形 s_2 可按天然地基采用分层总和法进行计算。

5.6.6　土桩及灰土桩复合地基

5.6.6.1　地基处理原理、适用范围及一般规定

（1）灰土挤密桩法和土挤密桩法处理原理。灰土挤密桩法和土挤密桩法都利用成孔设备横向挤压成孔，使桩间土得以挤密。灰土挤密桩法用灰土填入桩孔内分层夯实形成灰土桩，并与桩间土组成复合地基；土挤密桩法用素土填入桩孔内分层夯实形成土桩，并与桩间土组成复合地基。

（2）适用范围及一般规定。

1）灰土挤密桩法和土挤密桩法适用于处理地下水位以上的松散砂土、湿陷性黄土、素填土和杂填土等地基，可处理地基的深度为 5～15m。当以消除地基土的湿陷性为主要目的时，宜选用土挤密桩法；当以提高地基土的承载力或增强其水稳性为主要目的时，宜选用灰土挤密桩法。当地基土的含水量大于 24%、饱和度大于 65% 时，不宜选用灰土挤密桩法或土挤密桩法。

2）对重要工程或缺乏经验的地区，施工前应按设计要求进行现场试验，以检验地基处理方案和设计参数的合理性，这对确保地基处理质量，查明其效果都很有必要。试验内容包括成孔、孔内夯实质量、桩间土的挤密情况、单桩和桩间土以及单桩或多桩复合地基的承载力等。

5.6.6.2　设计

（1）桩的平面布置方式。不同的布桩方式对桩间土的挤密作用有差异。如正三角形布桩重复挤密面积为 21%，而正方形布桩为 57%，如图 5-35 所示，故在整片基础下设计挤密桩时优先采用正三角形。有时为了与基础尺寸、形状相适应，合理减少桩孔排数和孔数，有时也选择等腰三角形、正方形、梅花形排列，如图 5-36 所示。

（2）桩孔间距及桩径的确定。

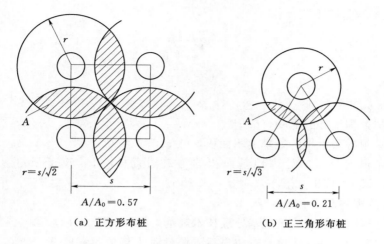

图 5-35 正方形、正三角形布桩重复挤密面积

A—重复挤密面积；r—单桩挤密圆半径；A_0—每个桩的挤密面积

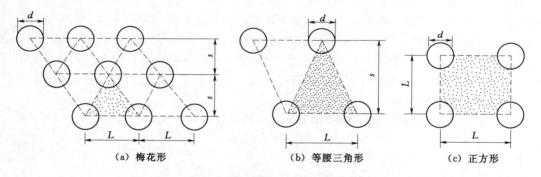

图 5-36 其他各种布置方式示意图

1）桩径的确定。桩孔直径宜为 300~450mm，沉管法的桩管直径多为 400mm。

2）桩孔中心间距的确定。对正三角形布桩，根据不同的情况，可为桩孔直径的 2~2.5 倍，也可按下式确定：

$$S = 0.95d \sqrt{\frac{\eta_c \rho_{dmax}}{\eta_c \rho_{dmax} - \rho_d}} \tag{5-87}$$

其中

$$\eta_c = \frac{\rho_{d1}}{\rho_{dmax}} \tag{5-88}$$

式中　　S——桩孔之间的中心距离，m；

　　　　d——桩孔直径，m；

　　　　η_c——桩间土成孔挤密后的平均挤密系数，对重要工程不宜小于 0.93，对一般工程不应小于 0.9；

　　　　ρ_{dmax}——桩间土的最大干密度，t/m^3；

　　　　ρ_d——地基处理前土的平均干密度，t/m^3；

　　　　ρ_{d1}——在成孔挤密深度内桩间土的平均干密度，t/m^3，平均试样数不应少于 6 组。

（3）桩孔的数量按下式计算

$$n = \frac{A}{A_e} \tag{5-89}$$

其中

$$A_e = \pi \frac{d_e^2}{4}$$

式中　n——桩孔的数量；

　　　A——拟处理地基的面积，m^2；

　　　A_e——单根桩所承担的处理地基面积，m^2；

　　　d_e——单根桩分担的处理地基面积的等效圆直径，m，按正三角形布桩时 $d_e =$
　　　　　　$1.05S$，按正方形布置时 $d_e = 1.13S$。

（4）处理范围的确定。

1）局部处理时，按《建筑地基处理技术规范》（JGJ 79—2012）和《湿陷性黄土地区建筑规范》（GB 50025—2004），对非自重湿陷性黄土场地、素填土、杂填土等地基，每边超出基础底面宽度不应小于 0.25 倍基础的宽度，且不应小于 0.5 m；对自重湿陷性黄土场地，每边超出基础底面宽度不应小于 0.75 倍基础的宽度，且不应小于 1m。采用灰土挤密桩法或土挤密桩法处理后，对防止侧向挤出、减小湿陷变形的效果都很明显。

2）对整片处理时，土桩、灰土桩每边超出建筑物外墙基础外缘的宽度不宜小于处理土层厚度的一半，且不小于 2m。整片处理的范围大，既可消除拟处理土层的湿陷性，又可防止水从侧向渗入未处理的下部土层引起湿陷，故整片处理兼有防渗隔水作用。

（5）处理深度的确定。

1）地基处理深度的公式（即验算下卧层土的承载力是否满足要求）为

$$\sigma_z + \sigma_{cz} \leqslant [\sigma] \tag{5-90}$$

式中　σ_z——处理层底面处的附加应力，kPa；

　　　σ_{cz}——处理层底面处土桩和灰土桩的自重应力，kPa；

　　　$[\sigma]$——处理层底面下修正后的地基承载力标准值，kPa。

2）土桩及灰土桩的长度不宜小于 5.0m。

（6）桩顶标高以上应设置 300～500mm 厚的 2:8 灰土垫层，其压实系数不应小于 0.95。

（7）土桩或灰土挤密桩复合地基承载力特征值的确定。按现行的《建筑地基处理技术规范》（JGJ 79—2012）中的有关规定进行，应通过现场单桩或多桩复合地基荷载试验确定。当无试验资料时，可按当地经验确定，但对灰土挤密桩，复合地基承载力特征值不应大于处理前的 2.0 倍，且不应大于 250kPa；对于土挤密桩，复合地基承载力特征值则不应大于处理前的 1.4 倍，且不应大于 180kPa。

（8）灰土挤密桩或土挤密桩复合地基的变形。通过挤密后，桩间土的物理力学性质明显改善，即土的干密度增大、压缩性降低、承载力提高，湿陷性消除，故桩和桩间土（复合土层）的变形可不计算，但应计算下卧未处理土层的变形。

5.6.7　换填法

5.6.7.1　地基处理原理及适用范围

换填法是指挖去天然地表浅层软弱土层或不均匀土层，分层回填强度较高、压缩性较低的砂石、素土、灰土等材料，压实或夯实后形成地基（持力层）垫层的地基处理方法。

（1）换填法的主要作用。

1）基础底面以下浅层范围内的软弱土被强度较大的垫层材料置换后，可以提高承载能力。

2）以垫层材料置换软弱土层可大大减少沉降量。基础下浅层的沉降量在总沉降量中所占的比例较大，而且浅层土体侧向变形引起的沉降占的比例也较大。

3）用砂石等作为垫层材料可使基础下面的孔隙水压力迅速消散，避免地基土的塑性破坏，加速垫层下软弱土层的固结。

4）采用砂石等非冻胀材料作垫层可防止结冰造成的冻胀。

5）消除地基的湿陷性和胀缩性。

（2）换填法适用范围。换填法适用于浅层软弱地基及不均匀地基的处理，如淤泥、淤泥质土、湿陷性黄土、素填土、杂填土地基以及暗沟、暗塘等的浅层处理。风电场升压站房屋建筑可能遇到这种情况。

采用换填垫层全部置换厚度不大的软弱土层，可取得良好的效果。采用换填垫层时，必须考虑建筑体型、荷载分布、结构刚度等因素对建筑物的影响，对于深厚软弱土层，不应采用局部换填垫层法处理地基；对于承受振动荷载的地基不应选择砂垫层进行换填处理。

5.6.7.2 设计

应根据建筑体型、结构特点、荷载性质和地质条件，并结合机械设备与填料性质和来源等综合分析，进行换填垫层的设计和选择施工方法。

（1）垫层的厚度。垫层的厚度是根据下卧层的承载力确定的，即应满足

$$p_z + p_{cz} \leqslant f_{az} \tag{5-91}$$

其中

$$p_{cz} = \gamma(d + z)$$

式中　p_z——荷载效应标准组合时垫层底面处的附加压力值，kPa；

p_{cz}——垫层底面处的自重压力标准值，kPa；

f_{az}——垫层底面处于卧土层的地基承载力设计值，kPa；

d——基础埋深，m。

垫层底面处的附加压力值，可分别简化计算为

条形基础　　　　　$p_z = b(p_k - p_c)/(b + 2z\tan\theta) \tag{5-92}$

矩形计算　　　$p_z = bL(p_k - p_c)/(b + 2z\tan\theta)(L + 2z\tan\theta) \tag{5-93}$

式中　b——矩形基础或条形基础底面的宽度，m；

L——矩形基础底面的长度，m；

p_k——相应于荷载效应标准组合时，基础底面处的平均压力值；

p_c——基础底面处土的自重压力标准值，kPa；

z——基础底面下垫层的厚度，m，如图 5-37 所示；

θ——垫层的压力扩散角，(°)，可按表 5-22 采用。

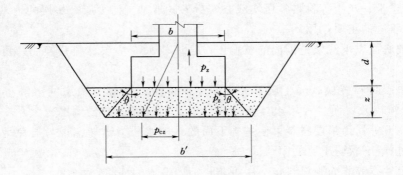

图 5-37　垫层剖面

表 5-22　压 力 扩 散 角 θ　　　　　　　　　单位：（°）

z/b	垫 层 材 料		
	中砂、粗砂、砾砂、圆砂、角砂、卵石、碎石、矿渣	粉质黏土、粉煤灰	灰土
0.25	20	6	28
≥0.50	30	23	

注：1. 当 $z/b<0.25$ 时，除灰土仍取 $\theta=28°$ 外，其余材料均取 $\theta=0°$。

　　2. 当 $0.25<z/b<0.50$ 时，θ 值可内插求得。

垫层的厚度不宜小于 0.5m，也不宜大于 3m。

（2）垫层底面的宽度。垫层底面的宽度应满足基础底面应力扩散的要求，可参见图 5-37，按下式计算。

$$b'\geqslant b+2z\tan\theta \tag{5-94}$$

式中　b——基础底面宽度，m；

　　　b'——垫层底面宽度，m；

　　　θ——垫层的压力扩散角，可按表 5-22 采用；当 $z/b<0.25$ 时，仍按表中 $z/b=0.25$ 取值。

整片垫层底面的宽度可根据施工的要求适当加宽。

（3）垫层的承载力。垫层的承载力应通过现场试验确定，同时应验算下卧层的承载力。一般风电场升压站房屋地基处理（中、小型工程），当无试验资料时，承载力可参考表 5-23 选用。

（4）垫层地基的变形由垫层自身变形和下卧层变形组成。粗粒换填材料的垫层在施工期间垫层自身的压缩变形已基本完成，且量值很小。因而对于碎石、卵石、砂夹石、砂和矿渣垫层，地基变形计算可以忽略垫层自身部分的变形值；对于细粒材料的尤其是厚度较大的换填垫层，则应计入垫层自身的变形。有关垫层的模量应根据试验或当地经验确定，在无试验资料或经验时，可参照表 5-24 选用。

垫层下卧层的变形量可按现行国家标准《建筑地基基础设计规范》（GB 50007—2011）的有关规定计算。

表 5 - 23 垫层的承载力特征值 f_{ak}

换 填 材 料	承载力特征值 f_{ak}/kPa	换 填 材 料	承载力特征值 f_{ak}/kPa
碎石、卵石	200～300	石屑	120～150
砂夹石（其中碎石、卵石占全重的 30%～50%）	200～250	灰土	200～250
土夹石（其中碎石、卵石占全重的 30%～50%）	150～200	粉煤灰	120～150
中砂、粗砂、砾砂、圆砾、角砾	150～200	矿渣	200～300
粉质黏土	130～180		

注：压实系数小的垫层，承载力特征值取低值，反之取高值；原状矿渣垫层取低值，分级矿渣或混合矿渣垫层取高值。

表 5 - 24 垫 层 模 量　　　　　　　　单位：MPa

垫层材料	压缩模量 E_s	变形模量 E_0
粉煤灰	8～20	
砂	20～30	
碎石、卵石	30～50	
矿渣		35～70

注：压实矿渣的 E_0/E_s 比值可按 1.5～3.0 取用。

（5）垫层的材料。这里主要介绍风电场建筑物或构筑物地基处理中可能采用的换填材料。

1）砂石。宜选用碎石、卵石、角砾、圆砾、砾砂、粗砂、中砂或石屑。当使用粉细砂或石粉时，应掺入不少于总重 30% 的碎石或卵石。

对湿陷性黄土地基，不得选用砂石等透水材料。

2）粉质黏土。土料中有机质含量不得超过 5%，亦不得含有冻土或膨胀土。

3）灰土。体积配合比宜为 2：8 或 3：7。土料宜用粉质赫土，不宜使用块状赫土和砂质粉土，不得含有松软杂质，并应过筛，其颗粒不得大于 15mm。

（6）垫层的压实标准。可按表 5 - 25 选用，它与施工方法、换填材料类别有关。对于

表 5 - 25 各种垫层的压实标准

施工方法	换填材料类别	压实系数 λ_c
碾压、振密或夯实	碎石、卵石	0.94～0.97
	砂夹石（其中碎石、卵石占全重的 30%～50%）	
	土夹石（其中碎石、卵石占全重的 30%～50%）	
	中砂、粗砂、砾砂、角砾、圆砾、石屑	
	粉质黏土	
	灰土	0.95
	粉煤灰	0.90～0.95

注：1. 压实系数 λ_c 为土的控制干密度 ρ_d 与最大干密度 ρ_{dmax} 的比值，土的最大干密度宜采用击实试验确定，碎石或卵石的量大干密度可取 2.0～2.20t/m³。

2. 当采用轻型击实试验时，压实系数 λ_c 宜取高值；采用重型击实试验时，压实系数 λ_c 可取低值。

3. 矿渣垫层的压实指标为最后两遍压实的压陷差小于 2mm。

工程量较大的换填垫层，应按所选用的施工机械、换填材料及场地的土质条件进行现场试验，以确定压实效果。

5.6.7.3　工程案例

（1）工程概况。风力发电机组基础轮毂高度为 70m，单机容量为 1500kW，叶片直径为 77m。

风电场区的地层岩性为全新统（Q4）坡积土、上更新统（Q3）黄土状粉土和中更新统（Q2）角砾、粗砂及粉细砂透镜体、下伏第三系上新统临夏组泥岩。风力发电机组基础基底黄土以 Q3 黄土为主，具有天然含水量低（约 6%）、干强度高（标贯多在 40 击以上）的特点；场地为 IV 级自重湿陷性黄土场地，自重湿陷厚度大于 30m，为大厚度自重湿陷性场地。

（2）风力发电机组基础荷载见表 5-26。

表 5-26　风力发电机组基础荷载表

工况	竖向力 F_z /kN	水平合力 F_{res} /kN	扭矩 M_z /(kN·m)	组合弯矩 M_{res} /(kN·m)	分项系数 γF
极端荷载工况	2312.85	751.72	1191.60	34811.89	1.0

注：荷载为传到基础环顶中心处的荷载。

（3）例题详解。

1）选择基础类型及基础尺寸。风力发电机组基础建在湿陷性黄土层，承受轴力弯矩及水平力，基础埋深 $d=2.3$m，基础为边长 6.13m 的八边形，地基为大厚度湿陷性黄土。湿陷性黄土层风力发电机组基础如图 5-38 所示。

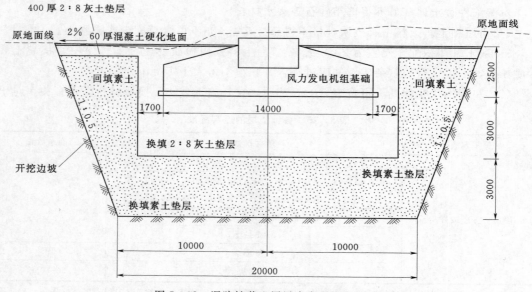

图 5-38　湿陷性黄土层风力发电机组基础

2）采用 2:8 灰土作为垫层的换填材料，其承载力特征值 $f_a=250$kN/m²，重度 $\gamma_{垫}=20$kN/m³，$G_k=10335$kN。

计算基底附加压力为

$$P_0 = \frac{F_k + G_k}{b} - \gamma d = 23.7 \text{kN/m}^2$$

垫层厚度取为规范要求的上限 $h = 3.0\text{m}$。

八边形基础按面积等效简化成方形基础来计算边长：$L^2 = 181.46$，$L = 13.5\text{m}$

计算垫层的宽度为

$$b' = b + 2z\tan\theta = 16.7\text{m}$$

3）换土垫层技术要求。湿陷性黄土地区风力发电机组基础地基处理采用换土垫层处理方法，基底以下换填总厚度为6m，上部垫层厚度3m，在应力扩散角范围内采用2：8灰土，在应力扩散角范围外采用素土，压实系数不小于0.97；下部垫层采用3m厚素土垫层，压实系数不小于0.95。基础底标高以上采用素土分层回填夯实，压实系数不小于0.95，处理后地基承载力特征值 $f_{ak} \geqslant 250\text{kPa}$。经过两年的沉降观测可知，风力发电机组基础的最大沉降量为0.8mm。

5.6.8 预压法

5.6.8.1 地基处理原理及适用范围

预压法是在建筑物建造以前，在建筑物场地上进行加载预压和真空预压，使地基的固结沉降基本完成，以提高地基土强度的处理方法。预压系统有加载预压和真空预压之分；排水系统采用砂井或塑料排水带等。通常当软土层厚度小于4.0m时，可采用天然地基堆载预压法处理，当软土层厚度超过4.0m时，为加速预压过程，应采用塑料排水带、砂井等竖井排水预压法处理地基。

预压法适用于处理淤泥质土、淤泥和冲填土等饱和砂性土地基。对于在持续荷载作用下体积会发生很大压缩，强度会明显增长的土，这种方法特别适用。对超固结土，只有当土层的有效上覆压力与预压荷载所产生的应力水平明显大于土的先期固结压力时，土层才会发生明显的压缩。竖井排水预压法对处理泥炭土、有机质土和其他次固结变形占很大比例的土效果较差，只有当主固结变形与次固结变形相比所占比例较大时才有明显效果。

5.6.8.2 设计

1．堆载预压法

（1）对深厚软黏土地基（厚度4m以上），为了加速地基排水、减少预压时间，应设置砂井排水井或塑料排水带等排水竖井，分别如图5-39、图5-40所示。

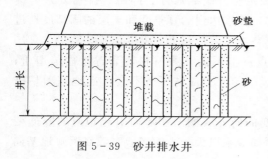

图5-39 砂井排水井

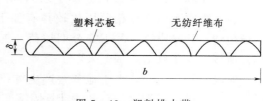

图5-40 塑料排水带

当软土层厚度不大或软土层含较多薄粉砂夹层，且固结速率能满足工期要求时，可不设置排水竖井，这种土层呈"千层糕"状构造，通常具有良好的透水性。

（2）堆载预压法处理地基的设计应包括下列内容：①选择砂井排水井或塑料排水带，确定其断面尺寸、间距、排列方式和深度；②确定预压区范围、预压荷载大小、荷载分级、加载速率和预压时间；③计算地基土的固结度、强度增长、抗滑稳定性和变形。

（3）排水竖井分普通砂井、袋装砂井和塑料排水带。普通砂井直径可取 $300\sim500mm$，袋装砂井直径可取 $70\sim120mm$。

（4）排水竖井的深度应根据建筑物对地基的稳定性、变形要求和工期确定。对以地基抗滑稳定性控制的工程，竖井深度至少应超过最危险滑动面 2.0m。

2. 真空预压法

（1）真空预压法是利用大气压力作为预压荷载的一种排水固结法。施工时先在地面铺设一层透水的砂及砾石，并在其上覆盖不透气的薄膜材料，如橡皮布、塑料布、黏土膏或沥青等，然后用射流泵抽气使透水材料中保持较高的真空度，使土体排水固结，真空预压示意图如图 5-41 所示。

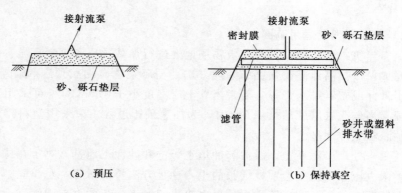

图 5-41　真空预压示意图

（2）真空预压法加固原理：①在膜下抽气时，气压减小，与膜上大气压形成压力差，此压力差值相当于作用在膜上的预压荷载。长期作用在膜上的压力以及地基中等向真空负压力的作用，形成对地基的预压加固；②抽气时，地下水位降低，土的有效应力增加，从而使土体压密固结。

为了提高加固地基效率，真空预压法处理地基必须设置排水竖井，否则难以奏效。

（3）真空预压法处理地基设计内容包括：确定竖井断面尺寸、间距、排列方式和深度，预压区面积和分块大小；落实真空预压工艺，要求达到的真空度和土层的固结度；进行真空预压和建筑物荷载下地基的变形计算，真空预压后地基土的强度增长计算等。

（4）真空预压和加载预压比较具有如下优点：①不需堆载材料，节省运输与造价；②场地清洁，噪声小；③不需分期加荷，工期短；④由于真空预压不会引起地基剪切破坏，所以可在很软的地基上采用。

对堆载预压工程，由于地基将产生体积不变的向外的侧向变形而引起相应的竖向变形，所以按单向压缩分层总和法计算固结变形后尚应乘以大于1的经验系数以反映地基向外侧向变形的影响。对真空预压工程，在抽真空过程中将产生向内的侧向变形，这是因为抽真空时，孔隙水压力降低，水平方向增加了一个向负压源的压力。对真空—堆载联合预压的工程，如孔隙水压力小于初始值，土体仍然发生向内的侧向变形，因此，在按单向压缩分层总和法计算固结变形后应乘上小于1的经验系数，方能得到地基的最终竖向变形。

5.6.9 强夯法和强夯置换法

5.6.9.1 地基处理原理及适用范围

1. 强夯法

（1）处理原理。强夯法又名动力固结法或动力压实法。这种方法反复将夯锤（质量一般为几吨至几十吨）提到一定高度使其自由落下（落距一般为几米至几十米），给地基以冲击力和振动，巨大的冲击波和动应力强制压实和振密地基，提高地基土的强度。强夯过程土体的状态如图5-42所示。地基经强夯后，一般认为其强度提高过程可分为以下几个状态：①夯击能量转化，同时伴随强制压缩或振密，包括气体的排除，孔隙水压力上升；②土体液化或结构破坏，表现为土体强度降低或抗剪强度丧失；③排水固结压密，表现为渗透性能改变，土体裂隙发展，水从裂隙排出而固结，土体强度提高；④触变恢复并伴随固结压密，包括部分自由水又变成薄膜水土的强度继续提高。其中①是瞬时发生的；②是强夯终止后很长时间，渗透性低的土需几个月才能完成。

（2）适用范围。强夯法用于处理碎石土、砂土、低饱和度的粉土与黏性土、湿陷性黄土、素填土和杂填土等地基，一般均能取得较好的效果。对于软土地基，一般来说处理效果不显著。据统计，经强夯法处理的地基，其承载力可提高 $2\sim5$ 倍，压缩性可降低 $50\%\sim90\%$。它不仅能在陆地上施工，还可在不深的水下夯实地基。由于强夯法效果好、速度快、节省材料且用途广泛，是工程界使用较广的一种地基加固方法。其缺点是施工时噪声和振动大，且影响附近的建筑物，故在建筑物稠密地区不宜使用。

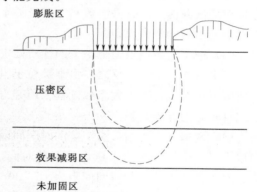

图5-42 强夯过程土体的状态

2. 强夯置换法

（1）处理原理。强夯置换法是采用在夯坑内回填块石、碎石等粗颗粒材料，夯锤夯击形成连续的强夯置换墩，从而提高地基土的整体强度并降低其压缩性。

（2）适用范围。适用于高饱和度的粉土与软塑—流塑的黏性土等地基上对变形控制要求不严的工程，具有加固效果显著、施工期短、施工费用低等优点。

5.6.9.2 设计

1. 强夯法

（1）强夯法的有效加固深度可用下述经验公式估算，也可按表5-27预估。

$$H = \alpha \sqrt{\frac{Wh}{10}} \qquad\qquad (5-95)$$

式中　H——强夯的有效加固深度，m；

　　　W——夯锤重，kN；

　　　h——落距，m；

　　　α——与土的性质和夯击能有关的经验系数，$\alpha = 0.5 \sim 0.9$，细粒土、夯击能较大时取大值。

表 5-27　强夯法的有效加固深度

单击夯击能/(kN·m)	碎石土、碎土等粗颗粒土	粉土、黏性土、湿陷性黄土等细颗粒土
1000	5.0~6.0	4.0~5.0
2000	6.0~7.0	5.0~6.0
3000	7.0~8.0	6.0~7.0
4000	8.0~9.0	7.0~8.0
5000	9.0~9.5	8.0~8.5
6000	9.5~10.0	8.5~9.0
8000	10.0~10.5	9.0~9.5

注：强夯法的有效加固深度应从最初起夯面算起。

（2）夯击次数是强夯设计中的一个重要参数，对于不同地基土来说夯击次数也不同。应按现场试夯得到的夯击次数和夯沉量关系曲线确定，常以夯坑的压缩量最大、夯坑周围隆起量最小为确定的原则。

（3）夯击遍数应根据地基土的性质确定。一般来说，由粗颗粒土组成的渗透性强的地基，夯击遍数可少些；反之，由细颗粒土组成的渗透性弱的地基，夯击遍数要求多些。根据我国工程实践，对于大多数工程采用夯击遍数 2 遍，最后再以低能量满夯 2 遍，一般均能取得较好的夯击效果。

（4）两遍夯击之间应有一定的时间间隔，以利于土中超静孔隙水压力的消散，间隔时间取决于土中超静孔隙水压力的消散时间，对于砂土，孔隙小，压力消散快，可连续夯击；对于黏性土，一般时间间隔为 15~30d。

（5）夯击点布置是否合理与夯实效果有直接的关系。一般正方形布置夯击点，间距 5~9m。当要求处理深度较大时，第一遍的夯点间距更不宜过小，以免夯击时在浅层形成密实层而影响夯击能往深层传递。第一遍夯击点间距可取夯锤直径的 2.5~3.5 倍，第二遍夯击点位于第一遍夯击点之间。以后各遍夯击点间距可适当减小。

（6）根据上述各条，提出强夯试验方案，进行现场试夯。试夯结束一至数周后，对试夯场地进行检测。并与夯前测试数据进行对比，检验强夯效果，确定工程采用的各项强夯参数。

（7）强夯地基承载力特征值应通过现场荷载试验确定，初步设计时也可根据夯后原位测试和土工试验指标按现行国家标准《建筑地基基础设计规范》（GB 50007—2011）的有关规定确定。

（8）强夯地基变形计算应符合现行国家标准《建筑地基基础设计规范》（GB 50007—

2011）的有关规定。夯后有效加固深度内土层的压缩模量应通过原位测试或土工试验确定。

2. 强夯置换法

（1）强夯置换墩的深度由土质条件决定，除厚层饱和粉土外，应穿透软土层，到达较硬土层上，深度不宜超过 7m。对淤泥、泥炭等黏性软弱土层，置换墩应穿透软土层，着底在较好土层上；对深厚饱和粉土、粉砂，墩身可不穿透该层。

强夯置换的加固原理相当于强夯（加密）＋碎石墩＋特大直径排水井三者之和。因此，墩间和墩下的粉土或黏性土通过排水与加密，其密度及状态可以改善。由此可知，强夯置换的加固深度由两部分组成，即置换深度和墩下加密范围。墩下加密范围因资料有限目前尚难确定，应通过现场试验逐步积累资料。

（2）墩体材料可采用级配良好的块石、碎石、矿渣、建筑垃圾等坚硬粗颗粒材料。

（3）夯点的夯击次数应通过现场试夯确定，且应考虑墩底穿透软弱土层，且达到设计墩长；累计夯沉量为设计墩长的 1.5～2.0 倍，累计夯沉量指单个夯点在每一击下夯沉量的总和。

（4）墩位布置宜采用等边三角形或正方形。对独立基础或条形基础可根据基础形状与宽度相应布置。墩间距应根据荷载大小和原土的承载力选定，当满堂布置时可取夯锤直径的 2～3 倍；对独立基础或条形基础可取夯锤直径的 1.5～2.0 倍；墩的计算直径可取夯锤直径的 1.1～1.2 倍。

（5）强夯置换法试验方案的确定，应符合规范的规定，即进行现场试夯，根据不同土质条件待试夯结束一至数周后，对试夯场地进行检测，并与夯前测试数据进行对比，检验强夯效果，择优选用，确定工程采用的各项强夯参数。

（6）确定软黏性土中强夯置换墩地基承载力特征值时，可只考虑墩体，不考虑墩间土的作用，其承载力应通过现场单墩荷载试验确定。对饱和粉土地基可按复合地基考虑，其承载力可通过现场单墩复合地基荷载试验确定。

（7）强夯置换地基的变形计算应符合规范要求。地基变形计算应符合现行国家标准《建筑地基基础设计规范》（GB 50007—2011）的有关规定，夯后有效加固深度内土层的压缩模量应通过原位测试或土工试验确定。

5.6.9.3 工程案例

（1）工程概况。风力发电机组基础轮毂高度为 65m，单机容量为 850kW，叶轮直径为 58m。

风力发电机组基础基底土层为第四纪中晚期沉积的粉砂、细砂层，第四纪早期沉积的粉砂、细砂层、细砂、中砂层，褐黄色、稍湿，松散—稍密，含氧化铁云母及少量有机质，局部夹粉质黏土层，地基承载力为 100～140kPa。

该场地上部土层属于新近沉积的粉细砂土层，强度较低，密度属于松散—稍密，地基承载力低，不能满足风力发电机组基础设计要求，需进行地基加固处理。根据本场地地层特点，设计采用重锤夯实加固地基处理方案。

（2）基础形式及尺寸。风力发电机组基础地基处理采用重夯加固形式。基础形式为 $L=10.8m$ 的正四边形，埋深 $h=2.0m$，尺寸如图 5-43 所示的风力发电机组重夯加固地基。

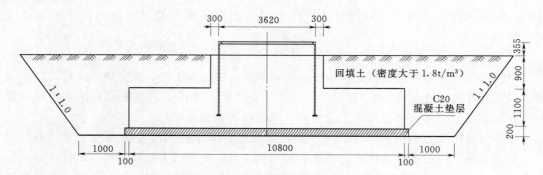

图 5-43　风力发电机组重夯加固地基（单位：mm）

（3）例题详解。

1）风力发电机组基础地基加固影响深度计算。风力发电机组基础持力层为砂性土，采用 5t 重锤夯实（锤重力为 50kN），落距为 5m，砂性土 $\alpha=0.7$。

地基加固影响深度可计算得

$$H=\alpha\sqrt{\frac{Wh}{10}}=0.7\times\sqrt{\frac{50\times5}{10}}=3.5\mathrm{m}$$

2）重锤夯实地基处理技术要求。重锤夯实施工前，应进行试夯或进行试验性施工，确定有关施工技术参数，试夯落距为 5m，最后夯沉量不超过 10mm，夯击遍数由试验确定。夯实前基坑底面标高应高出基底设计标高，预留土层的厚度可为试夯资料确定的总夯沉量加 100mm。

夯实结束后，应及时将夯松的表层浮土清除，或将浮土在接近最优含水量状态下，采用 1m 落距重新夯实至设计标高。

3）重夯地基效果检验及评价。为验证重夯地基处理加固效果，风力发电机组基础在重夯施工完成后均以随机布点方式采用标准贯入试验方法进行检测，检测结果表明，起夯面以下 1.0m 至重夯加固深度范围内的标准贯入试验检测锤击数大于 19 击，标准贯入击数比夯前提高了 1～2 倍，经重夯处理后的地基均匀性较好，加固后的细砂层地基承载力基本值大于 190kPa。

5.6.10　振冲法

5.6.10.1　地基处理原理及适用范围

（1）振冲法的处理原理。振冲法是利用振冲器边振边冲，即在水平振动和高压水的共同作用下使松砂地基密实（振冲密实法）或在软弱黏性地基中成孔，填入碎石后和原地基土组成复合地基（振冲置换法）的地基处理方法。在各种软弱黏性土中施工都要在振冲孔内加填碎石（或卵石等）回填料，制成密实的振冲桩，而桩间土则受到不同程度的挤密和振密，桩和桩间土构成复合地基，使地基承载力提高，变形减少，并可消除土层的液化。振冲法对不同性质的土层分别具有置换、挤密和振动密实等作用。对黏性土主要起到置换作用，对中细砂和粉土除置换作用外还有振实挤密作用。

在中粗砂层中振冲，由于周围砂料能自行塌入孔内，也可以采用不加填料进行原地振冲加密的方法。这种方法适用于较纯净的中、粗砂层，施工简便，加密效果好。振冲置换法施工程序如图 5-44 所示，即用起重机吊起棒形振冲器，启动潜水电机带动振冲器的偏心块，使振冲器产生高频振动，同时开动水泵使高压水喷出，在高压水流和振动的作用下，振冲器沉到土中预定的深度后，关闭下喷水口，开启上喷水口，然后向振动形成的孔穴中填以粗砂、砾石或碎石。振冲器边振边上提，最后在地基中形成一根密实的砂、砾或碎石桩，它与砂桩相似而效果更好。

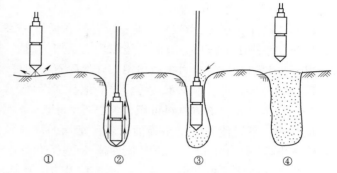

图 5-44 振冲法施工程序示意图
①—振冲器由吊车或卷扬机就位后，打开下喷水口，启动振冲器；
②—振冲成孔达设计深度后，关闭下喷水口，打开上喷水口；
③—往孔中填砂（石）材料，同时喷水振动，使填砂（石）密实后，逐步提升振冲器；④—振冲器提出地面，地基内形成振冲桩

（2）振冲法适用范围。振冲密实法适用于处理砂土、粉土、粉质壤土、素填土和杂填土等地基；振冲置换法适用于处理不排水抗剪强度不小于 20kPa 的饱和黏性土和饱和黄土地基。不加填料振冲加密适用于处理黏性含量不大于 10% 的中砂、粗砂地基。

对大型的、重要的或场地地层复杂的工程，在正式施工前应通过现场试验确定其处理效果。这是因为一些计算方法都还不够成熟，某些设计参数也只能凭工程经验选定。

振冲法用于松砂，它可提高地基承载力 1 倍以上。有的国家曾用此法使地基承载力达到 500~700kPa。日本用此法处理的地基，经地震后未发生液化现象。国内采用振冲法碎石桩加固，也取得了良好的效果。

5.6.10.2 设计

（1）振冲桩处理范围。振冲桩处理范围应根据建筑物的重要性和场地条件确定，一般在基础外缘扩大 1~2 排桩。当要求消除地基液化时，在基础外缘扩大宽度不应小于基底下可液化土层厚度的 1/2。

（2）桩位布置。桩位布置：①对大面积满堂处理，宜用等边三角形布置；②对单独基础或条形基础，宜用正方形、矩形或等腰三角形布置。振冲桩的间距应根据上部结构荷载大小和场地土层情况，并结合所采用的振冲器功率大小综合考虑，其中①30kW振冲器布桩间距可采用 1.3~2.0m；②55kW 振冲器布桩间距可采用 1.4~2.5m；③75kW 振冲器布桩间距可采用 1.5~3.0m。此外，荷载大或对黏性土宜采用较小的间距，荷载小或对砂土宜采用较大的间距。不加填料振冲加密孔距可为 2~3m，宜用等边三角形布孔。

（3）桩长的确定。当相对硬层埋深不大时，应按相对硬层埋深确定；当相对硬层埋深较大时，按建筑物地基变形容许值确定；在可液化地基中，桩长应按要求的抗震处理深度

确定。桩长不宜小于 4m。

（4）铺设碎石垫层。在桩顶和基础之间宜铺设一层 300～500mm 厚的碎石垫层。碎石垫层起水平排水的作用，有利于施工后土层加快固结，更大的作用在碎石桩顶部采用碎石垫层可以起到明显的应力扩散作用，降低碎石桩和桩周围土的附加应力，减少碎石桩侧向变形，从而提高复合地基承载力，减少地基变形量。

（5）桩体材料。桩体材料可用含泥量不大于 5% 的碎石、卵石、矿渣或其他性能稳定的硬质材料，不宜使用风化易碎的石料。常用的填料粒径为：30kW 振冲器 20～80mm，55kW 振冲器 30～100mm，75kW 振冲器 40～150mm。填料的作用，一方面是填充振冲器上拔后在土中留下的孔洞，另一方面是利用其作为传力介质，在振冲器的水平振动下通过连续加填料将桩间土进一步振挤加密。

（6）桩的平均直径。振冲桩的平均直径可按每根桩所用填料量计算。振冲桩直径通常为 0.8～1.2m。

（7）振冲桩复合地基承载力特征值。振冲桩复合地基承载力特征值应通过现场复合地基荷载试验确定，初步设计时，单桩和处理后桩间土承载力特征值的估算公式为

$$f_{spk} = m f_{pk} + (1-m) f_{sk} \qquad (5-96)$$
$$m = d^2 / d_e^2 \qquad (5-97)$$

式中　f_{spk}——振冲桩复合地基承载力特征值，kPa；

　　　f_{pk}——桩体承载力特征值，kPa，宜通过单桩荷载试验确定；

　　　f_{sk}——处理后桩间土承载力特征值，kPa，宜按当地经验取值，如无经验时，可取天然地基承载力特征值；

　　　m——桩土面积置换率；

　　　d——桩身平均直径，m；

　　　d_e——一根桩分担的处理地基面积的等效圆直径，其取值为等边三角形布桩 $d_e = 1.05s$，正方形布桩 $d_e = 1.13s$，矩形布桩 $d_e = 1.13\sqrt{s_1 s_2}$，其中 s、s_1、s_2 分别为桩间距、纵向间距和横向间距。

对中小型工程的黏性土地基如无现场荷载试验资料时可按下式估算

$$f_{spk} = [1 + m(n-1)] f_{pk} \qquad (5-98)$$

式中　n——桩土应力比，在无实测资料时，可取 2～4，原土强度低取大值，原土强度高取小值。

实测的桩土应力比参见表 5-28，多数 $n = 2 \sim 5$。规范建议桩土应力比取 2～4。

表 5-28　实测桩土应力比

序号	工程名称	主要上层	n	
			范围	均值
1	江苏连云港临洪东排涝站	淤泥		2.5
2	塘沽长芦盐场第二化工厂	黏土、淤泥质黏土	1.6～3.8	2.8
3	浙江台州电厂	淤泥质粉质黏土	最大 3.0，3.5	
4	山西太原环保研究所	粉质黏土、黏质粉土		2.0

序号	工程名称	主要上层	n	
			范围	均值
5	江苏南通天生港电厂	粉砂夹薄层粉质黏土		2.0, 2.4
6	上海江桥车站附近路堤	粉质黏土、淤泥质粉质黏土	1.4~2.4	
7	宁夏大武口电厂	粉质黏土、中粗砂	2.5, 3.1	
8	美国 Hampton（164）路堤	极软粉土、含砂黏土	2.6~3.0	
9	美国 New Orleans 试验堤	有机软黏土夹粉砂	4.0~5.0	
10	美国 New Orleans 码头后方	有机软黏土夹粉砂	5.0~6.0	
11	美国 He Lacroix 路堤	软黏土	2.0~4.0	2.8
12	美国乔治工学院模型试验	软黏土	1.5~5.0	

（8）振冲处理地基的变形计算。振冲处理地基的变形计算应符合现行国家标准《建筑地基基础设计规范》（GB 50007—2011）的有关规定。复合土层的压缩模量的计算公式为

$$E_{sp} = [1 + m(n-1)]E_s \qquad (5-99)$$

式中　E_{sp}——复合土层压缩模量，MPa；

　　　E_s——桩间土压缩模量，MPa，宜按当地经验取值，如无经验时，可取天然地基压缩模量。

式（5-99）中的 n（桩土应力比），在无实测资料时，对黏性土可取 $n=2\sim4$，对粉土和砂土可取 $n=1.5\sim3$，原土强度低取大值，原土强度高取小值。

（9）不加填料的振冲密实法。

桩位布置、振密深度的确定。不加填料振冲加密孔间距视砂土的颗粒组成、密实要求、振冲器功率等因素而定，砂的粒径越细，密实要求越高，则间距越小。

5.6.11　砂石桩法

5.6.11.1　地基处理原理、适用范围及一般规定

（1）砂石桩法的处理原理、适用范围。碎石桩、砂桩和砂石桩总称为砂石桩，是指采用振动、冲击或水冲等方式在软弱地基中成孔后，再将砂或碎石挤压入已成的孔中，形成大直径的砂石所构成的密实桩体，如图 5-45 所示。砂石桩法是由桩间挤密土和锤击或振动密实的砂石桩体组成的复合地基，主要包括砂桩（置换）法、挤密砂桩法和沉管碎石桩法等。

砂石桩用于松散砂土、粉土、黏性土、素填土及杂填土地基时，主要靠桩的挤密和施工中的振动作用使桩周围土的密度增大，从而使地基的承载能力提高，压缩性降低。砂性土加固机理为挤密，黏性土加固机理为置换。

国内外的实际工程经验证明砂石桩法处理砂土及填土地基效果显著，并已得到广泛应用。砂石桩法也可用于处理可液化地基，其有效性已为国内外不少实际地震和试验研究成果所证实。砂石桩法用于处理软土地基，国内外也有较多的工程实例。但应注意由于软黏土含水量高、透水性差，砂石桩很难发挥挤密效用，其主要作用是部分置换并与软黏土构

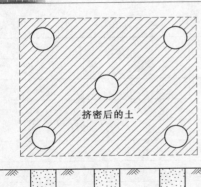

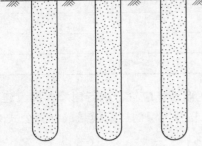

挤密后的土

图 5-45　砂桩加固地基图

成复合地基，同时加速软土的排水固结，从而增大地基土的强度，提高软基的承载力。

（2）一般规定。用砂石桩挤密素填土和杂填土等地基的设计及质量检验，尚应符合灰土桩、土桩等挤密桩的有关规定；采用砂石桩处理地基，对黏性土地基，应有地基土的不排水抗剪强度指标；对砂土和粉土地基应有地基土的天然孔隙比、相对密实度或标准贯入击数、砂石料特性、施工机具及性能等资料。

5.6.11.2　设计

砂石桩的设计内容包括桩位布置、桩孔直径、桩距、桩长、处理范围、灌注砂石量及处理地基的承载力、稳定或变形验算。

（1）砂石桩的桩位布置、桩孔直径。砂石桩孔位宜采用等边三角形或正方形布置。

砂石桩直径的大小取决于施工设备桩管的大小和地基土的条件。小直径桩管挤密质量较均匀但施工效率低；大直径桩管需要较大的机械能力，工效高；采用过大的桩径，一根桩要承担的挤密面积大，通过一个孔要填入的砂料多，不易使桩周土挤密均匀。一般的直径为 300～800mm。实际采用的直径，在陆上为 600～800mm，在海上为 800～1000mm，最大达到 2000mm。

（2）砂石桩的间距。砂石桩的间距应通过现场试验确定。对粉土和砂土地基，不宜大于砂石桩直径的 4.5 倍；对黏性土地基，不宜大于砂石桩直径的 3 倍。当合理的桩距和桩的排列布置确定后，一根桩所承担的处理范围即可确定。

（3）砂石桩桩长。桩的长度主要取决于需加固处理的软土层的厚度，建筑物对地基的强度和变形条件等的设计要求以及地质条件，砂土地基还应考虑抗液化的要求。

一般建筑物的沉降存在一个沉降差，当差异沉降过大，则会使建筑物受到损坏。为了减少其差异沉降，可分区采用不同桩长进行加固，用以调整差异沉降。

（4）砂石桩处理范围。基于基础的压力向基础外扩散，且外围的 2～3 排桩挤密效果较差，砂石桩处理范围应大于基底范围，宜在基础外缘加宽 1～3 排桩，原地基越松则应加宽越多。重要的建筑以及要求荷载较大的情况应加宽多些。《建筑地基处理技术规范》（JGJ 79—2012）规定对可液化地基在基础外缘扩大宽度为不小于可液化土层厚度的 1/2，并不小于 5m。

（5）砂石桩桩孔内的填料量。砂石桩桩孔内的填料量应通过现场试验确定，估算时可按设计桩孔体积乘以充盈系数确定，可取 $\beta=1.2\sim1.4$，即增加量约为计算量的 20%～40%。

（6）桩体材料及桩顶部铺设砂石垫层。桩体材料可用碎石、卵石、角砾、圆砾、砾砂、粗砂、中砂或石屑等硬质材料。砂石桩顶部宜铺设一层厚度为 300～500mm 的砂石垫层。

（7）砂石桩复合地基的承载力特征值。砂石桩复合地基的承载力特征值应通过现场复合地基荷载试验确定，初步设计时，也可通过下列方法估算：

1）对于采用砂石桩处理的复合地基，其承载力特征值可按式（5-96）或按式（5-97）估算。

2）对于采用砂桩处理的砂土地基，可根据挤密后砂土的密实状态，按现行国家标准《建筑地基基础设计规范》（GB 50007—2011）的有关规定确定。

（8）砂石桩处理地基的变形计算。

1）压缩模量可按式（5-99）计算。

2）沉降量计算应按现行国家标准《建筑地基基础设计规范》（GB 50007—2011）中的有关规定计算。

5.6.12 水泥粉煤灰碎石桩（CFG桩）法

5.6.12.1 地基处理原理、适用范围及一般规定

（1）水泥粉煤灰碎石桩法的处理原理、适用范围。水泥粉煤灰碎石桩是由水泥、粉煤灰、碎石、石屑或砂加水拌和形成的高黏结强度桩（简称 CFG 桩），并由桩、桩间土和褥垫层一起组成复合地基，属地基范畴。而桩基础是一种深基础，尽管 CFG 桩体强度有时与桩基中桩的强度等级相同，但由于在 CFG 桩和基础之间设立了褥垫层，在垂直荷载作用下，桩基中的桩土受力和 CFG 桩中的桩复合地基中的桩、土受力有着明显的不同。水泥粉煤灰碎石桩复合地基示意图如图 5-46 所示。

水泥粉煤灰碎石桩复合地基具有承载力提高幅度大、地基变形小等特点，具有较大的适用范围，既可适用于条形基础、独立基础，也可适用于箱形基础、筏形基础。

（2）一般规定。

1）水泥粉煤灰碎石桩应选择承载力相对较高的土层作为桩端持力层。水泥粉煤灰碎石桩具有较强的置换作用，其他参数相同，桩越长桩的荷载分担比越高。

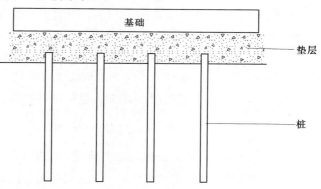

图 5-46 水泥粉煤灰碎石桩复合地基示意图

桩端落在相对较好的土层上，可以很好地发挥桩的端阻力，也可避免场地岩性变化大可能造成的建筑物沉降不均匀。

2）目前许多建筑物倾斜、开裂等事故，由地基变形不均匀导致的占了较大的比例。《建筑地基处理技术规范》（JGJ 79—2012）规定，水泥粉煤灰碎石桩复合地基设计时不但要按承载力控制进行设计还必须进行地基变形验算。

5.6.12.2 设计

（1）水泥粉煤灰碎石桩布置范围及桩径。水泥粉煤灰碎石桩一般可只在基础范围内布

置，桩径宜取 350～600mm，桩径过小，施工质量不容易控制，桩径过大，需加大褥垫层厚度才能保证桩土共同承担上部结构传来的荷载。对可液化地基，基础外一定范围内需打设一定数量的碎石桩作为护桩，基础内可采用振动沉管水泥粉煤灰碎石桩、振动沉管碎石桩等加固方案。

（2）桩距。桩距的大小取决于设计要求的复合地基承载力和变形量、土性、施工工艺等，宜取 3～5 倍桩径。桩距越小，复合地基承载力越大，但少于 3 倍桩经后，随着桩距的减少，复合地基承载力明显下降。设计的桩距首先要满足承载力和变形量的要求。从施工角度考虑，尽量选用较大的桩距，以防止新打桩对已打桩的不良影响。桩距选用参考表 5－29。

表 5－29　桩　距　选　用　表

布桩形式	土 质		
	挤密好的土	可挤密性土	不可挤密土
单、双排布桩的条形基础	(3～5)d	(3.5～5)d	(4～5)d
含 9 根以下的独立基础	(3～6)d	(3.5～6)d	(4～6)d
满堂布桩	(4～6)d	(4～6)d	(4.5～7)d

注：d—桩径。

施工工艺分为两大类：一是对桩间土产生扰动或挤密的施工工艺，如振动沉管打桩机成孔制桩，属挤土成桩工艺；二是对桩间土不产生扰动或挤密的施工工艺，如长螺旋钻孔灌注成桩，属非挤土成桩工艺。

在满足承载力和变形要求的前提下，可以通过调整桩长来调整桩距，桩越长，桩间距可以越大。

（3）桩长 L。根据天然地基承载力特征值 f_{ak}，计算设计需要的复合地基承载力特征值 f_{apk}，再拟定面积置换率就可以求出单桩竖向承载力特征值 R_a，从而可确定桩长。由此通过优化就可以最终确定桩距、桩长、置换率等数值。

$$f_{spk} = m\frac{R_a}{A_p} + \beta(1-m)f_{sk} \qquad (5-100)$$

式中　β——桩间土承载力折减系数经验值，可取 0.75～0.95，天然地基承载力较高时取大值；

　　　A_p——桩截面积，m^2。

（4）褥垫层。桩顶和基础之间应设置褥垫层，褥垫层厚度宜取 150～300mm，当桩径大或桩距大时褥垫层厚度宜取高值，铺设范围应比基底范围大，四周宽出基底的长度应不小于垫层厚度。褥垫层在复合地基中具有如下的作用：

1）保证桩、土共同承担荷载。

2）通过改变褥垫厚度，调整桩垂直荷载的分担，调整桩、土水平荷载的分担。

3）减少基础底面的应力集中。褥垫层材料宜用中砂、粗砂、级配砂石或碎石等，最大粒径不宜大于 30mm。由于卵石咬合力差，施工时扰动较大，褥垫厚度不容易保证均匀，不宜采用卵石。

（5）水泥粉煤灰碎石桩复合地基承载力特征值。

1）水泥粉煤灰碎石桩复合地基承载力特征值 f_{apk} 应通过现场复合地基荷载试验确定，初步设计时也可按有关公式估算。

2）地基处理后，上部结构施工有一个过程，应考虑荷载增长和土体强度恢复的快慢来确定处理后桩间土承载力特征值 f_{ak}。

对可挤密的一般黏性土，f_{ak} 可取 1.1～1.2 倍天然地基承载力特征值，塑性指数小，孔隙比大时取高值。

对不可挤密土，若施工速度慢，可取天然地基承载力特征值；若施工速度快，宜通过现场试验确定 f_{ak}。

对挤密效果好的土，由于承载力提高幅值的挤密分量较大，宜通过现场试验确定 f_{ak}。

（6）单桩竖向承载力特征值。单桩竖向承载力特征值 R_a 的取值应符合下列规定：

1）当采用单桩荷载试验时，应将单桩竖向极限承载力除以安全系数 2。

2）当无单桩荷载试验资料时，可按有关规定公式计算。

（7）地基处理后的变形计算。

1）地基处理后的变形计算应按现行国家标准《建筑地基基础设计规范》（GB 50007—2012）的有关规定执行，复合土层的分层与天然地基相同。

2）地基变形计算深度应大于复合土层的厚度，并符合现行国家标准《建筑地基基础设计规范》（GB 50007—2012）中地基变形计算深度的有关规定。

（8）桩体配比设计。CFG 桩与素混凝土桩的不同就在于其桩体更经济。由于着眼于取材，而各地区的材料不尽相同。例如石屑粒径大小、颗粒形状、含粉量均不相同，粉煤灰的质量性能也不一致，所以较难有一个统一的、精度很高的配比，经验性很强。

第6章 海上风力发电机组基础

6.1 风力发电机组基础概况

6.1.1 国外海上风力发电机组基础型式及特点

国外海上风电起步较早，20 世纪 90 年代起就开始研究和建设海上试验风电场，2000 年以后，随着风力发电机组技术的发展，风力发电机组的单机容量迅速发展，机组可靠性也进一步提高，大型海上风电场开始出现。国外海上风力发电机组基础一般有单桩、重力式、桩基导管架式、桩基门架式、负压桶式、漂浮式等基础型式，其中单桩、重力式和桩基导管架式基础这三种基础型式已经有了较成熟的应用经验，桩基门架式基础为 2010 年首次在德国的 Bard 风电场中采用的基础型式，而负压桶式和漂浮式基础则尚处于试验阶段。

单桩基础为采用一根钢管桩，直径 4～6m，桩长数十米，采用大型沉桩机械打入海床，上部用过渡段（或称"连接段"）与塔筒连接。过渡段与钢管桩之间采用灌浆（或焊接）连接，过渡段顶部与塔筒之间采用法兰连接，过渡段同时也兼具调整打桩垂直度偏差及调平的作用。单桩基础在目前已建成的海上风电场中得到了广泛的应用，据统计，超过 2/3 的海上风电场中应用单桩基础。该基础型式特别适于浅水及中等水深、地基条件较好的海域中。其优点是施工简便、快捷、适应性强。在已建成的 Horns Rev，Sams，Utgrunden，Arklow Bank，Scroby Sands 及 Kentish Flats 等风电场均采用此种基础型式。单桩基础示意图如图 6-1 所示。

重力式基础适用于浅海及地基条件较好的海域，一般为钢筋混凝土结构，靠其自身重量来抵抗海洋环境的风、浪、流、冰等荷载的作用。该基础对海床表面地质条件也有一定限制，不适合淤泥质海床。重力式基础一般采用预制空腔结构，空腔内填充砂、碎石或砂石土混合物，使基础有足够自重抵抗外荷载对基础产生的水平滑动、倾覆。为缩短海上施工作业时间，重力式基础的主体结构一般在陆上预制，养护完成后，用运输船运至现场，用大型起吊船将基础起吊就位。重力式基础就位前需将海底整平，若海床为软弱土，则需提前进行相应的地基处理。重力式基础与塔筒之间为螺栓连接，为保证底法兰水平，螺栓为后装，需在基础内预留孔并二次灌浆。这种基础在海上施工工作量较小、安装快捷。目前该基础的实际应用主要集中在北海海域，如丹麦的 Middelgrunden、Nysted、瑞典的 Lillgrund 等近海风电场中，近几年在比利时的 Thornton Bank 风电场中也采用过，其水深达 12～27.5m。重力式基础示意图如图 6-2 所示。

桩基导管架式基础为用 3 根或 3 根以上的钢管桩打入海床，并用导管架与桩顶相连。上部导管架结构中与桩基连接的部位称之为"导管"，导管与钢管桩之间采用灌浆连接，导管架顶部与塔筒之间采用法兰相连，导管架同时起到基础调平的作用。导管架基础适应于各种水深，当水深较浅时，导管架结构可设计为简易的钢架结构，当水深较深时可设计为空间复杂网架结构。对于水深超过 20m、单机容量超过 3MW 的海上风电场项目中应用最为广泛的基础型式即为桩基导管架式基础，其施工速度较快、对海床地质条件要求也不高。英国的 Beatrice、德国的 Hooksiel、Alpha Ventus 等风电场均采用导管架基础。桩基导管架式基础示意图如图 6-3 所示。

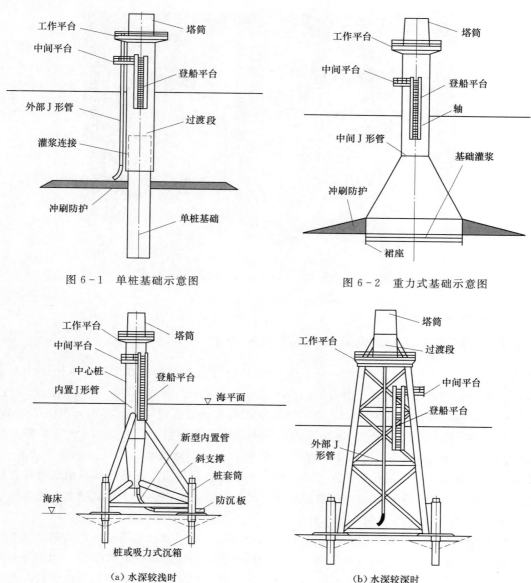

图 6-1　单桩基础示意图　　　　　　　　图 6-2　重力式基础示意图

（a）水深较浅时　　　　　　　　　　（b）水深较深时

图 6-3　桩基导管架式基础示意图

桩基门架式基础与桩基导管架式基础有些相似，采用 3 根或 3 根以上的钢管桩打入海床，上部采用钢结构门架与之相连。门架底部设置套管，插入钢管桩内部通过灌浆连接，门架顶部与塔筒之间采用法兰相连。与桩基导管架式基础不同的是，该基础是将整个门架结构设置于远离海平面以上的位置，先打完桩再安装门架，保障门架安装不被潮水及海浪影响，减少水下施工的工作量。该基础施工快捷，但总用钢材量较大，打桩精度要求较高。2010年，德国的Bard风电场首次试用过该基础形式。桩基门架式基础示意图如图6-4所示。

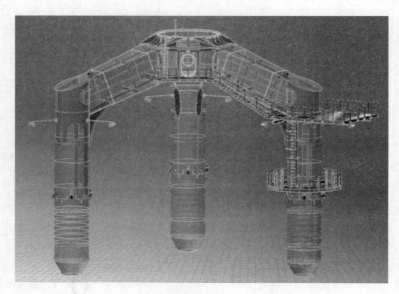

图6-4 桩基门架式基础示意图

6.1.2 国内海上风力发电机组基础型式及特点

国内海上风电建设起步较晚，自2007年中国海洋石油总公司在渤海湾绥中36-1废弃石油平台基础上建设完成了国内第一台1.5MW海上风力发电机组，并成功投产运行，之后相继建成的海上风电场有江苏如东30MW潮间带试验风电场、上海东海大桥100MW海上风电示范项目、江苏响水2.0MW海上风电试验机组项目、江苏如东150MW海上风电场示范工程等。主要采用的基础型式有高桩承台基础、低桩承台基础、桩基导管架式、单桩等基础型式，负压桶式和漂浮式基础则尚处于概念设计阶段。其中高桩承台基础、桩基导管架式基础以及单桩基础使用数量较多，据统计，目前国内海上风电场中采用高桩承台基础有35台、桩基导管架式基础有30台、单桩基础有57台。

桩基导管架式基础及单桩基础在6.1.1已经叙述，本节仅介绍高桩承台基础及低桩承台基础型式。高桩承台基础为我国海岸码头和跨海大桥桥墩基础的常见结构，如东海跨海大桥、杭州湾跨海大桥、苏通大桥、港珠澳跨海大桥等均采用该基础型式。已建的上海东海大桥海上风电示范项目和江苏响水2.0MW海上风电试验机组项目亦采用该基础型式。高桩承台基础主要由基桩和承台两部分组成，承台为现浇混凝土，基桩多为钢管桩，桩径视实际受力状况1.5～2.0m不等。该基础型式运输、桩基施工、混凝土浇筑等均为常规

施工，可充分利用国内常规的船舶设备，但不足是工程量较大。高桩承台基础示意图如图
6-5所示。

图 6-5　高桩承台基础示意图

低桩承台基础即群桩式低承台墩柱式基础，原为沿海滩涂地区应用最为广泛的基础型
式，后来经改造后用于潮间带海域中。基础上部为现浇混凝土墩柱结构，其顶部为满足抗
冲切要求及与风力发电机组塔筒基础环固端连接的需要，直径适当扩大；墩柱以下为圆盘
形现浇混凝土承台结构，承台将墩柱传递的上部结构荷载及自重等合荷载作用传递给底部
的桩基。桩基可采用 PHC 桩、灌注桩以及钢管桩等，均匀布置于承台底，与承台固端连
接，形成承台、桩、土共同受力体系。该基础结构刚度较大、稳定性较好，但其仅适用于
潮间带海域，且施工工序较多、周期较长。低桩承台基础示意图如图 6-6 所示。

（a）型式一

（b）型式二

图 6-6　低桩承台基础示意图

6.1.3　其他基础型式及研究进展

除以上在大型海上风电场中采用过的基础型式以外，负压桶式、漂浮式基础正处于概念设计及少量试验阶段。

其中，负压桶式基础在海洋工程的船舶系锚中应用较大，典型案例如国内1998年建成的海军射击靶校准吸力式基础平台、1999年10月建成的JZ9-3油田三筒系缆平台（图6-7）、2000年11月建成的JZ9-3油田两筒靠船墩工程、2006年9月建成的文昌油田群吸力桩水下基盘工程等；丹麦近岸滩涂区域的Frederikshaven风电场中试验过一台负压桶式基础（图6-8）；国内中国水电顾问集团华东勘测设计研究院、天津大学、江苏道达海上风电科技有限公司亦正在开发负压桶式基础，并在海上测风塔中试点过该基础型式（图6-9）。但总体而言，负压桶式基础目前尚未成熟，其沉放、调平难度较大，且永久运行时尚需解决不均匀沉降、基础周围局部冲刷等方面的技术问题。

图6-7　国内JZ9-3油田三筒系缆平台

图6-8　丹麦Frederikshaven风电场负压桶式基础

图 6-9　江苏射阳南区 H2 号海上测风塔负压桶式基础

　　漂浮式基础安装及运行需要克服海洋环境各种荷载的影响，在运行期确保不发生超过设计预期的偏角及起伏。在近海风电场中应用的可能性不大，但随着海上风电场逐步向深海开发，漂浮式基础技术研究及施工装备的研发则大有可用的市场。挪威的 Hywind 风电场的一台试验风力发电机组采用过漂浮式基础，机型为 Siemens 2.3MW，基础长度 117m、水深约 100m，通过海底三点系锚固定。挪威的 Hywind 风电场漂浮式基础示意图如图 6-10 所示。

图 6-10　挪威的 Hywind 风电场漂浮式基础示意图

　　我国海上风力发电机组基础设计研究时，需要结合工程所处海域的海洋环境，如风、浪、流、冰、水深情况、海生物及所处海域的工程地质条件、国内施工装备、技术水平进行分析、比较后选择最合适的基础型式。随着生产力发展及技术进步，特别是海上风电场逐步向大机组、深海的趋势发展，未来亦会有更多新型基础型式逐步被研发出来。

　　结合国内外海上风电开发建设经验，选择技术较为成熟、经济性比较好的典型基础方案进行详细介绍，具体包括单桩基础、导管架基础、高桩承台基础等。

6.2 单 桩 基 础

6.2.1 单桩基础特点及适用范围

单桩基础受力比较明确，上部塔架将风力发电机组的空气动力荷载传递给基础的过渡段钢筒，再通过基桩传递给海床地基。因该基础多采用超大直径的钢管桩，截至 2012 年，最大桩径已达到 6.5m，因此需采用进口的大型液压冲击锤进行沉桩作业，目前该打桩锤仅荷兰的 IHC、德国的 MENCK 公司能生产。但由于结构简单，海上作业量较少、工序较为简单，其施工速度较快。但该基础型式在岩石地基、深厚淤泥质土地基中适用性较差，需要施工嵌岩桩或进行地基处理，施工难度较大，造价较高。最适合的海域为砂质土地基，水深范围为 0～20m。

单桩基础主体部分为超大直径钢管桩与过渡段钢筒，因其壁厚较大（一般为 40～80mm），无明显的交叉节点，因此在结构受力时无明显的疲劳问题。但因基础刚度相对于其他基础要小，因此动力分析时要特别注意，基础周围一般通过防冲刷措施进行防护，以避免基础周围的局部冲刷过大影响结构的稳定性及整机的频率。

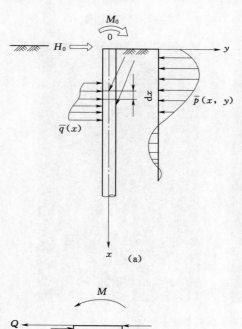

图 6-11　m 法计算简图

6.2.2 单桩基础静力计算

6.2.2.1 桩—土相互作用

（1）m 法（线弹性地基反力法）。m 法是一种线弹性地基反力法，由 Winkler（文克尔）弹性地基梁理论演变而来，即假定竖直桩全部埋入土中，在断面主平面内，地表面桩顶处作用垂直于桩轴线的水平力 H_0 和外力矩 M_0（如图 6-11 所示），选坐标原点和坐标轴的方向，规定图示方向为 H_0 和 M_0 的正方向，在桩身取微段 dx，规定图示方向为弯矩 M 和剪力 Q 的正方向。通过分析，导出弯曲微分方程为

$$\left. \begin{aligned} EI \frac{d^4 \gamma}{dx^4} + BP(x、y) = 0 \\ P(x、y) = (a + mx^i) y^n = k(x) y^n \end{aligned} \right\} \quad (6-1)$$

式中　$P(x、y)$——单位面积上的桩侧土抗力；

y——水平方向；

x——地面以下深度；

B——桩的宽度或桩径；

a、m、i、n——待定的常数。

根据指定常数的不同，我国基础工程领域采用过 m 法、k 法、c 值法等，其中以 m 法应用最为广泛，其假定在相同的土质情况下，桩土抗力随深度成正比例增加，而比例系数即 m 值。m 法计算公式较为简单，可以求得解析解，使用非常方便，在国内外得到广泛应用。通过对弹性地基梁公式进行相应的微分计算（可参阅相应桩基础的参考书），得到桩-土相互作用分析。采用 m 法时，通过定义线性弹簧的弹簧刚度 K 完成下列公式：

水平方向

竖直方向

$$\left.\begin{array}{l} K_s = mB_0zh \\[2mm] K_n = \dfrac{0.5Uh\tau}{\Delta} \end{array}\right\} \qquad (6-2)$$

式中　B_0——桩的计算宽度，桩截面为圆形时取 $B_0=0.9(D+1)$，m；

　　　m——土的水平地基系数随深度变化的比例系数，kN/m^4；

　　　z——基桩入土深度，m；

　　　U——桩的周长，m；

　　　h——所取土层厚度，m；

　　　τ——所取土层对桩侧的摩阻力，kPa；

　　　Δ——桩侧摩阻力达到极限值时竖向位移，m。

在具体的数值模拟中，竖直方向亦可通过有限元软件中的表面效应单元根据土体侧摩阻力数据定义。

根据工程设计的经验看，在桩身变位不大时，认为土体反力近似呈线性分布，符合用 m 法计算侧向桩时假定的土体抗力模式，因此 m 法能较好地反映桩-土相互作用；而当水平荷载较大时，土体反力分布非线性加剧，桩在地面处发生较大位移，桩侧土体进入塑性工作状态，用 m 法计算将出现一定的误差，并且随着水平荷载的增大，误差也将随之增大。而且目前 m 法在计算超大直径的桩基中应用经验也并不丰富，在计算时需要通过迭代对计算参数进行修正。根据实际工程计算情况看，m 法在单桩基础计算中得到的变形、位移结果均较其他方法要小，因此，该方法一般仅在单桩设计时作为对比、校核用，但该方法在导管架基础、高桩承台基础水平变位较小时，适应性较好，因此可重点用于桩径不大于 2.0m，水平变形不超过 20mm 的情况下。

（2）p—y 曲线法（弹塑性分析法）。对于一般陆上或内河工程如建筑桩基、桥台、桥墩等桩结构物，桩的水平位移较小，一般可认为作用在桩上的荷载与位移呈线性关系，采用线弹性地基反力法求解。但在海上风力发电机组基础中，在桩径较大、位移较大的情况下，桩侧土已发生局部塑性变形甚至破坏，因此在海上石油平台桩基、欧洲海上风电中应用较为广泛的是弹塑性分析法。

桩顶受到较大的水平力、弯矩作用下，桩附近的土体从海床面开始屈服，塑性区逐渐向下扩展。计算时对塑性区采用极限地基反力法，在弹性区采用弹性地基反力法，根据弹性区与塑性区边界上的连续条件求桩的水平抗力。由于塑性区和弹性区水平反力分布的不同假设，弹塑性分析法主要有长尚法、竹下法、斯奈特科法和目前应用较为广泛的 p—y 曲线法，本书重点介绍弹塑性分析法中的 p—y 曲线法。

实际上该方法模拟桩-土作用时，除了水平弹塑性弹簧按 p—y 曲线模拟外，桩侧竖向弹簧以 t—z 曲线模拟，桩端的弹簧以 Q—z 曲线模拟，但由于水平向 p—y 影响最大，

所以一般称之为 $p—y$ 曲线法。

1) $p—y$ 曲线。

a. 对于软黏土地基（一般指不排水抗剪强度指标 c 不大于 96kPa 的情况），桩侧的极限土抗力 p_u 值为

$$p_u = \begin{cases} 3c + \gamma X + J\dfrac{cX}{D} & 0 < X < X_R \\ 9c & X \geqslant X_R \end{cases} \tag{6-3}$$

式中　p_u——桩侧的极限土抗力，kPa；

$\quad\quad c$——未扰动黏土土样的不排水抗剪强度，kPa；

$\quad\quad D$——桩径，m；

$\quad\quad \gamma$——土的有效重度（浮重度），MN/m^3；

$\quad\quad J$——无因次经验常数，现场试验已确定其变化范围为 $0.25 \sim 0.5$；

$\quad\quad X$——泥面以下深度，mm；

$\quad\quad X_R$——泥面以下到土抗力减少区域底部的深度，mm。

在土强度不随深度变化的情况下，X_R 的计算为

$$X_R = \frac{6D}{\dfrac{\gamma D}{c} + J} \tag{6-4}$$

如果土的强度随深度变化，可用 p_u 值计算公式，按 p_u 对深度的曲线求解，两曲线的第一个交点即为 X_R。一般情况下，X_R 的最小值应取约 2.5 倍桩径。

软黏土中的桩侧土抗力-变位的关系一般是非线性的，短期静荷载作用下的 $p—y$ 曲线由表 6-1 产生。

表 6-1　软黏土短期静荷载作用下的 $p—y$ 曲线表

p/p_u	y/y_c	p/p_u	y/y_c
0.00	0.0	1.00	8.0
0.50	1.0	1.00	∞
0.72	3.0		

注：p—桩侧向实际土抗力，kPa；

$\quad y$—侧向实际水平变位，mm；

$\quad y_c$—$y_c = 2.5\varepsilon_c D$，mm；

$\quad \varepsilon_c$—实验室进行不扰动土样的不排水压缩试验时，出现在 1/2 最大应力时的应变。

对于循环荷载作用下土壤已达到平衡的情况，可从表 6-2 得到 $p—y$ 曲线。

表 6-2　软黏土循环荷载作用下的 $p—y$ 曲线表

条件	p/p_u	y/y_c
	1	0
	0.50	1.0
$X > X_R$ 时	0.72	3.0
	> 0.72	∞

续表

条件	p/p_u	y/y_c
	0	0
	0.50	1.0
$X<X_R$ 时	0.72	3.0
	$0.72X/X_R$	15.0
	$>0.72X/X_R$	∞

b. 对于硬黏土（不排水抗剪强度指标 c 大于 96kPa），短期静荷载作用下的 p—y 曲线计算公式如下：

$$p=\begin{cases}\dfrac{p_u}{2}\left(\dfrac{y}{y_c}\right)^{\frac{1}{3}}, & y\leqslant 8y_c \\ p_u, & y>8y_c\end{cases} \tag{6-5}$$

循环荷载作用下的 p—y 曲线计算公式如下：

$X_R\leqslant X$ 时

$$p=\begin{cases}\dfrac{p_u}{2}\left(\dfrac{y}{y_c}\right)^{\frac{1}{3}}, & y\leqslant 3y_c \\ 0.72p_u, & y>3y_c\end{cases} \tag{6-6}$$

$X_R>X$ 时

$$p=\begin{cases}\dfrac{p_u}{2}\left(\dfrac{y}{y_c}\right)^{\frac{1}{3}}, & y\leqslant 3y_c \\ 0.72p_u\left[1-\left(1-\dfrac{X}{X_R}\right)\dfrac{y-3y_c}{12y_c}\right] & 3y_c<y\leqslant 15y_c \\ 0.72p_u\dfrac{X}{X_R}, & y\geqslant 15y_c\end{cases} \tag{6-7}$$

c. 对于砂质土，桩侧极限土抗力按下式计算：

$$\left.\begin{array}{l}p_{us}=(C_1H+C_2D)\gamma H \\ p_{ud}=C_3D\gamma H\end{array}\right\} \tag{6-8}$$

式中　　p_u——桩侧的极限土抗力，kN/m，下角标 s 表示浅层土，d 为深层土；

　　　　H——深度，m；

　　　　D——桩径，m；

C_1、C_2、C_3——砂土内摩擦角 φ' 的函数值，由图 6-12 查询得到。

砂土的 p—y 曲线计算式为：

$$p=Ap_u\tanh\left(\dfrac{kH}{Ap_u}y\right) \tag{6-9}$$

式中　A——考虑循环荷载或静力荷载条件的系数，无量纲值。对循环荷载 $A=0.9$；对静力荷载，$A=[(3.0\sim8.0)H/D]\geqslant0.9$；

　　　k——地基反力初始模量，kN/m³，由图 6-13 查询得到。

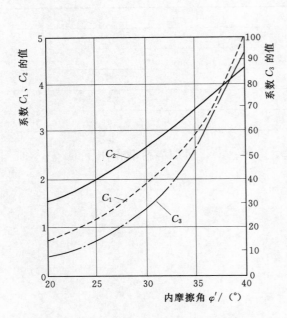

图 6-12　系数 C 与 φ' 的函数关系

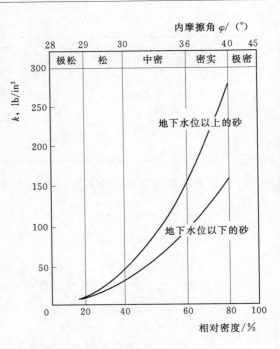

图 6-13　地基反力初始模量与
砂土相对密度的函数关系

2）$t—z$ 曲线。桩的轴向荷载传递与桩的位移 $t—z$ 曲线，一般需由代表性土中的桩荷载试验或在实验室中模拟桩安装所得的曲线得到，在没有更明确的准则以前，对非钙质土可采用表 6-3（图 6-14）所示 $t—z$ 曲线进行计算。

表 6-3　$t—z$ 曲　线　表

黏土		砂土	
z/D	$t/t_{\max}$	z/in	$t/t_{\max}$
0.0016	0.30	0.0	0.00
0.0031	0.50	0.1	1.00
0.0057	0.75	∞	1.00
0.0080	0.90		
0.0100	1.00		
0.0200	0.70~0.90		
∞	0.70~0.90		

3）$Q—z$ 曲线。一般认为，只有当桩端位移达到直径的 10% ，才能完全使砂土和黏土中的端部承载力起作用。在没有明确的试验资料的基础上，建议采用表 6-4（图 6-15）所示 $Q—z$ 曲线进行计算。

（3）实体有限元分析。对于单桩基础，考虑其桩径很大，桩周土塑性变形较为复杂，有时为提取土体塑性变形的范围，也常采用实体有限元模型将桩基、土体全划分为有限元网格

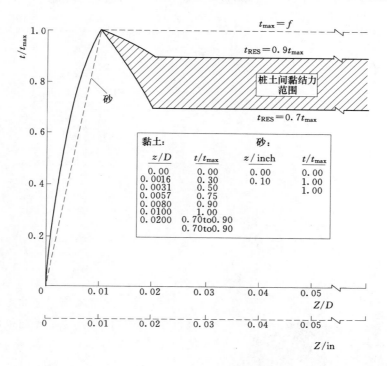

图 6-14 $t—z$ 曲线图

z—桩的竖向局部位移，mm；D—桩的直径，mm；t—实际桩土之间的黏结力，kPa；

t_{max}—桩土之间的最大黏结力，kPa

进行计算分析，单桩基础有限元网格如图 6-16 所示。对于海洋工程桩—土作用应用比较多的模型主要有 Mohr-Coulomb（摩尔—库伦）塑性模型、Drucker-Prager（邓肯—张）屈服模型等。有限元（或离散元）计算分析软件主要有 Flac、ANSYS、ABAQUS、Adina 等。

表 6-4 $Q—z$ 曲 线 表 格

z/D	Q/Q_p	z/D	Q/Q_p
0.002	0.25	0.073	0.90
0.013	0.50	0.100	1.00
0.042	0.75		

注：z—桩的轴向位移，mm；

　　D—桩的直径，mm；

　　Q—实际桩端承载力，kN；

　　Q_p—桩端承载力，kN。

6.2.2.2　桩基承载力计算

单桩的承载力应根据静荷载试验确定，当静荷载试验不具备条件且承载力计算要求精度不高时，也可通过经验公式计算。对于海上风力发电机组单桩基础，因其直径、尺寸、重量大，目前国内等比例静荷载试验难度较大，只能通过小比例尺的静荷载试验确定。

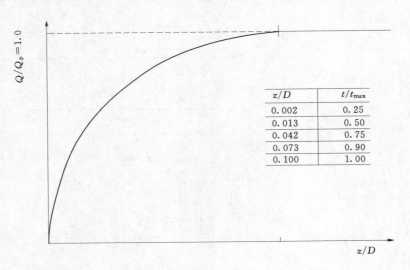

图 6-15　$Q—z$ 曲线

z/D	t/t_{max}
0.002	0.25
0.013	0.50
0.042	0.75
0.073	0.90
0.100	1.00

（1）静荷载试验确定竖向极限承载力。当进行静荷载试桩时，单桩竖向极限承载力设计值的计算公式为

$$Q_d = \frac{Q_k}{\gamma_R} \qquad (6-10)$$

式中　Q_d——单桩竖向极限承载力设计值，kN；

　　　　Q_k——单桩竖向承载力标准值，通过静荷载试桩试验确定，kN；

　　　　γ_R——单桩竖向承载力分项系数，取 $\gamma_R = 1.30$，但当地质情况复杂或永久作用所占比重较大时，取 $\gamma_R = 1.40$。

（2）经验公式确定竖向抗压极限承载力。

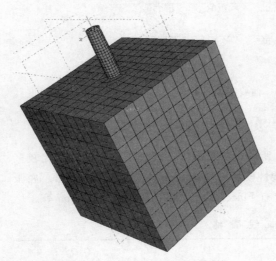

图 6-16　单桩基础有限元网格

当按承载力经验参数法确定单桩竖向抗压极限承载力设计值时，计算公式为

$$Q_d = \frac{1}{\gamma_R}(U \sum q_{fi} l_i + q_R A) \qquad (6-11)$$

式中　Q_d——单桩竖向抗压极限承载力设计值，kN；

　　　　γ_R——单桩竖向承载力分项系数，取 $\gamma_R = 1.45$，但当地质情况复杂或永久作用所占比重较大时，取 $\gamma_R = 1.55$；

　　　　U——桩身截面周长；

　　　　q_{fi}——单桩第 i 层土的极限侧摩阻力标准值，通过地勘钻孔并进行室内试验取得，kPa；

　　　　l_i——桩身穿过第 i 层土的长度，m；

　　　　q_R——单桩极限桩端阻力标准值，通过地勘钻孔并进行室内试验取得，kPa；

A——桩身截面面积，m^2。

（3）经验公式确定竖向抗拔极限承载力。当按承载力经验参数法确定单桩竖向抗拔极限承载力设计值时，有

$$T_d = \frac{1}{\gamma_R}(U\sum\varepsilon_i q_{fi}l_i + G\cos\alpha) \qquad (6-12)$$

式中　T_d——单桩竖向抗拔极限承载力设计值，kN；

　　　　ε_i——单桩抗拔折减系数，由地勘确定，对于黏性土取 $\varepsilon_L=0.6\sim0.8$，对于砂性土取 $\varepsilon_L=0.4\sim0.6$，桩入土深度大时取大值，反之取小值；

　　　　G——桩重力，水下部分按浮重力计，kN；

　　　　α——桩轴线与垂线的夹角，（°）。

6.2.3　单桩基础连接设计

为调整基桩垂直度偏差造成的偏差，并进行精确调平，单桩基础上部一般设置过渡段钢筒，过渡段与钢管桩之间通过灌浆或者焊接连接。焊接的方式因容易造成防腐油漆的损伤，并产生一定的焊接残余应力，并未得到推广应用。单桩基础连接如图 6-17 所示。

用于灌浆连接件的灌浆材料一般具有高抗压强度，其特性可与高强度混凝土相比拟，根据荷载传递机理的不同，灌浆连接分为主要承受弯矩的灌浆连接件（如单桩基础的灌浆连接）和主要承受轴力的灌浆连接件（如桩基导管架式基础的灌浆连接）。

目前，用于海上风力发电机组基础灌浆料的性能指标见表 6-5。

单桩基础灌浆连接段的长度应满足

$$L/D \approx 1.5 \qquad (6-13)$$

式中　L——灌浆连接段的长度，m；

　　　　D——灌浆连接段的直径，m。

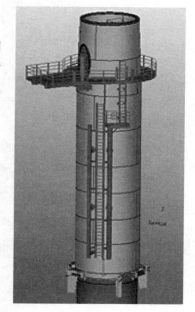

图 6-17　单桩基础连接

表 6-5　海上风力发电机组基础灌浆料参考性能指标表

材料性能指标	材料类型 1	材料类型 2	材料类型 3
密度 ρ_G/(kg·m⁻³)	2250	2440	2740
抗压强度 f_c/MPa	110	130	210
抗拉强度 f_t/MPa	5	7	10
抗折强度 f_{bt}/MPa	13.5	18.0	23.5
静弹性模量 E_C/GPa	35	55	70
动弹性模量 E_D/GPa	37	60	88
泊松比 υ_G	0.19	0.19	0.19
钢材与灌浆料表面静摩擦系数 μ_{GS}	0.6	0.6	0.6

早期的单桩基础灌浆连接处，过渡段内壁与钢管桩的外壁均为光面设计，但近几年发现已建的部分海上风电场单桩基础的过渡段在往复的水平力、弯矩作用下，导致灌浆与桩及过渡段的接触面产生拉（压）应力，并导致灌浆端部的分离，灌浆与桩及过渡段不可避免地发生相对滑移、变形和磨损，其长期作用将导致灌浆的承载力大大降低。目前灌浆连接设计时，参照主要承受轴力的连接件，在连接范围的桩外壁及过渡段内壁设置剪力键，其示意图如图6-18、图6-19所示。

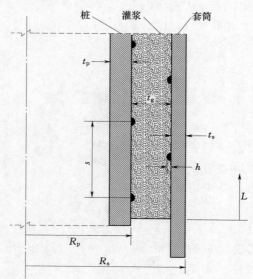

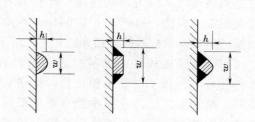

图6-18　单桩基础灌浆连接示意图　　　　　图6-19　推荐的剪力键细部图

各尺寸要求如下：

$$5 \leqslant \frac{R_p}{t_p} \leqslant 30$$

$$9 \leqslant \frac{R_s}{t_s} \leqslant 70$$

$$\frac{h}{s} \leqslant 0.1$$

$$s > \sqrt{R_p t_p} \qquad\qquad (6-14)$$

式中　　R_p——基础中轴线与桩外壁之间的距离，mm；

　　　　R_s——基础中轴线与过渡段钢筒外壁之间的距离，mm；

　　　　t_p——连接处钢管桩的壁厚，mm；

　　　　t_s——连接处过渡段钢筒的壁厚，mm；

　　　　s——剪力键的间距，mm；

　　　　h——剪力键的高度，mm。

　　剪力键一般设置为间距为s的圆环或者螺距为s的连续螺旋圈，剪力键可以为焊接光滑的焊珠、贴脚焊光滑过渡的扁钢或圆钢，如图6-19所示。

　　灌浆段的结构计算应满足

剪力键抗轴力 $\qquad \tau_{sa} \leqslant \dfrac{\tau_{ks}}{\gamma_m}$ （6-15）

钢材与剪力键之间的摩擦力抵抗扭矩 $\quad \tau_{st} \leqslant \dfrac{\tau_{kf}}{\gamma_m}$ （6-16）

其中

$$\tau_{sa} = \frac{P}{2R_p \pi L_g}$$

$$\tau_{st} = \frac{M_T}{2R_p^2 \pi L_g}$$

$$\tau_{ks} = \frac{\mu E}{F} \left(\frac{h}{21s} f_{ck}^{0.4} \sqrt{\frac{t_p}{R_p}} \right) \frac{s}{L_g} N$$

$$\tau_{kf} = \frac{\mu E}{F} \left(\frac{\delta}{R_p} \right)$$

$$F = \frac{R_p}{t_p} + \frac{E t_g}{E_g R_p} + \frac{R_s}{t_s}$$

式中 γ_m——灌浆材料抗力系数，一般取 $\gamma_m = 3.0$；

     τ_{sa}——轴力效应，MPa；

     τ_{st}——扭矩效应，MPa；

     P——灌浆段所受轴力设计值，kN；

     M_T——灌浆段所受扭矩的设计值，kN·m；

     τ_{ks}——由剪力键产生的接触面抗剪强度，MPa；

     τ_{kf}——由摩擦产生的接触面抗剪强度，MPa；

     N——剪力键的数目；

     f_{ck}——灌浆体标准试块的抗压强度标准值，MPa；

     E——钢材的弹性模量，MPa；

     L_g——灌浆连接的长度，m；

     F——柔性系数；

     E_g——灌浆体的弹性模量，MPa。

以上各计算经验公式仅用于初步设计，一般对于灌浆连接段节点应通过一定比例的物理模型试验验证，以保障灌浆段能承受各种不同极限状况的承载力，以及风力发电机组运行的循环荷载影响的疲劳性能。此外，灌浆连接的强度可通过有限元分析相对精确地获得各区域的应力、变形分布状况，要求各区域的强度应满足材料的抗压强度要求。

6.2.4 附属构件设计

风力发电机组基础的附属构件主要包括防撞靠船构件、电缆护管、调平系统、灌浆系统、爬梯、平台等。

附属构件设计与陆上常规的钢结构有一定的类似，但是需要注意构件预留一定的腐蚀厚度；另外附属构件应尽量整体化设计，尽量减少海上安装工作量，并且对于易损坏的构件如爬梯宜考虑可拆卸更换的可能性。

6.2.4.1 靠船及防撞结构设计

海上风电场规划设计时一般要求风电场区域远离港口、航路、航线、锚地、渔业用海、自然保护区、军事区域等限制性因素，在项目立项前需要针对风电场可能涉及影响通航的因素进行专项论证。因此，风电场区域内部及邻近水域较少有大型船舶通过，风电场建设完成海域征海工作后，将在风电场外围设置警示标志、航标设施等，禁止除风电场维护及运行管理以外的船舶通航。

风力发电机组基础的靠船防撞设计主要基于业主运行维护的船只。但鉴于我国国情，沿海的小型渔船较多，在基础设计时，需要调查风电场所处海域航行的船只及代表船型情况，经综合对比确定靠船防撞设计标准。

在业主无特别要求以及无详细调查资料的情况下，结合海上风电场在风力发电机组设备调试、运行和检修工作的需要，一般可选择运行维护工作船按 $200\sim300$t 计，并考虑可能出现较大船只按 $500\sim1000$t 进行校核。船舶法向靠泊速度按 0.5m/s 设计。

对于单桩基础，可根据具体情况确定，但至少在其中一个侧面设置一道靠船防撞构件，并尽量设置靠船护舷，靠船护舷的设计长度为

$$H_{\text{U}}=H_{极端高潮位}+1.0\sim2.0 \tag{6-17}$$

$$H_{\text{D}}=H_{极端低潮位}-s \tag{6-18}$$

式中　H_{U}——护舷的上标高，m；

　　　H_{D}——护舷的下标高，m；

　　　s——代表船型的吃水深度，m。

船舶靠泊的动能计算为

$$E_0=\frac{1}{2}C_{\text{m}}\frac{W}{g}v^2 \tag{6-19}$$

式中　W——船舶满载吃水时的排水量，t；

　　　v——船舶靠泊时的速度，m/s；

　　　C_{m}——动能系数，一般取 1.25；

　　　g——重力加速度，9.81 m/s^2。

当设置靠船护舷时，单个靠船护舷吸收的能量为

$$E=\frac{KE_{\text{a}}}{n} \tag{6-20}$$

式中　n——靠船构件的数量；

　　　K——系数，一般取 2.0。

靠船防撞设计应按风电场正常运行工况，除吨位较大的船舶靠泊需校核整体以外，其余仅需校核靠船构件及其与基础连接处的强度，确定其在受弯、受压、受剪或联合作用下能否满足要求。设置靠船护舷时，根据单个靠船构件的动能计算值，查阅护舷（一般采用橡胶质）厂家提供的性能曲线表，然后确定护舷型号以及反力数值。

6.2.4.2　电缆护管的设计

海上风电场设计时，各台风力发电机组之间一般通过海底电缆进行电流的输送，故每台风力发电机组基础需设置几根电缆护管，电缆护管的材质一般为钢材。断面尺寸应根据电缆最大断面设计，一般要求电缆护管的内径大于 1.5 倍电缆最大断面直径。电缆护管布置应尽量平顺，尽量减少弯曲段，且弯曲段轴线半径一般要求不小于 20 倍电缆最大断面

直径。

根据电缆总体走向布置电缆护管，电缆护管非特殊情况应布置于单桩基础外部，电缆护管与基础主体之间设置支撑结构，支撑结构的位置应避开与其他附属构件发生碰撞，并尽量避免焊接集中区域。

在电缆护管靠近海床面位置，应考虑电缆安装时的曲率半径和电缆的走向，欧洲海上风电设计流行的做法是设置可拆卸的 J 形管，J 形管与电缆护管下端通过铰接或法兰连接。

6.2.4.3 调平系统设计

单桩基础打桩完成后，桩体垂直度一般难以达到风力发电机组运行的要求（一般要求基础顶法兰面水平度在 1‰～2‰），故在安装时即利用过渡段钢筒进行精确调平。过渡段的下端一般在平均海平面的下方，而上端在极端高潮位以上，故基础调平系统可利用靠近桩顶位置的内平台作为操作平台，在桩顶与过渡段之间设置调平系统。目前主要采用两种类型的调平系统：①机械式调平系统，如调节螺栓、千斤顶等方式；②液压调平系统。

6.2.5 典型案例

单桩基础是国外近海风力发电机组基础最常用的结构形式，国外已建海上风电场中采用单桩作为基础的超过 2/3，已经被广泛地应用于丹麦的 Horns Rev（80 台 Vestas 2.0MW 风力发电机组基础，单桩直径 4.0m）、荷兰的 Egmond Aan Zee（36 台 Vestas 3.0MW 风力发电机组基础，单桩直径 4.6m）、荷兰的 Q7、比利时的 Belwind（56 台 Vestas 3.0MW 风力发电机组基础，单桩直径 4.1m）、爱尔兰的 ARKLOW BANKS（7 台 GE 3.6MW 风力发电机组基础，单桩直径 5.1m）、英国的 BARROW（30 台 Vestas 3.0MW 风力发电机组基础，单桩直径 4.75m）、Kentish Flats（30 台 Vestas 3.0MW 风力发电机组基础，单桩直径 5.0m）、Scroby Sands（30 台 Vestas 2.0MW 风力发电机组基础，单桩直径 4.2m）、North Hoyle（30 台 Vestas 2.0MW 风力发电机组基础，单桩直径 4.0m）、Robin Rigg（62 台 Vestas 3.0MW 风力发电机组基础，单桩直径 4.3m）、Gun Fleets Sands（48 台 Siemens 3.6MW 风力发电机组基础，单桩直径 4.7m）、Great Gabbard（42 台 Siemens3.6MW 风力发电机组基础，单桩直径 5.1～6.3m）等风电场。

目前世界上在建的最大的海上风电场——英国的 London Array，规划总装机容量 1000MW，其中一期工程装机容量 630MW，拟安装 175 台 Siemens 3.6MW 风力发电机组。风电场边线距离海岸线约 20 km，风电场区域占用海域面积约 245km²。风力发电机组轮毂高度 87m，转轮直径 120m，单桩基础形式，海上升压变电站也采用了单桩基础。风力发电机组单桩基础的桩长约 65m、重约 650t，过渡段长度约 28m、重 345t，基础顶部直径为 5.1m（主要是为配合液压打桩锤的锤打，与 Great Gabbard 风电场单桩类似），通过 5.1～6.5m 变径段至直径最大 6.5m。图 6－20 给出了 London Array 风电场风力发电机组及升压站单桩基础。

国内已建成的规模最大海上风电场——江苏如东 150MW 海上风电一期示范工程，离岸距离 3～8km，共安装有 17 台华锐 3.0MW、21 台 Siemens 2.3MW 和 20 台金风 2.0MW 风力发电机组，其中有 41 台采用单桩基础，桩径为 4.7～5.2m，单台基础总重

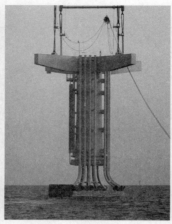

图 6-20 London Array 风电场风力发电机组及升压站单桩基础

量约 400t。图 6-21 为江苏如东风电场单桩基础图。

图 6-21 江苏如东风电场单桩基础

6.3 导 管 架 基 础

6.3.1 导管架基础特点及适用范围

多桩导管架基础主体由桩基与上部导管架两部分组成，如图 6-22 所示，导管架为空间的钢管构架，其将风力发电机组的空气动力荷载传递给基桩，再通过基桩传递给海床地基。该基础形式结构刚度较大，导管架及基桩均在陆上整体预制好，运至海上施工，故海上作业量较少，工序较为简单，施工速度较快。该基础适应水深范围为 0～50m（甚至更深海域），英国 Beatrice 海上风电导管架基础所处海域水深即达 45m。

导管架基础的桩数量一般采用三、四、五、六桩为宜。其中三桩导管架由于结构简单、杆件交接点少、海上打桩数量少等因素，成为目前海上风电导管架基础最为常用的结构型式，而海上石油导管架平台则主要采用四桩。

导管架结构上部交叉节点较多，故应特别重视该基础的节点疲劳问题。我们在实际工程结构计算中的敏感性分析发现，导管架上斜撑与下水平撑之间夹角在 $45°\sim60°$ 时，结构整体受力最为合理。为优化结构，减少波浪力的作用，减少导管架的总体用钢量，经初步计算分析发现，上斜撑和中间的主筒体结构设置为变截面钢管更有优势。

钢管桩与钢套管的环形空间内通过高强灌浆材料连接。灌浆材料需将上部结构的弯矩、轴力、水平力传递给下部的桩基，因此灌浆材料性能要求较高，可参照单桩灌浆连接，但计算时应注意导管架灌浆连接以轴力为主，而单桩灌浆段则以弯矩为主。

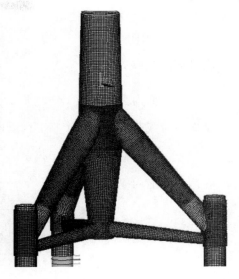

图 6-22　多桩导管架基础

6.3.2　导管架基础设计及计算

导管架基础主要需计算复核结构强度、桩基承载力、法兰处转角、地基沉降量及沉降差、泥面处水平位移等。

其中桩基计算时，桩与桩的中心距不小于 $6D$，且桩端进入良好持力层时，可按照单桩计算；桩与桩的中心距小于 $6D$ 时，则应考虑群桩效应。导管架基础的桩径较单桩基础要小很多，一般在 3m 以下，桩土相互作用常用的计算方法 m 法、$p—y$ 曲线法等相对更为成熟，在海上风力发电机组基础设计中且优先可采用 $p—y$ 曲线法。

6.3.2.1　导管架基础计算模型

导管架基础的计算是一个复杂受力分析的过程，主要采用三维有限元软件进行分析（概念设计时，也有采用结构力学模型通过公式进行匡算的），如 SACS、ANSYS、ABAQUS、Adina 等。但无论使用哪种分析软件，对结构总体刚度有较大影响的一切构件均应予以考虑，对杆件、节点、附属构件予以合理的概化。

在单元类型的选取上，导管架结构可采用梁（杆）系单元、壳单元以及实体单元，且不同单元类型均有其适用范围。

梁（杆）系单元将导管架结构模拟为具有梁单元属性的空间结构，凡杆件交叉点、集中荷载作用点、杆件横剖面突变点、桩与设计泥面交接点均设置节点（node）。梁（杆）系单元计算时采用线弹性理论。DNV、API 等较为成熟的行业标准中对梁（杆）系单元模拟导管架时，对不同的节点型式提出相应的应力集中系数 SCF，即将乘以 SCF 后的应力作为节点处的最大计算应力。

壳单元或实体单元是将有厚度的壳体组成空间结构模拟导管架基础，管与管间的交线为空间曲线，凡管与管交接处均设置单元边线。网格划分时，比梁（杆）系单元要求高，除了沿管轴线划分单元外，还考虑环向划分，实体单元还在厚度方向上细分单元。而采用壳单元或实体单元计算得到的应力则已经考虑了结构应力集中的情况。

6.3.2.2　导管架结构强度校核

（1）杆件的轴向应力。

在轴向受拉或受压时

$$\sigma = \frac{N}{A} \leqslant [\sigma] \tag{6-21}$$

在一个平面内受弯时

$$\sigma = \frac{M}{W} \leqslant 1.1[\sigma] \tag{6-22}$$

轴向受拉或受压并在一个平面内受弯时

$$\sigma = \frac{N}{A} \pm 0.9\frac{M}{W} \leqslant [\sigma] \tag{6-23}$$

在两个平面内受弯时

$$\sigma = \frac{\sqrt{M_x^2 + M_y^2}}{w} \leqslant 1.1[\sigma] \tag{6-24}$$

轴向受拉或受压并在两个平面内受弯时

$$\sigma = \frac{N}{A} \pm 0.9\frac{\sqrt{M_x^2 + M_y^2}}{w} \leqslant [\sigma] \tag{6-25}$$

式中　σ——计算截面的轴向应力；

$[\sigma]$——截面轴向应力的容许值；

N——杆件轴力，kN；

M——杆件弯矩；

M_x、M_y——绕 x 和 y 轴的弯矩；

A——杆件截面积；

W——杆件截面的抗弯截面抵抗矩。

（2）剪应力。

杆件受弯时

$$\tau = \frac{2Q}{\pi Dt} \leqslant [\tau] \tag{6-26}$$

杆件受扭时

$$\tau = \frac{2T}{\pi D^2 t} \leqslant [\tau] \tag{6-27}$$

受弯和受扭联合作用时

$$\tau = \frac{2}{\pi Dt}\left(\sqrt{Q_x^2 + Q_y^2} + \frac{T}{D}\right) \leqslant [\tau] \tag{6-28}$$

式中　τ——计算截面的剪应力；

$[\tau]$——截面剪应力的容许值；

Q——杆件计算截面的剪力；

Q_x、Q_y——分别沿 x 和 y 轴的剪力；

T——杆件计算截面的扭矩；

D——杆件截面平均直径；

t——杆件壁厚。

（3）环向应力。杆件受周围静水压力作用时，环向应力 σ 的校核条件为

$$\sigma = \frac{pD}{2t} \leqslant \frac{5}{6}[\sigma] \tag{6-29}$$

式中　σ——计算截面的环向应力；

[σ]——截面环向应力的容许值;

p——设计静水压力;

D——杆件截面平均直径;

t——杆件壁厚。

（4）折算应力。杆件同时受轴向应力和剪应力，或同时受轴向应力、环向应力和剪应力作用时，折算应力 σ 的公式为

轴向应力和剪应力联合时

$$\sigma=\sqrt{\sigma_x^2+3\tau^2}\leqslant[\sigma] \tag{6-30}$$

轴向应力、环向应力和剪应力联合时

$$\sigma=\sqrt{\sigma_x^2+\sigma_y^2-\sigma_x\sigma_y+3\tau^2}\leqslant[\sigma] \tag{6-31}$$

式中　σ——计算截面的折算应力;

[σ]——截面应力的容许值;

σ_x——计算截面的最大轴向应力;

σ_y——计算截面的最大环向应力;

τ——计算截面的剪应力。

6.3.3　附属构件设计

6.3.3.1　防沉板设计

在"先放置导管架后打桩"的施工工艺条件下，导管架底部需要设置防沉板，使得导管架在施工临时工况中满足地基承载力、且具有抗滑移、抗倾覆等相应的强度、稳定性要求。

在导管架施工时放置到海床面时，导管架主要依靠在泥面处设置的防沉板来防止导管架底部的下陷或者移动。为减少后期导管架精确调平的难度及工作量，导管架吊放之前宜对海床进行预整平处理或放置就位后进行初步调平处理。导管架基础的防沉板设计可参照浅基础的稳定性进行计算。

（1）防沉板布置及设计荷载。一般防沉板布置于导管架底部，可分别设置于导管架腿柱位置，也可底部平面设置，根据计算校核情况确定，如图 6-23 所示。

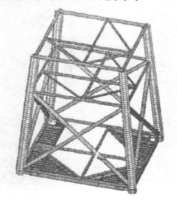

图 6-23　导管架底部防沉板布置示意图

防沉板设计时应考虑施工临时工况的结构自重（含附属构件、临时设备、人员等）、浮力、施工吊具作用于导管架的荷载、打桩力对防沉板的影响荷载、波浪荷载、海流荷载等。

（2）地基承载力校核。

$$f_a = \frac{\sum N}{A} \pm \frac{\sum M}{W} \leqslant [f_a] \tag{6-32}$$

式中　f_a——防沉板计算的最大竖向应力，MPa；

　　　$\sum N$——施工临时工况各荷载的竖向分量，kN；

　　　$\sum M$——施工临时工况各荷载的合弯矩，kN·m；

　　　A——防沉板的有效面积，m^2；

　　　W——防沉板的截面抵抗矩，m^3；

　　　$[f_a]$——考虑土壤承载力安全系数之后的地基承载力容许值，kPa。

（3）抗倾覆稳定性校核。防沉板抗倾覆稳定校核时，总体抵抗弯矩值为

$$M_s = \sum Ne \leqslant [M_0] \tag{6-33}$$

式中　M_s——导管架竖向合荷载引起的抵抗弯矩，kN；

　　　e——竖向合荷载作用的偏心距，m；

　　　$[M_0]$——施工临时工况考虑分项安全系数后的作用弯矩，kN·m。

（4）分项安全系数。防沉板的设计应该具有足够的安全裕量，以防止基础在施工工况下发生破坏。除以上校核外，还应校核防沉板本身的板、梁系的强度。对于以上破坏模式，各分项安全系数见表6-6。

表 6-6　防沉板校核的分项安全系数表

破坏模式	安全系数
地基承载力破坏	2.0
滑动破坏	1.5
抗倾覆破坏	1.2
板、梁系的强度破坏	主体结构设计的钢材容许值提高1/3

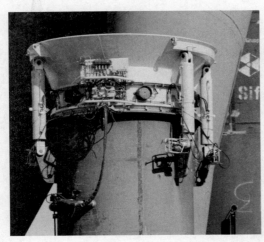

图 6-24　国外某海上风力发电机组导管架
基础调平装置

6.3.3.2　调平系统设计

导管架基础除通过海床面整平、起重船初步调平、优化打桩顺序等方法粗平外，主要通过液压系统调平，具备海面以上干地施工条件的也有少量采用螺栓等机械式调平方法。

液压系统调平主要是以液压伸缩杆件为传递装置，以打入持力层的桩作为反力装置，将传力杆件为主要组成部分的调平装置与管桩桩顶部分牢固固定，通过调平装置上的伸缩杆件进行上下伸缩调整，杆件的伸缩调整幅度带动与导管架连接的紧固结构，从而推动导管架结构顶部的水平与垂直方向的移动，导管架移动的位移幅度可通过传感装置进行控制，依次调

整伸缩杆件并控制导管架在水平与垂直方向上的精度至设计要求。图 6-24 为国外某海上风力发电机组导管架基础调平装置图。

6.3.3.3 导管架灌浆系统设计

导管架基础的灌浆系统设计可参考单桩基础，因主要控制荷载与单桩有所不同，故 API 等规范对导管架基础的灌浆段设计提供相应的参考尺寸如下：

导管架套管的几何尺寸

$$D_s/t_s \leqslant 80 \tag{6-34}$$

桩的几何尺寸

$$D_p/t_p \leqslant 40 \tag{6-35}$$

灌浆料环形空间的几何尺寸

$$7 \leqslant D_g/t_g \leqslant 45 \tag{6-36}$$

剪力键间距比

$$2.5 \leqslant D_p/s \leqslant 8 \tag{6-37}$$

剪力键尺寸比

$$h/s \leqslant 0.10 \text{ 且 } f_{cu} \times (h/s) \leqslant 5.5\text{MPa} \tag{6-38}$$

剪力键形状系数

$$1.5 \leqslant w/h \leqslant 3 \tag{6-39}$$

导管架基础的灌浆段如图 6-25 所示。与目前海洋导管架平台不同的是，风力发电机组基础的力主要为水平力和弯矩，因此需要灌浆料有一定的抗拉强度，且具有较高的早期强度，在灌浆完成后，在几小时内应达到一定的抗压、抗拉强度，使得海洋环境荷载不至于破坏灌浆段。

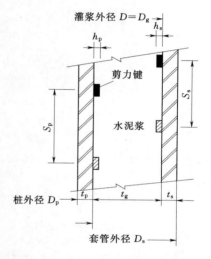

图 6-25 导管架基础的灌浆段

导管架桩套管内壁一般还需设置导向块，该导向块一方面便于导管架的吊装安放，另一方面需要确保导管架桩套管内壁与桩之间各侧面形成一定的环形空间，确保灌浆厚度。

6.3.4 典型案例

从欧洲海上风电场的建设情况看，总的趋势是风力发电机组单机容量更大、离岸距离更远、水深更深，未来甚至可能发展水深超过 100m 的深海风电场。因此，从基础结构型式看，重力式基础越来越少（适用水深范围有限）；由于欧洲近海地质条件相对较好，单桩基础在水深不超过 25m 的海域仍然占主导地位；但对于 25～50m 的近海风电场，导管架基础由于其结构适应性、施工可行性及便利性、对地质条件要求不高等的优势，越来越得到广泛的运用。

Alpha Ventus 海上风电场是一个具有开创性意义的合作项目，也是德国首座真正意义上的海上风电场。Alpha Ventus 风电场的第一批 12 个风力发电机组建在距德国北部 Borkum 地区 45km、水深 30～45m 的近海区域，风力发电机组分别采用了 6 台 Repower 5.0MW、6 台 Multibrid 5.0MW 的风力发电机组，首批装机容量 60MW。基础分别采用三桩导管架（三腿柱式，Tripod）和四桩导管架（四桩桁架式，Jacket）基础。图 6-26

为 Alpha Ventus 海上风电场导管架基础。

图 6-26 Alpha Ventus 海上风电场导管架基础

我国江苏如东 30MW 海上（潮间带）试验风电场和江苏如东 150MW 海上风电一期示范工程中分别采用过五、六、七桩的导管架基础。其中 21 台 Siemens 2.3MW 风力发电机组采用五桩导管架基础，导管架主体重量约 167t，钢管桩直径 1.4m，桩长范围为 39～50m，单根桩重 30～36t。图 6-27 为江苏如东风电场导管架基础。

图 6-27 江苏如东风电场导管架基础

6.4 高桩承台基础

6.4.1 高桩承台基础特点及适用范围

群桩式高桩承台为海岸码头和桥墩基础的常见结构，由基桩和承台组成，承台为现浇混凝土，基桩可采用预制桩或钢管桩，基桩一般直径为 1.5～2.5m，高桩承台由于承台位置较高或设在施工水位以上，可避免或减少水下施工，所以该基础型式对运输、安装能力要求较低，不需超大型运输及安装船，但缺点是海上施工工作量较大，施工周期较长，易受天气影响。

高桩承台基础的混凝土浇筑、钢筋绑扎主要采用钢套箱围堰挡水，将海上施工转变为陆上施工，钢套箱可陆上整体预制，在风电场内相同基础情况下可重复利用，混凝土施工完成后，钢套箱即为混凝土的养护提供了较好的防护环境。

结合当前我国的国情，近10年来越江、跨海大桥的建设，基础大多采用混凝土高桩承台，也由此历练了一批施工队伍，不仅配置有若干条打桩船，而且也积累了较为丰富的施工经验。由于我国沿海，尤其是浙江、福建及江苏沿海海底浅表层淤泥较深、浅层地基承载力较低，高桩承台基础因基桩可设置成斜桩。高桩承台基础刚度较大，抗水平荷载的能力较强，且该基础的打桩精度要求相对较低，因此在该海域有一定的适应性。

6.4.2 高桩承台基础结构计算

6.4.2.1 基础整体计算

高桩承台基础的桩径一般比单桩、导管架基础的要小，桩-土相互作用可考虑采用 m 法或 $p—y$ 曲线法模拟。但因高桩承台基础的桩基数量较多，在桩间距超过 $6D$（D 为桩径）时，应考虑群桩效应的影响，基桩的水平及垂直承载力应考虑群桩效应系数。

桩与承台的连接在性质上是介于固接和铰接之间的弹性嵌固，为了便于计算，可根据基桩入承台的长度简化为固接或铰接，如图 6-28 所示。

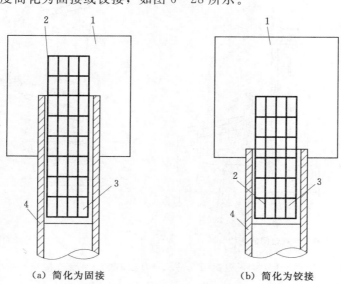

（a）简化为固接　　　　　（b）简化为铰接

图 6-28　管桩与承台的连接方式
1—承台；2—桩芯钢筋笼；3—桩芯混凝土；4—管桩

港口行业有关标准规定，对于固接，钢管桩伸入承台的长度应不得小于 $1.0D$，在桩顶内部应浇筑桩芯混凝土，桩芯混凝土钢筋伸入承台内部应不得小于 $1.0D$，桩芯混凝土强度等级不应低于承台混凝土强度等级。承载力应满足

轴向抗拔承载力设计要求

$$N = f_y A_s$$

$$(6-40)$$

桩受弯时的连接节点抗弯承载力要求

$$\frac{\sigma M}{Dl^3}+\frac{4V}{Dl}\leqslant\alpha f_c \tag{6-41}$$

式中　N——轴向抗拔力设计值，kN；

$\quad\quad f_y$——钢筋的抗拉强度设计值，kPa；

$\quad\quad A_s$——桩芯钢筋截面面积，mm^2；

$\quad\quad M$——作用于承台底部管桩中心的弯矩设计值，$kN\cdot m$；

$\quad\quad l$——管桩伸入承台内部的长度，m；

$\quad\quad D$——管桩外径，mm；

$\quad\quad \alpha$——承台混凝土挤压强度系数，取 2.7；

$\quad\quad f_c$——承台混凝土的轴心抗压强度设计值，kPa。

与港口工程不同的是，海上风力发电机组的上部结构荷载对高桩承台基础产生的最大影响是水平力和弯矩，上部荷载最终由钢管桩承受，承台与桩之间的连接设置不当的话，底部混凝土若产生裂缝、破碎等现象则很难修复，故高桩承台基础仅建议采用固端连接，非特殊情况下，不得采用铰接连接。图 6-29 给出了海上风力发电机组高桩承台基础的桩与承台连接处示意图。

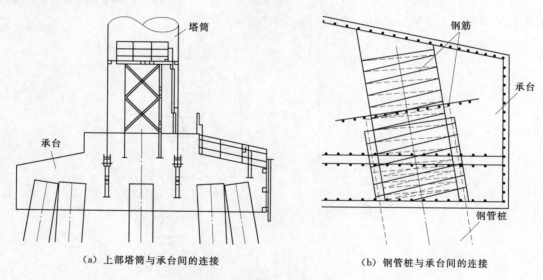

（a）上部塔筒与承台间的连接　　　　　　（b）钢管桩与承台间的连接

图 6-29　海上风力发电机组高桩承台基础的桩与承台连接处示意图

6.4.2.2　混凝土承台计算

承台结构计算应考虑正截面受弯承载力、正截面受压承载力、正截面受拉承载力、斜截面承载力、扭曲截面承载力以及抗冲切计算、局部受压计算等内容，本书仅对承台抗冲切计算进行简要论述。

承台抗冲切承载力计算示意图如图 6-30 所示。在局部荷载或集中反力作用下，承台抗冲切承载力可按下式计算。

$$F_{1u}=\frac{1}{\gamma_d}0.70f_t u_m h_0 \tag{6-42}$$

式中 F_{1u}——受冲切承载力设计值，kN；

γ_d——结构系数，取 1.1；

u_m——距局部荷载或集中反力作用面积周边 $h_0/2$ 处的周长，mm；

f_t——混凝土轴心抗拉强度设计值，kPa；

h_0——计算截面的有效高度，mm。

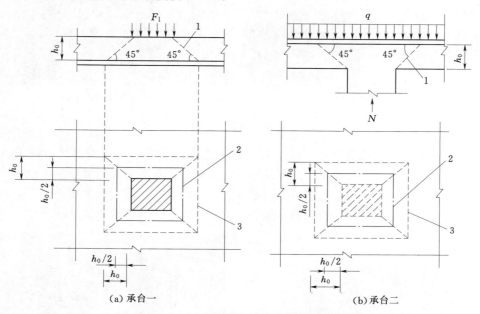

图 6-30   承台抗冲切承载力计算示意图

1—冲切破坏锥体的斜截面；2—距荷载面积周边 $h_0/2$ 处的周长；3—冲切破坏锥体的底面线

6.4.3   附属构件设计

6.4.3.1   靠船防撞设计

为提高基础靠船防撞能力，设计时可将承台设置于平均海平面附近（码头、跨海大桥的混凝土承台基础主要都是该情形），靠船防撞构件即可完全依靠混凝土承台进行设置，在混凝土承台周围设置橡胶护舷。预先在混凝土承台里预埋钢结构支座，布置转动橡胶护舷（D 型、O 型）矩形橡胶护舷等。护舷可采用挂式，也可以在通过螺栓固定在支座上，总体而言，均应利于后期维护及更换。高桩承台基础橡胶护舷设置如图 6-31 所示。

为尽量减少波浪荷载对结构的作用，设计时也有将承台底部设置于高潮位相应波峰线的上方的情况。但这种承台处于高位的基础，其防撞设置相对较为复杂，且防撞能力较承台设置于平均海平面附近的要低。为防止船舶撞击以及满足停靠维护船只的需要，通过联系梁将钢管桩连接成一个整体作为防撞构件。图 6-32 为上海东海大桥 100MW 海上风电示范项目采用的钢护笼式防撞系统，需要在钢管桩上设置一排类似于护笼的钢构架，防撞系统消耗的钢材较大，且可靠性相对于第一种方式要低。

6.4.3.2   其他附属构件设计

高桩承台基础附属构件还包括电缆护管、操作平台、爬梯等，均较为常规，其上部操

| (a)转动橡胶护舷 | (b)矩形橡胶护舷 |

图 6-31　高桩承台基础橡胶护舷设置

作平台可利用混凝土承台预埋件设置。对于混凝土承台设置于海平面情况的高桩承台基础，一般还应在承台与塔筒间设置过渡段钢筒，钢筒顶部与塔筒底部通过法兰连接，钢筒下段则伸入承台内部，与承台之间通过固端连接。在设计时，应考虑过渡段钢筒对基础承台的冲切复核，钢筒与混凝土的锚固连接等。图 6-33 为某高桩承台基础的操作平台图。

图 6-32　高桩承台钢护笼式防撞系统　　　图 6-33　高桩承台基础的操作平台

6.4.4　典型案例

高桩承台基础在国内的大型越江、跨海桥梁和码头等海工建筑物中应用较为广泛，在海上风电领域上的应用主要在中国。上海东海大桥 100MW 海上风电示范项目、江苏响水 2.0MW 海上风电试验机组项目中均采用混凝土高桩承台作为基础方案，其施工均采用较为常规的工艺，且施工装备、技术等较为成熟。

江苏响水 2.0MW 海上风电试验机组项目是由中国长江三峡集团公司承担的国家科技部的近海风电场建设关键技术的研究、近海风电机组安装及维护专用设备的研制、近海风电场建设技术手册等计划的支撑性课题，为国家"十一五"科技攻关计划的科研课题项目。

该试验项目位于江苏省响水县灌东盐场外侧套子口海域，距海岸线约 3.5km，水深约 5m，采用上海电气风电设备有限公司生产的 W2000-93 机型，单机容量 2MW。风力发电机组基础采用高桩承台方案，桩基为 8 根 1.4m 直径的钢管桩，承台厚度为 4.0m，均为现浇混凝土。基础施工由钢套箱围堰挡水，搅拌船进行混凝土泵送浇筑。风力发电机组安装采用半潜驳装载 1000t 级履带吊，半潜驳调整压舱水坐滩作为载体，1000t 履带吊进行吊装作业。

上海东海大桥 100MW 海上风电示范项目位于上海市东海大桥两侧，风电场采用 34 台华锐风电科技（集团）股份有限公司生产的 3.0MW 的风力发电机组。中国大唐集团公司、上海绿色环保能源有限公司、中广核风力发电有限公司和中电国际新能源控股有限公司共同出资组建上海东海风力发电有限公司，负责投资开发和运营管理。

风力发电机组基础采用 8 根 1.7m 直径的钢管桩，桩身倾斜度为 7∶1，承台厚度为 4.5m，均为现浇混凝土。基础施工由钢套箱围堰挡水，搅拌船进行混凝土泵送浇筑。风力发电机组安装通过在组装基地拼装为整体，经驳船一次运输 2～4 台风力发电机组在现场进行整体吊装。图 6 - 34 给出了东海大桥海上风力发电机组高桩承台基础施工及吊装图。

图 6 - 34　东海大桥海上风力发电机组高桩承台基础施工及吊装

6.5　整机模态分析及振动频率校核

并为避免风力发电机组运行时发生共振，并为进一步开展动力分析奠定基础，需要对风力发电机组整机进行模态计算，主要通过大型有限元软件模拟地基＋基础＋塔架＋风力发电机组的整体结构自振状况。视不同的机型，由风力发电机组厂家提供风力发电机组塔架及其他上部结构参数，主要包括各主体部件尺寸、重量、坐标系、重心位置以及转动惯量数据，考虑到机舱及塔筒内部设备较多，必要时考虑一定的附加质量。如图 6 - 35 所示为风力发电机组整体模型及一阶振动模态示意图。

风力发电机组在正常运行时，因外界风的作用，叶轮转动会产生一定的激振，为避免整机与之发生共振，造成风力发电机组运行出现故障，并影响机组寿命，设计时需要校核整机自振频率与激振频率之间的关系。目前欧洲通用的一些规范，如 GL Wind《Guideline for the Certification of Offshore Wind Turbines》等都对整机自振频率与激振频率范围的关系均进行了规定。通常以单叶片转动一周的时间为一周期，对应的频率记作 1P，3

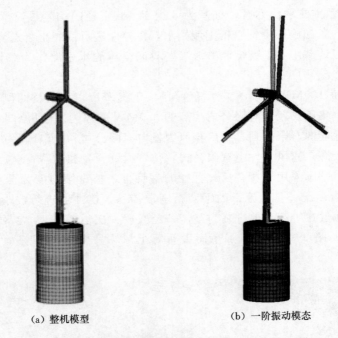

(a) 整机模型　　　　　　　(b) 一阶振动模态

图 6-35　风力发电机组整机模型及一阶振动模态示意图

叶片风轮转动 1 周激振频率记作 $3P$。其中 $1P$ 对叶片的影响最大，而 $3P$ 对塔架影响最大（若叶片数为其他数量，相应 $3P$ 则改为 nP）。

规范考虑避免共振要求整机自振频率避开激振频率 5%，同时因计算模拟本身存在差异，另需计入 5% 的误差，因此要求二者频率差异不小于 10%，即

$$\frac{f_R}{f_{ox}} \geqslant 1.1 \text{ 或 } \frac{f_R}{f_{ox}} \leqslant 0.9 \qquad (6-43)$$

式中　f_R——风力发电机组整机自振频率，Hz；

f_{ox}——叶轮转动的激振频率，Hz。

$\dfrac{f_R}{f_{ox3P}} \geqslant 1.1$ 即为"硬塔"，而 $\dfrac{f_R}{f_{ox1P}} \leqslant 0.9$ 即为"甚软塔"，而海上风力发电机组按"软塔"设计，即要求 $1.1 f_{ox1P} \leqslant f_R \leqslant 0.9 f_{ox3P}$。

频率初步计算分析时，建模本身会忽略一些次要结构，且一般未考虑海洋环境的影响，如海流、波浪振动对整机频率会产生一定的影响，基础表面的海生物附着、桩体的附加水质量、桩芯附加土质量等因素，若需进行严格的计算，需考虑这些方面因素的影响。

6.6　风力发电机组基础防冲刷

6.6.1　基础周边局部冲刷计算

海上风力发电机组基础建设完成后，由于其对表层土的扰动和永久障碍物的存在，潮流和波浪引起的水体粒子的运动会受到显著的影响。首先，在基础的前方会形成一个马蹄

形的涡；其次，在风塔基的背流处会形成涡流（卡门涡街）；再次，在风塔基的两侧流线会收缩。这种局部流态的改变，会增加水流对底床的剪切应力，从而导致水流挟沙能力的提高。如果底床是易受侵蚀的，那么在基础的局部会形成冲刷坑，这种冲刷坑会影响基础的稳定性。

根据势流理论，绕圆柱流动所引起的局部流速，比原流速增大约一倍，即局部流速总体放大为原流速的 2 倍。根据泥沙挟沙力原理，泥沙挟沙能力和流速的三次方成正比，由此可知，理论上分析基础的局部挟沙力约是原来的 8 倍。

下面列举在欧洲海上风电中应用较广泛的 DNV 公式以及我国学者韩海骞等提出的经验计算公式。

（1）DNV（挪威船级社）海上风电设计规范建议的经验公式（波浪/潮流作用下）为

$$\frac{S}{D} = 1.3\{1 - \exp[-0.03(KC - 6)]\} \quad KC \geqslant 6 \qquad (6-44)$$

其中

$$KC = \frac{\mu_{\max} T}{D}$$

式中　S——冲刷深度，m；

　　　D——竖直墩柱的直径，m；

　　$\mu_{\max}$——近海床底部的水流最大速度，m/s；

　　　T——计算波浪/潮流的周期。

冲刷坑半径的估算公式为

$$r = \frac{D}{2} + \frac{S}{\tan\varphi} \qquad (6-45)$$

式中　φ——海床底泥沙的休止角，(°)。

（2）韩海骞潮流作用下的冲刷计算公式。我国学者韩海骞等经对国内的杭州湾大桥、金塘大桥、沽渚大桥等实测资料，结合水槽试验（60 多组试验数据），使用因次分析推导方法，得出了潮流作用下的局部冲刷公式为

$$\frac{S}{h} = 17.4 \left(\frac{B}{h}\right)^{0.326} \left(\frac{d_{50}}{h}\right)^{0.167} F_r^{0.628} \qquad (6-46)$$

其中

$$F_r = \frac{v}{\sqrt{gh}}$$

式中　S——潮流作用下桥墩的局部冲刷深度（含一般冲刷和局部冲刷），m；

　　　h——全潮最大水深，m；

　　　B——全潮最大水深条件下的平均阻水宽度，m；

　　d_{50}——河床泥沙的平均中值粒径，m；

　　　F_r——水流的弗劳德数，表示流体内惯性力与重力的比值；

　　　v——潮流流速；

　　　g——重力加速度，9.81m/s²。

从计算对比看，韩海骞公式计算结果一般会比 DNV 公式要保守一些，可能原因是韩海骞公式基于我国跨海大桥的经验，该区域潮流流速均较大，而且欧洲海上风电规范及其他参考文献建议，在简单估算时，可按（1.3～2.0）D（D 为墩柱的直径）估算最大冲

深度。

考虑到目前国内已建海上风电场较为有限，类似可供参考的工程经验也有限，不同区域海洋水动力环境具有一定的不确定性。若为获取相对准确的冲刷情况，建议开展物理力学模型试验（或三维潮流泥沙及冲淤分析数值模拟），按相关比例关系模拟拟建工程的结构、海床、海洋水文特性进行水槽试验，以得到局部冲刷状况。并在风电场建成后，进行定期巡视与测量，了解风力发电机组基础周边冲刷情况，并做好记录，便于对理论成果进行反馈、修正。

6.6.2　防冲刷防护处理措施

6.6.2.1　抛石防冲刷防护

为防止桩周局部冲刷，较为简易的方法就是沿桩体周围一定范围内进行抛石加固处理。但目前抛石防冲刷计算比较合理的方法较少，本书主要借鉴海堤设计时水流作用下，防护工程的护坡、护脚块石的计算公式，以估算抛石的粒径，即

$$d = \frac{V^2}{C^2 2g \dfrac{\gamma_s - \gamma}{\gamma}} \tag{6-47}$$

式中　d——折算直径，对不规则体型的块石按球形折算，m；

　　　V——桩周水流的流速，鉴于一般海洋水文测量时仅测得施工前海域的流速情况，而很少专门测定工程施工后障碍物的局部流速增大的情况，建议按桩基引起局部流速增大 2 倍进行考虑，m/s；

　　　γ_s——抛填石块的重度，kN/m³；

　　　γ——水的重度，kN/m³，海水可按 10kN/m³ 计；

　　　C——抛填石块运动的稳定系数，一般取 0.9；

　　　g——重力加速度，取 9.81m/s²。

由于抛填块石后，改善了桩周土体状况，冲刷范围理论计算后，应适当考虑因抛石造成的土体改善作用，抛石防护范围可比理论计算范围适当减小。图 6-36 为某单桩基础周围抛石防冲刷保护示意图。

6.6.2.2　土工袋充填物防护

土工袋（土工织物编织袋、土工模袋等）充填混凝土块、石块、砂、土等不同充填物后作为码头、防波堤或近岸工程的防冲刷防护的应用历史悠久。其整体性好、施工方便、柔性大、适应变形能力强。

土工袋防护时，先根据基础周围的局部冲刷分析确定应防护的范围，对土工袋单体需计算其抗浮、抗冲刷以及抗掀动稳定性。一般有设计成 0.6~2.0m 的单个袋抛填，也有设计成大体积膜袋灌注充填物。图 6-37 为某土工袋系统充填示意图。

对于单体袋装充填物抛投，在施工前，应对水流造成的抛投体落距进行相应的工艺性试验。目前也有一些项目中，根据抛填工艺性试验得到一些落距计算经验公式，主要是与水流流速、水深、抛填单体重量、密度等相关。

对海上风力发电机组基础，土工袋装充填物的选择应考虑经济性、当地材料、施工方

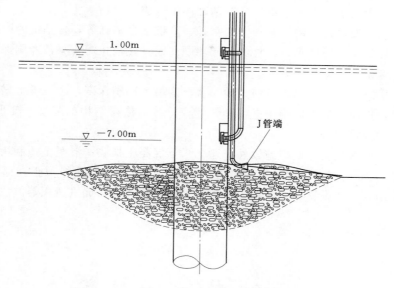

图 6-36 某单桩基础周围抛石防冲刷保护示意图

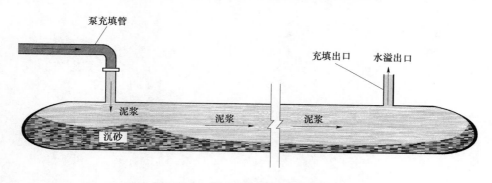

图 6-37 某土工袋系统充填示意图

便。防护范围内不同区域，可以考虑不同的充填物。靠近桩周的区域，土工袋单体可大，袋装物密度也应大一些；而离桩周远的区域，单体可小一些，但应满足稳定性要求，充填物尽可能以砂、土为主，使得土工袋系统与海床之间有较为顺利的过渡。如苏通大桥主塔墩的防护范围划分为核心区、永久防护区、护坦区，防护土工袋尺寸分别为 2.0m 袋装砂、1.0m 袋装砂、1.0m 袋装砂＋级配块石。

无论大体积或单体小型土工袋，土工织物编织袋或土工模袋，土工袋本身的性能均要求比较高。目前国内也无成熟的规范对防冲刷防护土工袋进行相应的规定，根据对较为成熟的土工袋性能方面的调研，选取土工袋时应调查其抗拉强度、接缝抗拉强度、延伸率、渗透性、CBR（承载比）顶破强力、动态落锥破裂试验、抗磨损性、抗紫外线能力（对于近海风力发电机组基础可不予考虑）等。

6.6.2.3 预留冲刷深度

在海洋工程领域，一般通过预留一定的冲刷深度开展结构设计，从结构上解决冲刷问题。主要因海洋工程桩基一般入土深度较大，且基础整体刚度受冲刷的影响相对较小，该方法相当于以基础增加一定的钢材量换取基础冲刷造成的影响。

对于海上风力发电机组的桩基导管架基础、高桩承台基础等，各基桩的距离较远，相互影响有限，计算时仅需估算单根桩的局部冲刷。因其直径相对要小，冲刷深度有限，通过预留冲刷深度是最好的解决方案。

设计时，根据计算（或物理模型试验）获取的最大冲刷深度，也可考虑增加一定深度作为安全余量，按设计最大冲刷线进行整体建模计算，使得结构的强度、变形、稳定性、频率等各方面均满足要求。

除了以上几种常见防冲刷措施以外，还有水下混凝土护底、混凝土预制块（类似块石的机理）、钢筋笼或土工格栅笼装石块、防护桩等，以及部分科研单位正在研究并试点的仿生系统防冲刷，通过设置仿生水草、藻类等减低水流速度、促进淤积等方法。

附　　　录

附录 A　圆形扩展基础工程实例

本附录为某内地平原风电场风力发电机组扩展基础实例（圆形），风力发电机组基础剖面图如图 A-1 所示。

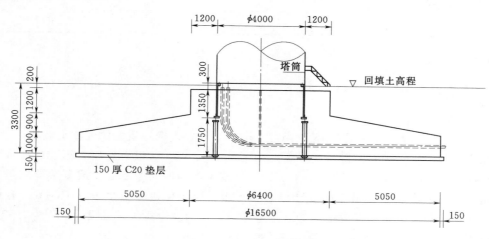

图 A-1　风力发电机组基础剖面图（单位：mm）

A.1　工程概况

（1）项目概况。本项目位于我国内地平原地区，风电场共安装 33 台 1.5MW 风力发电机组，总装机容量 49.5MW，风力发电机组单机容量 1.5MW，转轮直径 77m，轮毂高度 65m。本风电场属 IEC Ⅱ 类风场。

（2）基础型式。

（3）地质资料。本工程从上至下共可分为 5 个地质层，各层土物理力学性能见表 A-1。

表 A-1　各层土物理力学性能

层号	土层名	层顶高程 /m	承载力特征值 /kPa	压缩模量 /MPa	容重 /MPa
1	粉土	1424.20	60	5	18
2-1	细砂	1423.70	160	10	20
2-2	砾砂	1423.10	250	16	20

续表

层号	土层名	层顶高程/m	承载力特征值/kPa	压缩模量/MPa	容重/MPa
3	粉土	1421.60	200	10	18
4-2	粉土夹粉砂	1419.00	350	22	20

基础底高程1421.30m，设计基本地震加速度值$a=0.10g$。

（4）荷载资料。风力发电机组荷载（未计入荷载安全系数）见表A-2。

表 A-2　风力发电机组荷载

工　况	水平力/kN	竖向力/kN	弯矩/(kN·m)
正常运行工况	374	2387	19478
极端工况	713	2339	40877

机舱和转轮自重820kN，塔架自重1200kN。

A.2　基本设计等级和系数

1. 基础设计级别

本工程单机容量1.50MW，轮毂高度65.0m，属非复杂地质条件或软土地基。

根据《风电机组地基基础设计规定》（FD 003—2007）（以下省略本标准标准号）第5.0.1条款的规定，当单机容量大于1.5MW，或轮毂高度大于80m，或复杂地质条件或软土地基时，风力发电机组基础设计级别为1级；而当单机容量小于0.75MW、轮毂高度小于60m，且位于地质条件简单的岩土地基时，风力发电机组基础设计级别为3级；除这两种情况外，介于1、3级之间的基础均为2级。

根据《风电机组地基基础设计规定》判断，本工程风力发电机组基础设计级别为2级。

2. 基础结构安全等级

根据《风电机组地基基础设计规定》第5.0.5条的规定，按照风电场工程的重要性和基础破坏后果（如危及人的生命安全、造成经济损失和产生社会影响）的严重性，风力发电机组基础结构安全等级划分为两个等级。对于基础破坏后果"很严重"的重要的基础，结构安全等级为1级，对于基础破坏后果"严重"的一般基础，结构安全等级为2级。根据其条文说明，一般的对应于基础设计级别为1级的基础，其结构安全等级为1级，对应于基础设计级别为2、3级的基础，其结构安全等级为2级。

本工程风力发电机组基础设计级别为2级，相应的基础结构安全等级为2级。

3. 有关系数

（1）荷载修正安全系数。根据《风电机组地基基础设计规定》第5.0.7条的规定，鉴于风力发电机组主要荷载——风荷载的随机性较大，且不易模拟，在与地基承载力、基础稳定性有关的计算中，上部结构传至塔筒底部与基础环交界面的荷载应采用经荷载修正安全系数k_0修正后的荷载修正标准值。

根据《风电机组地基基础设计规定》的规定，荷载修正安全系数 $k_0 = 1.35$。

（2）结构重要性系数。根据《风电机组地基基础设计规定》第 7.3.1 条的规定，基础结构安全等级为 1 级的基础，结构重要性系数为 1.1；基础结构安全等级为 2 级的基础，结构重要性系数为 1.0。

本工程基础安全等级为 2 级，相应的结构重要性系数 $\gamma_0 = 1.00$。

（3）荷载分项系数。根据《风电机组地基基础设计规定》第 7.3.2 条的规定，当荷载效应对结构不利时，永久荷载分项系数为 1.2，可变荷载分项系数为 1.5；当荷载效应对结构有利时，永久荷载分项系数为 1.0，可变荷载分项系数为 0。

A.3　地质资料

本工程由上至下共可分为 5 个地质层，各层土物理力学性能见表 A-1。

A.4　荷载计算

1. 风力发电机组荷载计算

根据《风电机组地基基础设计规定》的规定，风力发电机组荷载需考虑正常运行和极端两种工况，并且对于水平力和弯矩，应利用两个方向（x、y 向）的合力来计算。

（1）风力发电机组荷载（未计入荷载安全系数，至基础环顶）。本项目未计入荷载安全系数前的正常运行工况和极端工况机组荷载（标准值）见表 A-2。

（2）风力发电机组荷载（计入荷载安全系数，到基础环顶）。根据《风电机组地基基础设计规定》第 5.0.7 条的规定，鉴于风力发电机组主要荷载——风荷载的随机性较大，且不易模拟，在与地基承载力、基础稳定性有关的计算中，上部结构传至塔筒底部与基础环交界面的荷载应采用经荷载修正安全系数 k_0 修正后的荷载修正标准值。但竖向力主要以自重为主，故竖向力不再计荷载修正安全系数，即

$$F_{rk} = F_{rk0} k_0$$
$$F_{zk} = F_{zk0}$$
$$M_{rk} = M_{rk0} k_0$$

本项目荷载修正安全系数取 $k_0 = 1.35$。

本项目计入荷载安全系数后的正常运行工况和极端工况机组荷载（标准值）见表 A-3。

表 A-3　计入荷载安全系数的机组荷载

工　况	水平力/kN	竖向力/kN	弯矩/(kN·m)
正常运行工况	504	2387	26295
极端工况	962	2339	55184

（3）风力发电机组荷载（计入荷载安全系数，到基础底）。上述荷载是指到基础环顶的，计算基础稳定、承载力和变形时，需计算到基础底。基础环顶至基础底的距离为

$$h_d = 0.30 + 1.20 + 0.90 + 1.00 = 3.40 \text{(m)}$$

本项目计入荷载安全系数后且作用至基础底的正常运行工况和极端工况机组荷载（标

准值）见表 A-4。

表 A-4　计入荷载安全系数且作用至基础底的机组荷载

工　况	水平力/kN	竖向力/kN	弯矩/(kN·m)
正常运行工况	504	2387	28011
极端工况	962	2339	58455

2. 基础及土的自重计算

（1）基础体积计算。本项目基础为圆形基础，基础尺寸见表 A-5。

表 A-5　基　础　尺　寸

基础直径	$D=16.5\text{m}$	斜高	$H_3=0.9\text{m}$
埋深	$H=3.3\text{m}$	底板端部厚	$H_4=1.0\text{m}$
圆台高	$H_2=1.2\text{m}$	圆台（或基础环）直径	$D_1=6.4\text{m}$

底板体积为

$$V_1 = \pi \times 16.5 \times 16.5 \times 1.0/4 = 213.8(\text{m}^3)$$

棱台体积为

$$A_1 = \pi \times 16.5 \times 16.5/4 = 213.8(\text{m}^2)$$

$$A_2 = \pi \times 6.4 \times 6.4/4 = 32.2(\text{m}^2)$$

$$V_2 = [A_1 + A_2 + (A_1 A_2)^{1/2}]h/3 = [213.8 + 32.2 + (213.8 \times 32.2)^{1/2}] \times 0.9/3 = 98.7(\text{m}^3)$$

圆台体积为

$$V_3 = \pi \times 6.4 \times 6.4 \times 1.2/4 = 38.6(\text{m}^3)$$

基础总体积为

$$V_{基础} = V_1 + V_2 + V_3 = 213.8 + 98.7 + 38.6 = 351.1(\text{m}^3)$$

（2）基础上覆土体积计算。

基础上覆土体积＝地面以下总体积＋基础露出地面的体积－基础体积

地面以下总体积为

$$V_1 = \pi \times 16.5 \times 16.5 \times 3.3/4 = 705.6(\text{m}^3)$$

基础露出地面的高度为

$$d_0 = 1.2 + 0.9 + 1.0 - 3.3 = -0.2(\text{m})$$

基础露出地面高度小于零，取 $d_0 = 0$

基础露出地面的体积为

$$V_2 = \pi \times 6.4 \times 6.4 \times 0.0/4 = 0.0(\text{m}^3)$$

基础上覆土体积为

$$V_土 = V_1 + V_2 - V_{基础} = 705.6 + 0.0 - 351.1 = 354.5(\text{m}^3)$$

（3）基础和上覆土的自重（不计地下水位时）。基础钢筋混凝土的容重取 25kN/m^3，上覆土的自然容重取 18.0kN/m^3

基础自重为

$$G_1 = 351.1 \times 25.0 = 8778(\text{kN})$$

上覆土自重为

$$G_2 = 354.5 \times 18.0 = 6381 (\text{kN})$$

基础＋上覆土自重为

$$G_重 = G_1 + G_2 = 8778 + 6381 = 15159 (\text{kN})$$

（4）地下水的浮力计算。当地下水位高于基础底面时，基础将受地下水浮力的作用，地下水浮力对基础的稳定是不利的，基础和上覆土的自重应计入地下水浮力的作用。

本工程地下水位为-10.00m（相对于地面，向下为负）。

地下水位低于基础底面，地下水的浮力为0。

（5）基础和上覆土的自重（计入地下水位）。不计地下水位时基础和上覆土的自重为15159kN，地下水浮力为0，则计入地下水位时基础和上覆土的自重为

$$G = G_重 - F_浮 = 15159 - 0 = 15159 (\text{kN})$$

3. 地震荷载计算

根据《风电机组地基基础设计规定》的规定，地震荷载需考虑多遇地震和罕遇地震两种工况，对两种工况分别计算地震力，对多遇地震工况需进行稳定、承载力、变形计算，而罕遇地震工况仅对稳定进行验算。

以下地震力均依据《建筑抗震设计规范》（GB 50011—2010）（以下省略本标准标准号）进行计算，地震力的计算方法采用底部剪力法。

本工程设计基本地震加速度$a = 0.10g$。

（1）多遇地震工况下的地震力。

1）水平地震力。根据《建筑抗震设计规范》的5.2.1条，底部剪力法水平地震力计算公式为

$$F_{Ek} = \alpha_1 G_{eq}$$

式中　F_{Ek}——水平地震力；

　　　α_1——水平地震影响系数；

　　　G_{eq}——结构等效总重力荷载。

根据《建筑抗震设计规范》的5.1.4条，当基本地震加速度$a = 0.10g$时，多遇地震工况下水平地震影响系数$\alpha_1 = 0.08$。

为方便计算，将风力发电机组简化为两质点模型进行地震力分析，即机舱和塔架，机舱（包括转轮）的重心在轮毂高度处，塔架的重心在塔架中心点。本项目机舱（包括转轮）自重820kN，塔架自重1200kN，风力发电机组总重量2020kN。

根据《建筑抗震设计规范》的5.2.1条，多质点模型时G_{eq}取多质点总重量的85％。因此：

$$G_{eq} = 0.85 \times (820 + 1200) = 1717 (\text{kN})$$
$$F_{Ek} = \alpha_1 G_{eq} = 0.08 \times 1717 = 137 (\text{kN})$$

2）竖向地震力。根据《建筑抗震设计规范》的5.3.1条，竖向地震力计算公式为

$$F_{Evk} = \alpha_{vmax} G_{eq}$$

式中　F_{Evk}——竖向地震力；

　　　α_{vmax}——竖向地震影响系数；

G_{eq}——结构等效总重力荷载。

根据《建筑抗震设计规范》的 5.3.1 条，竖向地震影响系数 α_{vmax} 可取水平地震影响系数的 65％，则为

$$a_{vmax}=0.65\alpha_1=0.05$$

根据《建筑抗震设计规范》的 5.3.1 条，多质点模型计算竖向地震力时 G_{eq} 取多质点总重量的 75％。因此：

$$G_{eq}=0.75\times(820+1200)=1515(kN)$$
$$F_{Evk}=\alpha_{vmax}G_{eq}=0.05\times1515=79(kN)$$

3）地震力产生的弯矩。地震力产生的弯矩由水平地震力引起，水平地震力的作用位置在基础环顶，荷载作用高度 $h_d=3.40m$。

水平地震力引起的弯矩为

$$M_{Ek}=h_d F_{Ek}=3.40\times137=467(kN\cdot m)$$

（2）罕遇地震工况下的地震力。

1）水平地震力。根据《建筑抗震设计规范》的 5.2.1 条，底部剪力法水平地震力计算公式为

$$F_{Ek}=\alpha_1 G_{eq}$$

式中　　F_{Ek}——水平地震力；

α_1——水平地震影响系数；

G_{eq}——结构等效总重力荷载。

根据《建筑抗震设计规范》的 5.1.4 条，当基本地震加速度 $\alpha=0.10g$ 时，罕遇地震工况下水平地震影响系数 $\alpha_1=0.50$。

为方便计算，将风力发电机组简化为两质点模型进行地震力分析，即机舱和塔架，机舱（包括转轮）的重心在轮毂高度处，塔架的重心在塔架中心点。本项目机舱（包括转轮）自重 820kN，塔架自重 1200kN，风力发电机组总重量 2020kN。

根据《建筑抗震设计规范》的 5.2.1 条，多质点模型时 G_{eq} 取多质点总重量的 85％。因此：

$$G_{eq}=0.85\times(820+1200)=1717(kN)$$
$$F_{Ek}=\alpha_1 G_{eq}=0.50\times1717=859(kN)$$

2）竖向地震力。根据《建筑抗震设计规范》的 5.3.1 条，竖向地震力计算公式为

$$F_{Evk}=\alpha_{vmax}G_{eq}$$

式中　　F_{Evk}——竖向地震力；

α_{vmax}——竖向地震影响系数；

G_{eq}——结构等效总重力荷载。

根据《建筑抗震设计规范》的 5.3.1 条，竖向地震影响系数 α_{vmax} 可取水平地震影响系数的 65％，则为

$$a_{vmax}=0.65\alpha_1=0.33$$

根据《建筑抗震设计规范》的 5.3.1 条，多质点模型计算竖向地震力时 G_{eq} 取多质点总重量的 75％。因此：

$$G_{eq} = 0.75 \times (820 + 1200) = 1515 (\mathrm{kN})$$

$$F_{Evk} = \alpha_{vmax} G_{eq} = 0.33 \times 1515 = 492 (\mathrm{kN})$$

3）地震力产生的弯矩。地震力产生的弯矩由水平地震力引起，水平地震力的作用位置在基础环顶，荷载作用高度 $h_d = 3.40\mathrm{m}$。

水平地震力引起的弯矩为

$$M_{Ek} = h_d F_{Ek} = 3.40 \times 859 = 2919 (\mathrm{kN \cdot m})$$

4. 附加荷载计算

本项目无任何附加荷载。

5. 荷载组合

根据《风电机组地基基础设计规定》第 7.2.1 条的规定，风力发电机组基础设计的荷载组合包括正常运行工况、极端工况、多遇地震工况、罕遇地震工况、疲劳荷载等。其中多遇地震工况、罕遇地震工况时，仅与机组荷载的正常运行工况组合，不与极端工况组合。基础及上覆土自重均计入上述各竖向力。

根据《风电机组地基基础设计规定》第 7.2.2 条的规定，按地基承载力确定扩展基础底面积及埋深或按单桩承载力确定桩基础桩数时，荷载效应应采用标准组合，且上部结构传至塔筒底部与基础环交界面的荷载标准值应修正为荷载修正标准值（即计入荷载安全系数）。

根据《风电机组地基基础设计规定》第 7.2.3 条的规定，计算基础（桩）内力、确定配筋和验算材料强度时，荷载效应应采用基本组合，上部结构传至塔筒底部与基础环交界面的荷载设计值由荷载标准值乘以相应的荷载分项系数（即计入荷载分项系数，但不计入荷载安全系数）。

根据《风电机组地基基础设计规定》第 7.2.4 条的规定，基础抗倾覆和抗滑稳定的荷载效应应采用基本组合，但其分项系数均为 1.0，且上部结构传至塔筒底部与基础环交界面的荷载标准值应修正为荷载修正标准值（即计入荷载安全系数）。

根据《风电机组地基基础设计规定》第 7.2.5 条的规定，验算地基变形、基础裂缝宽度和基础疲劳强度时，荷载效应应采用标准组合，上部结构传至塔筒底部与基础环交界面的荷载直接采用荷载标准值（即不计入荷载分项系数，也不计入荷载安全系数）。

根据《风电机组地基基础设计规定》第 7.2.6 条的规定，多遇地震工况地基承载力验算时，荷载效应应采用标准组合；截面抗震验算时，荷载效应应采用基本组合，多遇地震工况进行截面抗震验算时，水平地震力分项系数为 1.3，竖向地震力分项系数为 0.5。

根据《风电机组地基基础设计规定》第 7.2.7 条的规定，罕遇地震工况下，抗滑和抗倾稳定验算的荷载效应应采用偶然组合。

根据《风电机组地基基础设计规定》第 7.3.1 条的规定，所有工况下均计入结构重要性系数，本项目结构重要性系数 $\gamma_0 = 1.00$，以下各项荷载均已计入结构重要性系数。

（1）荷载标准组合一。荷载标准组合一用于验算地基变形、基础裂缝宽度和基础疲劳强度，不计入荷载分项系数，也不计入荷载安全系数，见表 A-6。

表 A - 6　荷 载 组 合 一

工　况	水平力/kN	竖向力/kN	弯矩/(kN·m)
正常运行工况	374	17546	20749
极端工况	713	17498	43300
多遇地震工况	511	17624	21216
罕遇地震工况	1232	18038	23667

（2）荷载标准组合二。荷载标准组合二用于确定扩展基础底面积及埋深或按单桩承载力确定桩基础桩数，也用于计算基础抗倾覆和抗滑稳定，不计入荷载分项系数，但计入荷载安全系数（只对风力发电机组水平力和弯矩计安全系数），见表 A - 7。

表 A - 7　荷 载 组 合 二

工　况	水平力/kN	竖向力/kN	弯矩/(kN·m)
正常运行工况	504	17546	28011
极端工况	962	17498	58455
多遇地震工况	642	17624	28478
罕遇地震工况	1363	18038	30929

（3）荷载基本组合。荷载基本组合值用于计算基础（桩）内力、确定配筋和验算材料强度，计入荷载分项系数，但不计入荷载安全系数，见表 A - 8。

表 A - 8　荷 载 基 本 组 合

工　况	水平力/kN	竖向力/kN	弯矩/（kN·m）
正常运行工况	561	21055	31123
极端工况	1069	20998	64950
多遇地震工况	739	21094	31730

A.5　地基承载力计算

A.5.1　地基承载力特征值

根据《风电机组地基基础设计规定》第 8.2.2 条的规定，当扩展基础宽度大于 3m 或埋置深度大于 0.5m 时，由荷载试验或其他原位测试、经验值等方法确定的地基承载力特征值应进行修正，修正公式为

$$f_a = f_{ak} + \eta_b \gamma (b_s - 3) + \eta_d \gamma_m (h_m - 0.5)$$

1. 修正前的地基承载力特征值

基础埋深 3.30m，基底落于第 3 层上，该层修正前承载力特征值为 $f_{ak} = 200\text{kPa}$。

2. 基础底面以下土的容重

基底落于第 3 层上，该层土的容重为 $\gamma = 18.0\text{kN/m}^3$。

3. 基础底面以上土的容重

基底落于第 3 层上，基底以上土的加权平均容重为 $\gamma_m = 19.4\text{kN/m}^3$。

4. 修正系数

根据《风电机组地基基础设计规定》第 8.2.2 条的规定，本项目土的类型属"黏粒含量小于 10%的粉土"，其宽度修正和深度修正系数为 $\eta_b = 0.50$，$\eta_d = 1.00$。

根据《风电机组地基基础设计规定》第 8.2.2 条的规定，当基础底面力矩作用方向受压宽度大于 6.0m 时取 6.0m，故 $b_s = 6.00$m。基础埋深 $h_m = 3.30$m。

5. 修正后的地基承载力特征值

$$f_a = f_{ak} + \eta_b \gamma (b_s - 3) + \eta_d \gamma_m (h_m - 0.5)$$
$$= 200 + 0.50 \times 18.00 \times (6.00 - 3) + 1.00 \times 19.44 \times (3.30 - 0.5)$$
$$= 281 (kPa)$$

A.5.2 基础对地压力

1. 正常运行工况下的基础对地压力

圆形基础对地压力采用结构力学法和数值积分，当基础不脱离地面时采用结构力学法，当基础部分脱离地面时采用数值积分法计算。

作用在基础底的全部竖向力 $F = 17546$kN，作用在基础底的全部弯矩 $M = 28011$kN·m，圆形基础底边直径 $D = 16.50$m，基础底面积 $A = 213.8$m^2，基础底面积抵抗矩 $W = 441.0$m^3。

合力点的偏心距为

$$e = M/F = 28011/17546 = 1.60 (m)$$
$$p_f = F/A - M/W = 17546/213.8 - 28011/441.0 = 18.54 (kPa)$$

因为 $p_f \geq 0$，故基础不脱离地面，可按结构力学方法计算最大最小应力。

基础最大对地压力为

$$p_{kmax} = F/A + M/W = 17546/213.8 + 28011/441.0 = 145.6 (kPa)$$

基础最小对地压力为

$$p_{kmin} = F/A - M/W = 17546/213.8 - 28011/441.0 = 18.5 (kPa)$$

基础平均对地压力为

$$p_k = (p_{kmax} + p_{kmin})/2 = (145.6 + 18.5)/2 = 82.1 (kPa)$$

基础脱离地面面积为 0。

2. 极端工况下的基础对地压力

圆形基础对地压力采用结构力学法和数值积分，当基础不脱离地面时采用结构力学法，当基础部分脱离地面时采用数值积分法计算。

作用在基础底的全部竖向力 $F = 17498$kN，作用在基础底的全部弯矩 $M = 58455$kN·m，圆形基础底边直径 $D = 16.50$m，基础底面积 $A = 213.8$m^2，基础底面积抵抗矩 $W = 441.0$m^3。合力点的偏心距为

$$e = M/F = 58455/17498 = 3.34 (m)$$
$$p_f = F/A - M/W = 17498/213.8 - 58455/441.0 = -50.71 (kPa)$$

因为 $p_f < 0$，故基础部分脱离地面，可按数值积分方法计算最大最小应力和脱离面积。

基础最大对地压力 $p_{kmax} = 227.7$kPa，基础最小对地压力 $p_{kmin} = 0.0$kPa，基础平均对

地压力 $p_{kave}=113.8kPa$，基础脱离地面的长度 $L_T=4.14m$，基础脱离地面面积与总面积之比 $\rho_T=19.7\%$。

以下为数值积分法验算基础反力的合力和合力矩（数值积分法计算得基础反力和合力和合力矩与作用在基础底面的竖向力和弯矩在数值上基本相符）：基础直径16.50m，脱离长度4.14m，最大应力227.65kPa。

3. 多遇地震工况下的基础对地压力

多遇地震工况下的基础对地压力与正常运行工况计算方法相同。

A.5.3　地基承载力计算结论

根据《风电机组地基基础设计规定》第8.1.4条的规定，在正常运行和多遇地震工况下基底不允许脱开，在极端工况下基础允许脱开面积不超过25%。

根据《风电机组地基基础设计规定》第8.3.1条的规定，基底平均压力不应超过修正后的地基承载力，即 $p_{kave}\leqslant f_a$。

根据《风电机组地基基础设计规定》第8.3.1条的规定，基底边缘处最大压力不应超过修正后的地基承载力的1.2倍，即 $p_{kave}\leqslant1.2f_a$。

本项目各工况下承载力计算成果见表A-9。

表 A-9　各工况下承载力计算成果

工　况		最大应力 /kPa	最小应力 /kPa	平均应力 /kPa	基底脱开面积比例 /%
正常运行工况	计算值	145.6	18.5	82.1	0.0
	校验值	满足	满足	满足	满足
极端工况	计算值	227.7	0.0	113.8	19.7
	校验值	满足	满足	满足	满足
多遇地震工况	计算值	147.0	17.9	82.4	0.0
	校验值	满足	满足	满足	满足

A.6　基础变形计算

A.6.1　基础变形计算方法

根据《风电机组地基基础设计规定》第8.4.2条的规定，基础变形计算采用分层总和法。地基土内的应力分布，采用各向同性均质线性变形体理论假定。基础沉降计算公式为

$$s=\psi_s\sum\left[p_{0k}(z_ia_i-z_{i-1}a_{i-1})/E_{si}\right]$$

1. 沉降计算经验系数修正

根据《风电机组地基基础设计规定》第8.4.3条的规定，按分层总和法计算得沉降量应进行经验系数修正，地基最终沉降量＝分层总和法计算的总沉降量×经验系数。经验系数和基底应力与承载力的比值、沉降计算深度范围内压缩模量的当量值有关，经验系数根据《风电机组地基基础设计规定》表8.4.3条的规定确定。

2. 分层厚度

根据《风电机组地基基础设计规定》第 8.4.4 条的规定，按分层总和法计算沉降时，分层厚度与基础宽度 b 有关，当 $b<2\text{m}$ 时，分层厚度取 0.3m，当 $b>8\text{m}$ 时，分层厚度取 1.0m，考虑到风力发电机组基础宽度比较大，并为保证计算精度，本项目取分层厚度为 0.5m。

3. 计算终止的条件

根据《风电机组地基基础设计规定》第 8.4.4 条的规定，当第 i 层计算的沉降量小于该层以上总沉降量的 2.5％时，计算可终止。考虑到本项目计算时分层厚度较小，并为保证计算精度，采用 1％时计算终止。

A.6.2　正常运行工况基础变形计算

与极端工况计算方法相同。

A.6.3　极端工况基础变形计算

1. 基础对地压力计算

基础变形计算时，荷载采用标准组合一，即不计入荷载分项系数，也不计入荷载安全系数。

圆形基础对地压力采用结构力学法和数值积分，当基础不脱离地面时采用结构力学法，当基础部分脱离地面时采用数值积分法计算。

作用在基础底的全部竖向力 $F=17498\text{kN}$，作用在基础底的全部弯矩 $M=43300\text{kN·m}$，圆形基础底边直径 $D=16.50\text{m}$，基础底面积 $A=213.8\text{m}^2$，基础底面积抵抗矩 $W=441.0\text{m}^3$。

合力点的偏心矩为

$$e=M/F=43300/17498=2.47(\text{m})$$

$$p_\text{f}=F/A-M/W=17498/213.8-43300/441.0=-16.35(\text{kPa})$$

因为 $p_\text{f}<0$，故基础部分脱离地面，可按数值积分方法计算最大、最小应力和脱离面积。

基础最大对地压力 $p_\text{kmax}=180.9\text{kPa}$，基础最小对地压力 $p_\text{kmin}=0.0\text{kPa}$，基础平均对地压力 $p_\text{kave}=90.5\text{kPa}$，基础脱离地面的长度 $L_\text{T}=1.49\text{m}$，基础脱离地面面积与总面积之比 $\rho_\text{T}=4.5\%$。

以下为数值积分法验算基础反力的合力和合力矩（数值积分法计算得基础反力、合力和合力矩与作用在基础底面的竖向力和弯矩在数值上基本相符）：基础直径 16.50m，脱离长度 1.49m，最大应力 180.92kPa。

基础部分脱离地面，脱离地面的长度为 1.49m，基底应力图形为三角形分布。

2. 三角形荷载最小应力角点沉降计算

以下开始圆形底面三角形应力分布角点沉降计算。

角点沉降计算采用分层总和法，计算公式为

$$s=\psi_\text{s}\sum\left[p_\text{0k}(z_i a_i-z_{i-1}a_{i-1})/E_{si}\right]$$
$$p_\text{0k}=180.9(\text{kPa})$$

计算结果见表 A-10。

表 A-10　三角形荷载最小应力角点沉降计算结果

第 i 层	距基底 z_i	系数 a_i	层号	E_{si}	s_i
0	0.0	0.0000	3	10.0	
1	0.5	0.0048	3	10.0	0.04
2	1.0	0.0097	3	10.0	0.13
3	1.5	0.0145	3	10.0	0.22
4	2.0	0.0190	3	10.0	0.29
5	2.5	0.0232	4-2	22.0	0.17
6	3.0	0.0275	4-2	22.0	0.20
7	3.5	0.0312	4-2	22.0	0.22
8	4.0	0.0342	4-2	22.0	0.23
9	4.5	0.0377	4-2	22.0	0.27
10	5.0	0.0412	4-2	22.0	0.30
11	5.5	0.0437	4-2	22.0	0.28
12	6.0	0.0464	4-2	22.0	0.31
13	6.5	0.0494	4-2	22.0	0.35
14	7.0	0.0519	4-2	22.0	0.35
15	7.5	0.0543	4-2	22.0	0.36
16	8.0	0.0561	4-2	22.0	0.34
17	8.5	0.0582	4-2	22.0	0.38
18	9.0	0.0606	4-2	22.0	0.42
19	9.5	0.0620	4-2	22.0	0.36
20	10.0	0.0632	4-2	22.0	0.35
21	10.5	0.0645	4-2	22.0	0.36
22	11.0	0.0657	4-2	22.0	0.37
23	11.5	0.0669	4-2	22.0	0.38
24	12.0	0.0681	4-2	22.0	0.39
25	12.5	0.0692	4-2	22.0	0.39
26	13.0	0.0698	4-2	22.0	0.35
27	13.5	0.0704	4-2	22.0	0.35
28	14.0	0.0710	4-2	22.0	0.36
29	14.5	0.0716	4-2	22.0	0.36
30	15.0	0.0720	4-2	22.0	0.35
31	15.5	0.0720	4-2	22.0	0.30
32	16.0	0.0724	4-2	22.0	0.35
33	16.5	0.0730	4-2	22.0	0.38
34	17.0	0.0730	4-2	22.0	0.30
35	17.5	0.0730	4-2	22.0	0.30
36	18.0	0.0730	4-2	22.0	0.30

第 i 层	距基底 z_i	系数 a_i	层号	E_{si}	s_i
37	18.5	0.0730	4 - 2	22.0	0.30
38	19.0	0.0730	4 - 2	22.0	0.30
39	19.5	0.0730	4 - 2	22.0	0.30
40	20.0	0.0728	4 - 2	22.0	0.26
41	20.5	0.0722	4 - 2	22.0	0.20
42	21.0	0.0720	4 - 2	22.0	0.27
43	21.5	0.0719	4 - 2	22.0	0.29
44	22.0	0.0713	4 - 2	22.0	0.19
45	22.5	0.0710	4 - 2	22.0	0.23
46	23.0	0.0710	4 - 2	22.0	0.29
47	23.5	0.0705	4 - 2	22.0	0.20
48	24.0	0.0700	4 - 2	22.0	0.19
49	24.5	0.0700	4 - 2	22.0	0.29
50	25.0	0.0697	4 - 2	22.0	0.23
51	25.5	0.0691	4 - 2	22.0	0.16
52	26.0	0.0690	4 - 2	22.0	0.26
53	26.5	0.0689	4 - 2	22.0	0.26
54	27.0	0.0683	4 - 2	22.0	0.15

未修正前的角点总沉降 $s = 16\text{mm}$。

$$\sum A_i = 3.1909, \sum A_i / E_{s_i} = 0.148$$
$$E_s = \sum A_i / (\sum A_i / E_{s_i}) = 21.61$$

根据《风电机组地基基础设计规定》表 8.4.3 查得沉降计算经验系数 $\psi_s = 0.20$。
修正后的角点总沉降 $s = 3\text{mm}$。

3. 三角形荷载最大应力角点沉降计算

以下开始圆形底面三角形应力分布角点沉降计算。

角点沉降计算采用分层总和法，计算公式为

$$s = \psi_s \sum [p_{0k}(z_i a_i - z_{i-1} a_{i-1}) / E_{s_i}]$$
$$p_{0k} = 180.9 (\text{kPa})$$

计算结果见表 A - 11。

表 A - 11   三角形荷载最大应力角点沉降计算结果

第 i 层	距基底 z_i	系数 a_i	层号	E_{s_i}	s_i
0	0.0	0.5000	3	10.0	
1	0.5	0.4897	3	10.0	4.43
2	1.0	0.4794	3	10.0	4.24

第 i 层	距基底 z_i	系数 a_i	层号	E_{s_i}	s_i
3	1.5	0.4691	3	10.0	4.06
4	2.0	0.4592	3	10.0	3.89
5	2.5	0.4495	4-2	22.0	1.69
6	3.0	0.4405	4-2	22.0	1.62
7	3.5	0.4314	4-2	22.0	1.55
8	4.0	0.4223	4-2	22.0	1.47
9	4.5	0.4136	4-2	22.0	1.42
10	5.0	0.4052	4-2	22.0	1.35
11	5.5	0.3973	4-2	22.0	1.31
12	6.0	0.3895	4-2	22.0	1.24
13	6.5	0.3816	4-2	22.0	1.18
14	7.0	0.3742	4-2	22.0	1.14
15	7.5	0.3669	4-2	22.0	1.09
16	8.0	0.3596	4-2	22.0	1.03
17	8.5	0.3524	4-2	22.0	0.97
18	9.0	0.3451	4-2	22.0	0.91
19	9.5	0.3383	4-2	22.0	0.89
20	10.0	0.3318	4-2	22.0	0.85
21	10.5	0.3257	4-2	22.0	0.84
22	11.0	0.3197	4-2	22.0	0.79
23	11.5	0.3136	4-2	22.0	0.74
24	12.0	0.3075	4-2	22.0	0.69
25	12.5	0.3016	4-2	22.0	0.66
26	13.0	0.2962	4-2	22.0	0.66
27	13.5	0.2911	4-2	22.0	0.65
28	14.0	0.2862	4-2	22.0	0.64
29	14.5	0.2814	4-2	22.0	0.60
30	15.0	0.2765	4-2	22.0	0.56
31	15.5	0.2717	4-2	22.0	0.52
32	16.0	0.2672	4-2	22.0	0.53
33	16.5	0.2630	4-2	22.0	0.52
34	17.0	0.2582	4-2	22.0	0.40

未修正前的角点总沉降 $s=45\text{mm}$。

$$\sum A_i = 12.6563, \sum A_i/E_{s_i} = 0.706$$

$$E_s = \sum A_i/(\sum A_i/E_{s_i}) = 17.93$$

根据《风电机组地基基础设计规定》表 8.4.3 查得沉降计算经验系数 $\psi_s = 0.28$。

修正后的角点总沉降 $s=13\text{mm}$。

4. 总沉降

基础最大应力处沉降 $s_{\max}=12.78\text{mm}$，基础最小应力处沉降 $s_{\min}=3.11\text{mm}$，基础最大倾斜 $\tan\theta=0.0006$。

5. 多遇地震工况基础变形计算

与极端工况计算方法相同。

6. 基础变形计算结论

根据《风电机组地基基础设计规定》第 8.4.2 条的规定：轮毂高度小于 60m 时，最大允许沉降 300mm，允许倾斜 0.006；轮毂高度在 60～80m 时，最大允许沉降 200mm，允许倾斜 0.005；轮毂高度在 80～100m 时，最大允许沉降 150mm，允许倾斜 0.004；轮毂高度大于 100m 时，最大允许沉降 100mm，允许倾斜 0.003；而对于低、中压缩性黏性土、砂土，最大允许沉降为 100mm。

本项目取最大沉降容许值为 100mm，最大倾斜容许值 0.005。

本项目各工况下基础变形计算成果见表 A - 12。

表 A - 12　各工况下基础变形计算成果

工况		最大沉降/mm	最小沉降/mm	最大倾斜
正常运行工况	计算值	9.7	4.7	0.0003
	校验值	满足	满足	满足
极端工况	计算值	12.8	3.1	0.0006
	校验值	满足	满足	满足
多遇地震工况	计算值	9.8	4.7	0.0003
	校验值	满足	满足	满足

A.7　基础稳定计算

根据《风电机组地基基础设计规定》第 8.5.1 条的规定，扩展基础应进行工程地质条件和水文条件抗滑、抗倾稳定计算。

抗滑稳定计算公式为

$$K_{滑}=F_\text{r}/F_\text{s}$$

除罕遇地震工况外，抗滑稳定安全系数 $K_{滑}\geqslant1.3$，罕遇地震工况 $K_{滑}\geqslant1.0$。

抗倾稳定计算公式为

$$K_{倾}=M_\text{r}/M_\text{s}$$

除罕遇地震工况外，抗倾稳定安全系数 $K_{倾}\geqslant1.6$，罕遇地震工况 $K_{倾}\geqslant1.0$。

基础稳定计算时，荷载采用标准组合二，即不计入荷载分项系数，但计入荷载安全系数。

1. 正常运行工况基础稳定计算

滑动力 $F_\text{s}=504.5\text{kN}$。

考虑到基础水平变形很小，基础侧面土不能形成被动土压力，故抗滑力只计基底摩擦力。

抗滑力 $\qquad F_r=(N+G)u=15158.9\times0.300=4547.7(\text{kN})$

$$K_滑=F_r/F_s=4547.7/504.5=9.01$$

倾覆力 $\qquad M_s=28010.6\text{kN}\cdot\text{m}$

抗倾覆力为基础自重产生的力矩。

抗倾覆力 $\quad M_r=(N+G)b/2=15158.9\times16.5/2=125061.3(\text{kN}\cdot\text{m})$

$$K_倾=M_r/M_s=125061.3/28010.6=4.46$$

2. 极端工况基础稳定计算

滑动力 $F_s=962.0\text{kN}$。

考虑到基础水平变形很小，基础侧面土不能形成被动土压力，故抗滑力只计基底摩擦力。

抗滑力 $\qquad F_r=(N+G)u=15158.9\times0.300=4547.7(\text{kN})$

$$K_滑=F_r/F_s=4547.7/962.0=4.73$$

倾覆力 $\qquad M_s=58454.8\text{kN}\cdot\text{m}$

抗倾覆力为基础自重产生的力矩。

抗倾覆力 $\quad M_r=(N+G)b/2=15158.9\times16.5/2=125061.3(\text{kN}\cdot\text{m})$

$$K_倾=M_r/M_s=125061.3/58454.8=2.14$$

3. 多遇地震工况基础稳定计算

滑动力 $F_s=641.9\text{kN}$。

考虑到基础水平变形很小，基础侧面土不能形成被动土压力，故抗滑力只计基底摩擦力。

抗滑力 $\qquad F_r=(N+G)u=15158.9\times0.300=4547.7(\text{kN})$

$$K_滑=F_r/F_s=4547.7/641.9=7.09$$

倾覆力 $\qquad M_s=28477.6\text{kN}\cdot\text{m}$

抗倾覆力为基础自重产生的力矩。

抗倾覆力 $\quad M_r=(N+G)b/2=15158.9\times16.5/2=125061.3(\text{kN}\cdot\text{m})$

$$K_倾=M_r/M_s=125061.3/28477.6=4.39$$

4. 罕遇地震工况基础稳定计算

滑动力 $F_s=1363.0\text{kN}$。

考虑到基础水平变形很小，基础侧面土不能形成被动土压力，故抗滑力只计基底摩擦力。

抗滑力 $\qquad F_r=(N+G)u=15158.9\times0.300=4547.7(\text{kN})$

$$K_滑=F_r/F_s=4547.7/1363.0=3.34$$

倾覆力 $\qquad M_s=30929.5\text{kN}\cdot\text{m}$

抗倾覆力为基础自重产生的力矩。

抗倾覆力 $\quad M_r=(N+G)b/2=15158.9\times16.5/2=125061.3(\text{kN}\cdot\text{m})$

$$K_{倾} = M_r / M_s = 125061.3/30929.5 = 4.04$$

5. 基础稳定计算结论

本项目各工况下基础稳定计算成果见表 A-13。

表 A-13 各工况下基础稳定计算成果

工 况		抗滑稳定系数	抗倾稳定系数
正常运行工况	计算值	9.01	4.46
	校验值	满足	满足
极端工况	计算值	4.73	2.14
	校验值	满足	满足
多遇地震工况	计算值	7.09	4.39
	校验值	满足	满足
罕遇地震工况	计算值	3.34	4.04
	校验值	满足	满足

A.8 计算结论

1. 基础结构设计概述

本项目风力发电机组基础为扩展基础，基础平面形式为圆形，直径 16.50m，基础埋深 3.30m。基础剖面形式为台阶式，基础底板最小厚度 1.00m，最大厚度 1.90m，台阶直径 6.40m，台阶高度 1.20m。单个基础混凝土总量为 351.11m³。

机组单机容量 1.50MW，轮毂高度 65.0m，基础设计级别为 2 级，基础结构安全等级为 2 级。本项目荷载修正安全系数为 1.35，结构重要性系数为 1.00。

2. 地基承载力计算结论

本项目基础埋深 3.30m，基底落于第 3 层粉土层上，该层修正前地基承载力特征值为 200kPa，修正后地基承载力特征值为 281kPa，各工况计算结论见表 A-14。

表 A-14 各工况地基承载力计算结论

工 况		最大应力/kPa	最小应力/kPa	平均应力/kPa	基底脱开面积/%
正常运行工况	计算值	145.6	18.5	82.1	0.0
	校验值	满足	满足	满足	满足
极端工况	计算值	227.7	0.0	113.8	19.7
	校验值	满足	满足	满足	满足
多遇地震工况	计算值	147.0	17.9	82.4	0.0
	校验值	满足	满足	满足	满足

3. 基础变形计算结论

本项目风力发电机组基础采用扩展基础，其地基土为低压缩性土，基础允许最大沉降为 100mm，允许最大倾斜率为 0.005，各工况计算结论见表 A-15。

表 A-15　各工况基础变形计算结论

工况		最大沉降/mm	最小沉降/mm	最大倾斜
正常运行工况	计算值	9.7	4.7	0.0003
	校验值	满足	满足	满足
极端工况	计算值	12.8	3.1	0.0006
	校验值	满足	满足	满足
多遇地震工况	计算值	9.8	4.7	0.0003
	校验值	满足	满足	满足

4. 基础稳定计算结论

根据《风电机组地基基础设计规定》的规定，除罕遇地震工况外，抗滑稳定安全系数 $K_{滑} \geqslant 1.3$，罕遇地震工况 $K_{滑} \geqslant 1.0$。除罕遇地震工况外，抗倾稳定安全系数 $K_{倾} \geqslant 1.6$，罕遇地震工况 $K_{倾} \geqslant 1.0$。本项目各工况基础稳定计算结论见表 A-16。

表 A-16　各工况基础稳定计算结论

工况		抗滑稳定系数	抗倾稳定系数
正常运行工况	计算值	9.01	4.46
	校验值	满足	满足
极端工况	计算值	4.73	2.14
	校验值	满足	满足
多遇地震工况	计算值	7.09	4.39
	校验值	满足	满足
罕遇地震工况	计算值	3.34	4.04
	校验值	满足	满足

附录B　桩基础工程实例

本附录为某沿海滩涂风电场风力发电机组桩基础实例。

B.1　工程概况

1. 项目概况

本项目位于我国东部沿海滩涂地区，风电场共安装 134 台 1.5MW 风力发电机组，总装机容量 201MW，风力发电机组单机容量 1.5MW 机组，转轮直径 77m，轮毂高度 61.5m。本风电场属 IEC Ⅲ 类风场。

2. 基础形式

桩基础平面和剖面图如图 B-1、图 B-2 所示。

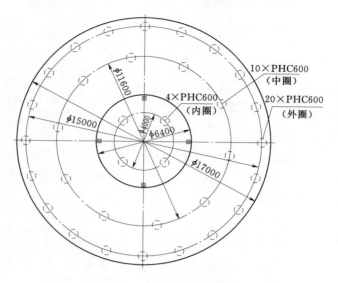

图 B-1　桩基础平面图

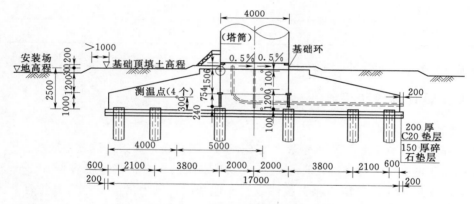

图 B-2　桩基础剖面图（单位：mm）

3. 地质资料

本工程由上至下共可分为 9 个地质层，各层土物理力学性能见表 B-1。

表 B-1　各层土物理力学性能

层号	土层名	层顶高程 /m	桩侧阻力 /kPa	桩端阻力 /kPa	抗拔系数
1	素填土	1.50	0	0	0.00
2-1	淤泥质粉质黏土	−0.10	5	0	0.75
2-1	夹粉土	−2.20	12	0	0.65
2-1	淤泥质粉质黏土	−5.70	5	0	0.75
2-2	淤泥质粉质黏土夹粉土	−8.10	7	0	0.70
2-4	淤泥质黏土	−14.50	10	0	0.70

层号	土层名	层顶高程/m	桩侧阻力/kPa	桩端阻力/kPa	抗拔系数
3-2	粉土	−20.10	35	1800	0.60
4-1	粉砂夹粉土	−21.70	40	2500	0.50
4-2	粉细砂	−26.70	42	3000	0.50

注：桩侧阻力、桩端阻力均指极限标准值。

桩侧土的水平抗力系数 $m=0.80 \text{MN/m}^4$，承台侧土的水平抗力系数 $m=0.50 \text{MN/m}^4$，基底持力层土的竖向抗力系数 $m=1.20 \text{MN/m}^4$，基底土的摩擦系数 $u=0.00$，基础底高程为 3.00m，设计基本地震加速度值 $a=0.05g$。

4. 荷载资料

风力发电机组荷载（未计入荷载安全系数）见表 B-2。

表 B-2　风力发电机组荷载

工　况	水平力/kN	竖向力/kN	弯矩/(kN·m)
正常运行工况	231	1572	14009
极端工况	597	2107	27673

机舱和转轮自重 96kN，塔架自重 90kN。

B.2　基础设计等级和系数

B.2.1　基础设计级别

本工程单机容量 1.50MW，轮毂高度 61.5m，属复杂地质条件或软土地基。

根据《风电机组地基基础设计规定》第 5.0.1 条的规定，当单机容量大于 1.5MW，或轮毂高度大于 80m，或复杂地质条件或软土地基时，风力发电机组基础设计级别为 1 级；而当单机容量小于 0.75MW、轮毂高度小于 60m，且位于地质条件简单的岩土地基时，风力发电机组基础设计级别为 3 级；除这两种情况外，介于 1、3 之间的基础均为 2 级。

根据《风电机组地基基础设计规定》判断，本工程风力发电机组基础设计级别为 1 级。

B.2.2　基础结构安全等级

根据《风电机组地基基础设计规定》第 5.0.5 条的规定，按照风电场工程的重要性和基础破坏后果（如危及人的生命安全、造成经济损失和产生社会影响）的严重性，风力发电机组基础结构安全等级划分为两个等级。对于基础破坏后果"很严重"的重要的基础，结构安全等级为 1 级，对于基础破坏后果"严重"的一般基础，结构安全等级为 2 级。根据其条文说明，一般的对应于基础设计级别为 1 级的基础，其结构安全等级为 1 级，对应于基础设计级别为 2、3 级的基础，其结构安全等级为 2 级。

本工程风力发电机组基础设计级别为 1 级，相应的基础结构安全等级为 1 级。

B. 2. 3 有关系数

1. 荷载修正安全系数

根据《风电机组地基基础设计规定》第5.0.7条的规定，鉴于风力发电机组主要荷载——风荷载的随机性较大，且不易模拟，在与地基承载力、基础稳定性有关的计算中，上部结构传至塔筒底部与基础环交界面的荷载应采用经荷载修正安全系数 k_0 修正后的荷载修正标准值。

根据《风电机组地基基础设计规定》的规定，荷载修正安全系数 $k_0 = 1.35$。

2. 结构重要性系数

根据《风电机组地基基础设计规定》第7.3.1条的规定，基础结构安全等级为1级的基础，结构重要性系数为1.1；基础结构安全等级为2级的基础，结构重要性系数为1.0。

本工程基础安全等级为1级，相应的结构重要性系数 $\gamma_0 = 1.10$。

3. 荷载分项系数

根据《风电机组地基基础设计规定》第7.3.2条的规定，当荷载效应对结构不利时，永久荷载分项系数为1.2，可变荷载分项系数为1.5；当荷载效应对结构有利时，永久荷载分项系数为1.0，可变荷载分项系数为0。

B. 3 地质资料

本工程由上至下共可分为9个地质层，各层土和桩基参数见表B-1。

B. 4 荷载计算

B. 4. 1 风力发电机组荷载计算

根据《风电机组地基基础设计规定》的规定，风力发电机组荷载需考虑正常运行和极端两种工况，并且对于水平力和弯矩，应利用两个方向（x、y 向）的合力来计算。

1. 风力发电机组荷载（未计入荷载安全系数，至基础环顶）

本项目未计入荷载安全系数前的正常运行工况和极端工况机组荷载（标准值）见表B-2。

2. 风力发电机组荷载（计入荷载安全系数，到基础环顶）

根据《风电机组地基基础设计规定》第5.0.7条的规定，鉴于风力发电机组主要荷载——风荷载的随机性较大，且不易模拟，在与地基承载力、基础稳定性有关的计算中，上部结构传至塔筒底部与基础环交界面的荷载应采用经荷载修正安全系数（k_0）修正后的荷载修正标准值。但竖向力主要以自重为主，故竖向力不再计荷载修正安全系数。即

$$F_{rk} = F_{rk0} k_0$$
$$F_{zk} = F_{zk0}$$
$$M_{rk} = M_{rk0} k_0$$

本项目荷载修正安全系数 k_0 取1.35。

本项目计入荷载安全系数后的正常运行工况和极端工况机组荷载（标准值）见表B-3。

表 B-3　计入荷载安全系数的机组荷载

工　况	水平力/kN	竖向力/kN	弯矩/(kN·m)
正常运行工况	311	1572	18912
极端工况	806	2107	37358

3. 风力发电机组荷载（计入荷载安全系数，到基础底）

上述荷载是指到基础环顶的，计算基础稳定、承载力和变形时，需计算到基础底。基础环顶至基础底的距离为

$$h_d = 0.40 + 0.30 + 1.20 + 1.00 = 2.90(\text{m})$$

本项目计入荷载安全系数后且作用至基础底的正常运行工况和极端工况机组荷载（标准值）见表 B-4。

表 B-4　计入荷载安全系数且作用至基础底的机组荷载

工　况	水平力/kN	竖向力/kN	弯矩/(kN·m)
正常运行工况	311	1572	19815
极端工况	806	2107	39695

B.4.2　基础及土的自重计算

1. 基础体积计算

本项目基础为圆形基础，基础尺寸见表 B-5。

表 B-5　基　础　尺　寸

基础直径	$D=17.0\text{m}$	斜高	$H_3=1.2\text{m}$
埋深	$H=2.5\text{m}$	底板端部厚	$H_4=1.0\text{m}$
圆台高	$H_2=0.3\text{m}$	圆台（或基础环）直径	$D_1=6.4\text{m}$

底板体积为

$$V_1 = \pi \times 17.0 \times 17.0 \times 1.0/4 = 227.0(\text{m}^3)$$

棱台体积为

$$A_1 = \pi \times 17.0 \times 17.0/4 = 227.0(\text{m}^2)$$
$$A_2 = \pi \times 6.4 \times 6.4/4 = 32.2(\text{m}^2)$$
$$V_2 = [A_1 + A_2 + (A_1 A_2)^{1/2}]h/3 = [227.0 + 32.2 + (227.0 \times 32.2)^{1/2}] \times 1.2/3 = 137.8(\text{m}^3)$$

圆台体积为

$$V_3 = \pi \times 6.4 \times 6.4 \times 0.3/4 = 9.7(\text{m}^3)$$

基础总体积为

$$V_{\text{基础}} = V_1 + V_2 + V_3 = 227.0 + 137.8 + 9.7 = 374.5(\text{m}^3)$$

2. 基础上覆土体积计算

　　基础上覆土体积＝地面以下总体积＋基础露出地面的体积－基础体积

地面以下总体积为

$$V_1 = \pi \times 17.0 \times 17.0 \times 2.5/4 = 567.5(\text{m}^3)$$

基础露出地面的高度为

$$d_0 = 0.3 + 1.2 + 1.0 - 2.5 = 0.0 (\text{m})$$

基础露出地面的体积为

$$V_2 = \pi \times 6.4 \times 6.4 \times 0.0/4 = 0.0 (\text{m}^3)$$

基础上覆土体积为

$$V_{\pm} = V_1 + V_2 - V_{基础} = 567.5 + 0.0 - 374.5 = 193.0 (\text{m}^3)$$

3. 基础和上覆土的自重（不计地下水位时）

基础钢筋混凝土的容重取 25kN/m^3，上覆土的自然容重取 18.0kN/m^3。

基础自重为

$$G_1 = 374.5 \times 25.0 = 9362 (\text{kN})$$

上覆土自重为

$$G_2 = 193.0 \times 18.0 = 3474 (\text{kN})$$

基础＋上覆土自重为

$$G_{重} = G_1 + G_2 = 9362 + 3474 = 12836 (\text{kN})$$

4. 地下水的浮力计算

当地下水位高于基础底面时，基础将受地下水浮力的作用，地下水浮力对基础的稳定是不利的，基础和上覆土的自重应计入地下水浮力的作用。

本工程地下水位为 -0.50m（相对于地面，向下为负）。

地下水浮力为

$$F_{浮} = \pi \times 17.0 \times 17.0 \times (2.5 - 0.5) \times 9.8/4 = 4449 (\text{kN})$$

5. 基础和上覆土的自重（计入地下水位）

不计地下水位时基础和上覆土的自重为 12836kN，地下水浮力为 4449kN。

计入地下水位时基础和上覆土的自重为

$$G = G_{重} - F_{浮} = 12836 - 4449 = 8387 (\text{kN})$$

B.4.3 地震荷载计算

根据《风电机组地基基础设计规定》的规定，地震荷载需考虑多遇地震和罕遇地震两种工况，对两种工况分别计算地震力，对多遇地震工况需进行稳定、承载力、变形计算，而罕遇地震工况仅对稳定进行验算。

以下地震力均依据《建筑抗震设计规范》进行计算，地震力的计算方法采用底部剪力法。

本工程设计基本地震加速度 $a = 0.05g$。

1. 多遇地震工况下的地震力

（1）水平地震力。根据《建筑抗震设计规范》的 5.2.1 条，底部剪力法水平地震力计算公式为

$$F_{Ek} = \alpha_1 G_{eq}$$

式中　F_{Ek}——水平地震力；

　　　α_1——水平地震影响系数；

　　　G_{eq}——结构等效总重力荷载。

根据《建筑抗震设计规范》的 5.1.4 条，当基本地震加速度 $\alpha = 0.05g$ 时，多遇地震工况下水平地震影响系数 $\alpha_1 = 0.04$。

为方便计算，将风力发电机组简化为两质点模型进行地震力分析，即机舱和塔架，机舱（包括转轮）的重心在轮毂高度处，塔架的重心在塔架中心点。本项目机舱（包括转轮）自重 96kN，塔架自重 90kN，风力发电机组总重量 186kN。

根据《建筑抗震设计规范》的 5.2.1 条，多质点模型时 G_{eq} 取多质点总重量的 85%。因此：

$$G_{eq} = 0.85 \times (96 + 90) = 158(\text{kN})$$
$$F_{Ek} = \alpha_1 G_{eq} = 0.04 \times 158 = 6(\text{kN})$$

（2）竖向地震力。根据《建筑抗震设计规范》的 5.3.1 条，竖向地震力计算公式为

$$F_{Evk} = \alpha_{vmax} G_{eq}$$

式中　F_{Evk}——竖向地震力；

α_{vmax}——竖向地震影响系数；

G_{eq}——结构等效总重力荷载。

根据《建筑抗震设计规范》的 5.3.1 条，竖向地震影响系数 α_{vmax} 可取水平地震影响系数的 65%，则为

$$a_{vmax} = 0.65\alpha_1 = 0.03$$

根据《建筑抗震设计规范》的 5.3.1 条，多质点模型计算竖向地震力时 G_{eq} 取多质点总重量的 75%。因此：

$$G_{eq} = 0.75 \times (96 + 90) = 140(\text{kN})$$
$$F_{Evk} = \alpha_{vmax} G_{eq} = 0.03 \times 140 = 4(\text{kN})$$

（3）地震力产生的弯矩。地震力产生的弯矩由水平地震力引起，水平地震力的作用位置在基础环顶，荷载作用高度 $h_d = 2.90\text{m}$。

水平地震力引起的弯矩为

$$M_{Ek} = h_d F_{Ek} = 2.90 \times 6 = 17(\text{kN} \cdot \text{m})$$

2. 罕遇地震工况下的地震力

（1）水平地震力。根据《建筑抗震设计规范》的 5.2.1 条，底部剪力法水平地震力计算公式为

$$F_{Ek} = \alpha_1 G_{eq}$$

式中　F_{Ek}——水平地震力；

α_1——水平地震影响系数；

G_{eq}——结构等效总重力荷载。

根据《建筑抗震设计规范》的 5.1.4 条，当基本地震加速度 $\alpha = 0.05g$ 时，罕遇地震工况下水平地震影响系数 $\alpha_1 = 0.00$。

为方便计算，将风力发电机组简化为两质点模型进行地震力分析，即机舱和塔架，机舱（包括转轮）的重心在轮毂高度处，塔架的重心在塔架中心点。本项目机舱（包括转轮）自重 96t，塔架自重 90t，风力发电机组总重量 186t。

根据《建筑抗震设计规范》的 5.2.1 条，多质点模型时 G_{eq} 取多质点总重量的 85%。

因此：

$$G_{eq}=0.85\times(96+90)=158(kN)$$

$$F_{Ek}=\alpha_1 G_{eq}=0.00\times158=0(kN)$$

（2）竖向地震力。根据《建筑抗震设计规范》的 5.3.1 条，竖向地震力计算公式为

$$F_{Evk}=\alpha_{vmax}G_{eq}$$

式中　F_{Evk}——竖向地震力；

　　　α_{vmax}——竖向地震影响系数；

　　　G_{eq}——结构等效总重力荷载。

根据《建筑抗震设计规范》的 5.3.1 条，竖向地震影响系数 α_{vmax} 可取水平地震影响系数的 65%，则为

$$a_{vmax}=0.65\alpha_1=0.00$$

根据《建筑抗震设计规范》的 5.3.1 条，多质点模型计算竖向地震力时 G_{eq} 取多质点总重量的 75%。因此：

$$G_{eq}=0.75\times(96+90)=140(kN)$$

$$F_{Evk}=\alpha_{vmax}G_{eq}=0.00\times140=0(kN)$$

（3）地震力产生的弯矩。地震力产生的弯矩由水平地震力引起，水平地震力的作用位置在基础环顶，荷载作用高度 $h_d=2.90m$。

水平地震力引起的弯矩为

$$M_{Ek}=h_d F_{Ek}=2.90\times0=0(kN\cdot m)$$

设计基本地震加速度 $\alpha=0.05g$ 时可不进行罕遇地震验算。

B.4.4　附加荷载计算

本项目无任何附加荷载。

B.4.5　荷载组合

根据《风电机组地基基础设计规定》第 7.2.1 条的规定，风力发电机组基础设计的荷载组合包括正常运行工况、极端工况、多遇地震工况、罕遇地震工况、疲劳荷载等。其中多遇地震工况、罕遇地震工况时，仅与机组荷载的正常运行工况组合，不与极端工况组合。基础及上覆土自重均计入上述各竖向力。

根据《风电机组地基基础设计规定》第 7.2.2 条的规定，按地基承载力确定扩展基础底面积及埋深或按单桩承载力确定桩基础桩数时，荷载效应应采用标准组合，且上部结构传至塔筒底部与基础环交界面的荷载标准值应修正为荷载修正标准值（即计入荷载安全系数）。

根据《风电机组地基基础设计规定》第 7.2.3 条的规定，计算基础（桩）内力、确定配筋和验算材料强度时，荷载效应应采用基本组合，上部结构传至塔筒底部与基础环交界面的荷载设计值由荷载标准值乘以相应的荷载分项系数（即计入荷载分项系数，但不计入荷载安全系数）。

根据《风电机组地基基础设计规定》第 7.2.4 条的规定，基础抗倾覆和抗滑稳定的荷

载效应应采用基本组合，但其分项系数均为 1.0，且上部结构传至塔筒底部与基础环交界面的荷载标准值应修正为荷载修正标准值（即计入荷载安全系数）。

根据《风电机组地基基础设计规定》第 7.2.5 条的规定，验算地基变形、基础裂缝宽度和基础疲劳强度时，荷载效应应采用标准组合，上部结构传至塔筒底部与基础环交界面的荷载直接采用荷载标准值（即不计入荷载分项系数，也不计入荷载安全系数）。

根据《风电机组地基基础设计规定》第 7.2.6 条的规定，多遇地震工况地基承载力验算时，荷载效应应采用标准组合；截面抗震验算时，荷载效应应采用基本组合，多遇地震工况进行截面抗震验算时，水平地震力分项系数为 1.3，竖向地震力分项系数为 0.5。

根据《风电机组地基基础设计规定》第 7.2.7 条的规定，罕遇地震工况下，抗滑和抗倾稳定验算的荷载效应应采用偶然组合。

根据《风电机组地基基础设计规定》第 7.3.1 条的规定，所有工况下均计入结构重要性系数，本项目结构重要性系数 $\gamma_0 = 1.10$，以下各项荷载均已计入结构重要性系数。

1. 荷载标准组合一

荷载标准组合一用于验算地基变形、基础裂缝宽度和基础疲劳强度，不计入荷载分项系数，也不计入荷载安全系数，见表 B-6。

表 B-6　荷　载　组　合　一

工　况	水平力/kN	竖向力/kN	弯矩/(kN・m)
正常运行工况	254	10955	16146
极端工况	657	11543	32344
多遇地震工况	261	10959	16166
罕遇地震工况	254	10955	16146

2. 荷载标准组合二

荷载标准组合二用于确定扩展基础底面积及埋深或按单桩承载力确定桩基础桩数，也用于计算基础抗倾覆和抗滑稳定，不计入荷载分项系数，但计入荷载安全系数（只对风力发电机组水平力和弯矩计安全系数），见表 B-7。

表 B-7　荷　载　组　合　二

工　况	水平力/kN	竖向力/kN	弯矩/(kN・m)
正常运行工况	342	10955	21797
极端工况	887	11543	43665
多遇地震工况	349	10959	21817
罕遇地震工况	342	10955	21797

3. 荷载基本组合

荷载基本组合值用于计算基础（桩）内力、确定配筋和验算材料强度，计入荷载分项系数，但不计入荷载安全系数，见表 B-8。

表 B-8 荷载基本组合

工 况	水平力/kN	竖向力/kN	弯矩/(kN·m)
正常运行工况	380	13146	24218
极端工况	985	13852	48517
多遇地震工况	390	13148	24245

B.5 桩基承载力和变形计算

B.5.1 单桩承载力计算

1. 单桩抗压和抗拉承载力计算

根据《风电机组地基基础设计规定》第 9.3.8 条的规定，单桩承载力由各层土的侧阻力和端阻力之和计算得来，单桩承载力计算时采用极限标准值，由承载力确定桩数时采用特征值，极限标准值与特征值的换算关系为特征值＝极限标准值/安全系数 K，$K＝2$。以下单桩承载力计算方法和公式来自《建筑桩基技术规范》。

根据《建筑桩基技术规范》的第 5.3.5 条，闭口桩单桩抗压承载力计算公式为

$$R_a = q_p A_p + u_p \sum q_{si} l_i$$

根据《建筑桩基技术规范》的第 5.3.8 条，开口桩单桩抗压承载力计算公式为

$$R_a = q_p (A_j + \lambda_p A_{p1}) + u_p \sum q_{si} l_i$$

单桩抗拔承载力计算公式为

$$R_{ua} = u_p \sum \lambda_i q_{si} l_i$$

本项目基础底高程为 3.00m，桩长为 30.00m，桩进入承台 0.10m，则桩底高程为 −26.90m。

单桩承载力计算结果见表 B-9。

表 B-9 单桩承载力计算结果

层号	土层名	层厚/m	侧阻/kPa	抗拔系数	该层侧阻/kN
1	素填土	3.09	0	0.00	0.00
2-1	淤泥质粉质黏土	2.10	5	0.75	19.79
2-1	夹粉土	3.50	12	0.65	79.17
2-1	淤泥质粉质黏土	2.40	5	0.75	22.62
2-2	淤泥质粉质黏土夹粉土	6.40	7	0.70	84.45
2-4	淤泥质黏土	5.60	10	0.70	105.56
3-2	粉土	1.60	35	0.60	105.56
4-1	粉砂夹粉土	5.00	40	0.50	376.99
4-2	粉细砂	0.21	42	0.50	16.63

总侧阻 $Q_s＝810.8$kN，持力层端阻系数为 3000kPa，桩端净面积为 0.192m²，桩端敞口面积为 0.091m²，桩端进入持力层长度为 0.21m，桩端土塞效应系数为 0.06，总端阻 $Q_p＝591.1$kN，单桩抗压承载力（极限标准值）$Q_{uk}＝1401.9$kN，单桩抗拉承载力（极限

标准值）$T_{uk}=476.4kN$，单桩抗压承载力（特征值）$R_a=700.9kN$，单桩抗拉承载力（特征值）$R_{ua}=238.2kN$。

2. 单桩水平承载力计算

根据《风电机组地基基础设计规定》第9.3.13条的规定，对于钢筋混凝土预制桩、桩身全截面配筋率不小于0.65%的灌注桩，单桩水平承载力特征值为

$$R_{ha}=0.75(\alpha^3 EI/\nu_x)x_{0a}$$

（1）桩身抗弯刚度、轴向刚度计算。桩的抗弯刚度EI：

根据《风电机组地基基础设计规定》第9.3.13条规定，对于钢筋混凝土桩，则

$$EI=0.85E_c I_0$$

本项目采用管桩，桩身弹性模量$E_c=38000MPa$，桩外径为0.60m，桩内径为0.34m，$I_0=0.0057m^4$。

$$EI=0.85E_c I_0=0.85\times38000000\times0.0057=184296(kN\cdot m^2)$$

桩的轴向刚度EA：

桩身弹性模量$E_c=38000MPa$，桩外径为0.60m，桩内径为0.34m，$A_0=0.1920m^2$。

$$EA=E_c A_0=38000000\times0.1920=7294151(kN)$$

（2）桩的水平变形系数计算。根据《风电机组地基基础设计规定》第9.3.16条的规定，桩的水平变形系数α的计算公式为

$$\alpha=(mb_0/EI)^{1/5}$$

桩侧土的水平抗力系数$m=0.80MN/m^4$，桩身抗弯刚度$EI=184296kN\cdot m^2$。

根据《风电机组地基基础设计规定》第9.3.16条规定，当桩身外径d不大于1m时，桩身计算宽度取$0.9(1.5d+0.5)$，当d大于1m时，桩身计算宽度取$0.9(d+1)$。

本项目桩身外径$d=0.60m$，桩身计算宽度为

$$b_0=0.9\times(1.5\times0.60+0.5)=1.26(m)$$

$$\alpha=(mb_0/EI)^{1/5}=(800\times1.26/184296)^{1/5}=0.3528(1/m)$$

（3）桩顶水平位移系数。桩的换算埋深$\alpha h=0.3528\times30.0=10.59$。

本项目桩顶与承台固结，查《风电机组地基基础设计规定》表9.3.13，桩顶水平位移系数$\nu_x=0.9400$。

（4）桩的允许水平位移。根据《风电机组地基基础设计规定》第9.3.13条的规定，桩顶允许水平位移一般为10mm，但对于水平位移敏感的建筑物取6mm。

本项目桩顶允许位移取$x_{0a}=6.0mm$。

（5）单桩水平承载力特征值。

$$R_{ha}=0.75(\alpha^3 EI/\nu_x)x_{0a}$$
$$=0.75\times(0.3528^3\times184296/0.9400)\times0.0060$$
$$=38.8(kN)$$

B.5.2 正常运行工况桩基、土、承台的整体结构计算

与极端工况的计算方法一样。

B.5.3 极端工况桩基、土、承台的整体结构计算

考虑承台、基桩协同作用和土的弹性抗力作用计算受水平荷载的桩基（m法）计算。

以下计算方法及公式来自《风电机组地基基础设计规定》附录 L。

1. 基本参数计算

（1）桩侧土的水平抗力比例系数。桩侧土的水平抗力比例系数 $m=800\mathrm{kN/m^4}$。

（2）承台侧土的水平抗力系数。承台侧土的水平抗力比例系数 $m=500\mathrm{kN/m^4}$，承台埋深 $h_\mathrm{n}=2.5\mathrm{m}$，承台侧土的水平抗力系数为

$$C_\mathrm{n}=mh_\mathrm{n}=500\times2.5=1250(\mathrm{kN/m^3})$$

本项目不计入承台侧土的水平抗力，即 $C_\mathrm{n}=0$。

（3）桩底面土竖向抗力系数。桩底面土竖向抗力比例系数 $m=1200\mathrm{kN/m^4}$，桩的入土深度 $h=30.0\mathrm{m}$，桩底面土竖向抗力系数为

$$C_0=mh=1200\times30.0=36000(\mathrm{kN/m^3})$$

（4）承台底面土竖向抗力系数。承台底面土竖向抗力比例系数（近似与水平抗力比例系数同）$m=500\mathrm{kN/m^4}$，承台埋深 $h_\mathrm{n}=2.5\mathrm{m}$，承台底面土竖向抗力系数为

$$C_\mathrm{b}=mh_\mathrm{n}=500\times2.5=1250(\mathrm{kN/m^3})$$

本项目不计入承台底面土的竖向抗力，即 $C_\mathrm{b}=0$。

（5）桩身抗弯刚度。

$$EI=184296\mathrm{kN\cdot m^2}$$

（6）桩身轴向压力传布系数。桩身轴向压力传布系数在 $0.5\sim1.0$ 之间，摩擦型桩取小值，端承型桩取大值。本项目单桩承载力 $R_\mathrm{a}=700.9\mathrm{kN}$，其中侧阻力 $Q_\mathrm{s}=810.8\mathrm{kN}$，其中端阻力 $Q_\mathrm{p}=591.1\mathrm{kN}$，端阻力占总承载力的 42.2%。

经插值，桩身轴向压力传布系数 $\xi_\mathrm{N}=0.711$。

（7）全部桩的 $\sum k_i x_i^2$ 计算。

$$\sum k_i x_i^2=795.37\mathrm{m^2}$$

（8）有关几何参数计算。

（a）桩身面积。

$$A=3.1416\times0.60\times0.60/4=0.2827(\mathrm{m^2})$$

（b）承台底面积。

$$F=3.1416\times17.00\times17.00/4=226.98(\mathrm{m^2})$$

（c）总桩数 $n=34$ 个。

（d）承台与土的接触面积。

$$A_\mathrm{b}=F-nA=226.98-34\times0.2827=217.37(\mathrm{m^2})$$

（e）平均桩间距。

$$S=(3.1416\times17.00^2/4/34)^{1/2}=2.58(\mathrm{m})$$

（f）承台底惯性矩。

$$I_\mathrm{F}=3.1416\times17.00^4/64=4099.83\mathrm{m^4}$$

（g）承台与土接触面惯性矩。

$$I_\mathrm{b}=I_\mathrm{F}-\sum A k_i x_i^2=4099.83-0.2827\times795.37=3874.94(\mathrm{m^4})$$

（h）承台侧面水平抗力系数 C 图形的面积。

$$F_\mathrm{c}=C_\mathrm{n}h_\mathrm{n}/2=0.00\times2.50/2=0.00(\mathrm{m^2})$$

(i) 承台侧面水平抗力系数 C 图形的面积矩。
$$S_c = C_n h_n^2/6 = 0.00 \times 2.50^2/6 = 0.00(m^3)$$

(j) 承台侧面水平抗力系数 C 图形的惯性矩。
$$I_c = C_n h_n^3/6 = 0.00 \times 2.50^3/12 = 0.00(m^4)$$

(9) 单桩桩底压力分布面积。根据《风电机组地基基础设计规定》附录 L，对于端承桩，A_0 为桩的底面积，对于摩擦型桩，A_0 为下列两式中的较小者：
$$A_{01} = \pi[h\tan(\psi_m/4) + d/2]^2$$
$$A_{02} = (\pi/4)S^2$$

本项目端阻力占总承载力的 84.3%，按摩擦桩考虑，按侧向摩擦角和桩间距确定的面积分别如下：
$$A_{01} = \pi[h\tan(\psi_m/4) + d/2]^2 = 16.136(m^2)$$
$$A_{02} = (\pi/4)S^2 = 5.243(m^2)$$

取上述两者的较小值，$A_0 = 5.243 m^2$。

2. 求单位力作用于桩顶时，桩顶产生的变位

(1) $H = 1$ 作用时，桩顶水平位移。计算公式来自《风电机组地基基础设计规定》附表 L.3.1-1 步骤 4，其中 $K_h = 0$。计算公式为
$$\delta_{HH} = (B_3D_4 - B_4D_3)/[\alpha^3 EI(A_3B_4 - A_4B_3)]$$

桩底换算深度为
$$h_p = \alpha h = 0.3528 \times 30.00 = 10.5855$$

查表 L.3.1-2 得 $B_3D_4 - B_4D_3 = 266.06101$，$A_3B_4 - A_4B_3 = 109.01200$，则
$$\delta_{MH} = (B_3D_4 - B_4D_3)/[\alpha^3 EI(A_3B_4 - A_4B_3)]$$
$$= 266.06101/(0.3528^3 \times 184296 \times 109.01200)$$
$$= 0.000302(m)$$

(2) $H = 1$ 作用时，桩顶转角。计算公式来自《风电机组地基基础设计规定》附表 L.3.1-1 步骤 4，其中 $K_h = 0$。计算公式为
$$\delta_{MH} = (A_3D_4 - A_4D_3)/[\alpha^2 EI(A_3B_4 - A_4B_3)]$$

查表 L.3.1-2 得 $A_3D_4 - A_4D_3 = 176.70599$，则
$$\delta_{MH} = (A_3D_4 - A_4D_3)/[\alpha^2 EI(A_3B_4 - A_4B_3)]$$
$$= 176.70599/(0.3528^2 \times 184296 \times 109.01200)$$
$$= 0.000071(rad)$$

(3) $M = 0$ 作用时，桩顶水平位移 $\delta_{HM} = \delta_{MH} = 0.000071(m)$。

(4) $M = 1$ 作用时，桩顶转角。计算公式来自《风电机组地基基础设计规定》附表 L.3.1-1 步骤 4，其中 $K_h = 0$。计算公式为
$$\delta_{MM} = (A_3C_4 - A_4C_3)/[\alpha EI(A_3B_4 - A_4B_3)]$$

查表 L.3.1-2 得 $A_3C_4 - A_4C_3 = 190.83400$，则
$$\delta_{MM} = (A_3C_4 - A_4C_3)/[\alpha EI(A_3B_4 - A_4B_3)]$$
$$= 190.83400/(0.3528 \times 184296 \times 109.01200)$$

$$=0.000027(\mathrm{rad})$$

3. 当承台发生单位变位时，在桩顶引起的内力

（1）发生单位竖向位移时产生的轴向力。计算公式来自《风电机组地基基础设计规定》附表 L.3.1-2 步骤 4。

$$
\begin{aligned}
\rho_{\mathrm{NN}} &= 1/[\xi_{\mathrm{N}}h/EA+1/(C_0A_0)] \\
&= 1/[0.711\times30.00/7294151+1/(36000.00\times5.243)] \\
&= 121634(\mathrm{kN})
\end{aligned}
$$

（2）发生单位水平位移时产生的水平力。计算公式来自《风电机组地基基础设计规定》附表 L.3.1-2 步骤 4。

$$
\begin{aligned}
\rho_{\mathrm{HH}} &= \delta_{\mathrm{MM}}/(\delta_{\mathrm{HH}}\delta_{\mathrm{MM}}-\delta_{\mathrm{MH}}{}^2) \\
&= 0.000027/(0.000302\times0.000027-0.000071^2) \\
&= 8616(\mathrm{kN})
\end{aligned}
$$

（3）发生单位水平位移时产生的弯矩。计算公式来自《风力发电机组地基基础设计规定》附表 L.3.1-2 步骤 4。

$$
\begin{aligned}
\rho_{\mathrm{MH}} &= \delta_{\mathrm{MH}}/(\delta_{\mathrm{HH}}\delta_{\mathrm{MM}}-\delta_{\mathrm{MH}}{}^2) \\
&= 0.000071/(0.000302\times0.000027-0.000071^2) \\
&= 22610(\mathrm{kN\cdot m})
\end{aligned}
$$

（4）发生单位转角时产生的水平力。计算公式来自《风力发电机组地基基础设计规定》附表 L.3.1-2 步骤 4。

$$\rho_{\mathrm{HM}}=22610(\mathrm{kN})$$

（5）发生单位转角时产生的弯矩。计算公式来自《风力发电机组地基基础设计规定》附表 L.3.1-2 步骤 4。

$$
\begin{aligned}
\rho_{\mathrm{MM}} &= \delta_{\mathrm{HH}}/(\delta_{\mathrm{HH}}\delta_{\mathrm{MM}}-\delta_{\mathrm{MH}}{}^2) \\
&= 0.000302/(0.000302\times0.000027-0.000071^2) \\
&= 96482(\mathrm{kN\cdot m})
\end{aligned}
$$

4. 求承台发生单位变位时，所有桩顶、承台和侧墙引起的反力和

（1）发生单位竖向位移时产生的轴向反力和。计算公式来自《风力发电机组地基基础设计规定》附表 L.3.1-2 步骤 5。

$$
\begin{aligned}
\gamma_{\mathrm{VV}} &= n\rho_{\mathrm{NN}}+C_{\mathrm{b}}A_{\mathrm{b}} \\
&= 34\times121634+0\times217.37 \\
&= 4135550(\mathrm{kN})
\end{aligned}
$$

（2）发生单位竖向位移时产生的水平反力和。计算公式来自《风力发电机组地基基础设计规定》附表 L.3.1-2 步骤 5。

$$\gamma_{\mathrm{UV}}=uC_{\mathrm{b}}A_{\mathrm{b}}=0.000\times0\times217.37=0(\mathrm{kN})$$

（3）发生单位水平位移时产生的水平反力和。计算公式来自《风电机组地基基础设计规定》附表 L.3.1-2 步骤 5。

$$
\gamma_{\mathrm{UU}}=n\rho_{\mathrm{HH}}+B_0F_{\mathrm{e}}
$$
$$
B_0=B+1=17.00+1.0=18.00(\mathrm{m})
$$

$$\gamma_{UU} = 34 \times 8616 + 18.00 \times 0.0 = 292940 \text{(kN)}$$

（4）发生单位水平位移时产生的反弯矩和。计算公式来自《风力发电机组地基基础设计规定》附表 L.3.1-2 步骤 5。

$$\gamma_{\beta U} = -n\rho_{MH} + B_0 S_c = -34 \times 22610 + 18.00 \times 0.0 = -768750 \text{(kN · m)}$$

（5）发生单位转角时产生的水平反力和。

$$\gamma_{U\beta} = -768750 \text{(kN)}$$

（6）发生单位转角时产生的反弯矩和。

$$\gamma_{\beta\beta} = n\rho_{MM} + \rho_{NN} \sum k_i x_i^2 + B_0 I_c + C_b I_b$$
$$= 34 \times 96482 + 121634 \times 795.37 + 18.00 \times 0 + 0 \times 3875$$
$$= 100024296 \text{(kN · m)}$$

5. 求承台位移

（1）竖向位移。

$$V = (N + G) / \gamma_{VV} = 11543 / 4135550 = 0.0028 \text{(m)}$$

（2）水平位移。

$$U = (\gamma_{\beta\beta} H - \gamma_{U\beta} M) / (\gamma_{UU} \gamma_{\beta\beta} - \gamma_{U\beta}^2) - (N + G)\gamma_{UV}\gamma_{\beta\beta} / [\gamma_{VV}(\gamma_{UU}\gamma_{\beta\beta} - \gamma_{U\beta}^2)]$$
$$= (100024296 \times 886.5 - (-768750) \times 43665) / (292940 \times 100024296 - 768750^2)$$
$$- 11543 \times 0 \times 100024296 / [4135550 \times (292940 \times 100024296 - 768750^2)]$$
$$= 0.0043 \text{(m)}$$

（3）转角。

$$\beta = (\gamma_{UU} M - \gamma_{U\beta} H) / (\gamma_{UU} \gamma_{\beta\beta} - \gamma_{U\beta}^2) - (N + G)\gamma_{UV}\gamma_{U\beta} / [\gamma_{VV}(\gamma_{UU}\gamma_{\beta\beta} - \gamma_{U\beta}^2)]$$
$$= (292940 \times 43665 - (-768750) \times 886.5) / (292940 \times 100024296 - 768750^2)$$
$$- 11543 \times 0 \times (-768750) / [4135550 \times (292940 \times 100024296 - 768750^2)]$$
$$= 0.0005 \text{(rad)}$$

6. 求桩顶内力

（1）最大、最小压力。

$$N_{0max} = (V + \beta x_{max})\rho_{NN}$$
$$= (0.002792 + 0.000470 \times 7.90) \times 121634$$
$$= 790.43 \text{(kN)}$$
$$N_{0min} = (V + \beta x_{min})\rho_{NN}$$
$$= [0.002792 + 0.000470 \times (-7.90)] \times 121634$$
$$= -111.41 \text{(kN)}$$

（2）水平力。

$$H_{0max} = U\rho_{HH} - \beta\rho_{HM}$$
$$= 0.004258 \times 8616 - 0.000470 \times 22610$$
$$= 26.07 \text{(kN)}$$

（3）弯矩。

$$M_{0max} = \beta\rho_{MM} - U\rho_{MH}$$
$$= 0.000470 \times 96482 - 0.004258 \times 22610$$

$$=-51.00(kN \cdot m)$$

（4）全部桩轴向力见表 B-10。

表 B-10 全部桩轴向力

桩 编 号	中心距 x_i/m	轴向力/kN
1-1	7.900	790.431
1-2	7.513	768.361
1-3	6.391	704.313
1-4	4.644	604.554
1-5	2.441	478.851
1-6	−0.000	339.508
1-7	−2.441	200.166
1-8	−4.644	74.463
1-9	−6.391	−25.296
1-10	−7.513	−89.345
1-11	−7.900	−111.414
1-12	−7.513	−89.345
1-13	−6.391	−25.296
1-14	−4.644	74.463
1-15	−2.441	200.166
1-16	0.000	339.508
1-17	2.441	478.851
1-18	4.644	604.554
1-19	6.391	704.313
1-20	7.513	768.361
2-1	5.700	664.858
2-2	4.611	602.721
2-3	1.761	440.047
2-4	−1.761	238.970
2-5	−4.611	76.295
2-6	−5.700	14.159
2-7	−4.611	76.295
2-8	−1.761	238.970
2-9	1.761	440.047
2-10	4.611	602.722
3-1	2.100	459.374
3-2	−0.000	339.508
3-3	−2.100	219.643
3-4	0.000	339.508

7. 求不同深度的桩身弯矩

计算公式来自《风电机组地基基础设计规定》附表 L.3.1-2 步骤 8。

$$M_y = \alpha^2 EI(UA_3 + \beta B_3/\alpha) + M_0 C_3/(\alpha^2 EI) + H_0 D_3/(\alpha^3 EI)$$

各参数值见表 B-11，计算结果见表 B-12。

表 B-11　各 计 算 参 数 值

深度/m	换算深度 αy	A3（查表）	B3（查表）	C3（查表）	D3（查表）
0.00	0.00	0.0000	0.0000	1.0000	0.0000
1.13	0.40	−0.0107	−0.0021	0.9997	0.4000
2.27	0.80	−0.0853	−0.0341	0.9918	0.7985
3.40	1.20	−0.2874	−0.1726	0.9378	1.1834
4.53	1.60	−0.6763	−0.5435	0.7359	1.5070
5.67	2.00	−1.2954	−1.3136	0.2068	1.6463
6.80	2.40	−2.1412	−2.6633	−0.9489	1.3520
7.94	2.80	−3.1034	−4.7175	−3.1079	0.1973
9.07	3.20	−3.6920	−7.4173	−6.9489	−2.8764
10.20	3.60	−3.4582	−9.9811	−11.8560	−7.6983
11.34	4.00	−1.6143	−11.7307	−17.9186	−15.0755

表 B-12　不同深度桩身弯矩计算结果

深度/m	换算深度 αy	桩身弯矩/(kN·m)
0.00	0.00	−51.00
1.13	0.40	−22.40
2.27	0.80	1.14
3.40	1.20	16.82
4.53	1.60	24.35
5.67	2.00	24.65
6.80	2.40	20.38
7.94	2.80	13.83
9.07	3.20	7.45
10.20	3.60	2.43
11.34	4.00	−0.02

桩身最大弯矩 $M_{max} = 51.00$kN，承台边缘最大竖向位移 $V_{max} = 0.00678$m。

B.5.4　多遇地震工况桩基、土、承台的整体结构计算

与极端工况计算方法一样。

B.5.5　桩基承载力计算结论

根据《风电机组地基基础设计规定》第 9.3.4 条的规定，最大桩压/拉力不应超过相应单桩承载力的 1.2 倍，即 $N_{max} \leqslant 1.2R_a$。而最大水平力不应超过相应单桩水平承载力，即 $H_{max} \leqslant R_{ha}$。

本项目各工况下承载力计算成果见表 B-13。

表 B-13　各工况承载力计算成果

工 况		最大桩压力/kN	最小桩压力/kN	桩水平力/kN	桩身弯矩/(kN·m)
正常运行工况	计算值	544.7	99.7	10.1	17.8
	校验值	满足	满足	满足	—
极端工况	计算值	790.4	−111.4	26.1	51.0
	校验值	满足	满足	满足	—
多遇地震工况	计算值	545.2	99.4	10.3	18.4
	校验值	满足	满足	满足	—

B.5.6　桩基变形计算结论

根据《风电机组地基基础设计规定》第 8.4.2 条的规定：轮毂高度小于 60m 时，最大允许沉降 300mm，允许倾斜 0.006；轮毂高度在 60～80m 时，最大允许沉降 200mm，允许倾斜 0.005；轮毂高度在 80～100m 时，最大允许沉降 150mm，允许倾斜 0.004；轮毂高度大于 100m 时，最大允许沉降 100mm，允许倾斜 0.003；而对于低、中压缩性黏性土、砂土，最大允许沉降为 100mm。本项目取最大沉降容许值 200mm，最大倾斜容许值 0.005。

本项目各工况下基础变形计算成果见表 B-14。

表 B-14　各工况基础变形计算成果

工 况		最大沉降/mm	水平位移/mm	最大倾斜
正常运行工况	计算值	4.6	1.8	0.0002
	校验值	满足	满足	满足
极端工况	计算值	6.8	4.3	0.0005
	校验值	满足	满足	满足
多遇地震工况	计算值	4.6	1.8	0.0002
	校验值	满足	满足	满足

B.6　计算结论

1. 基础结构设计概述

本项目风力发电机组基础为桩基础，基础平面形式为圆形，直径 17.00m，基础埋深 2.50m。基础剖面形式为台阶式，基础底板最小厚度 1.00m，最大厚度 2.20m，台阶直径 6.40m，台阶高度 0.30m。基础下共布置 3 排桩，由外向内第一排 20 根，第二排 10 根，第三排 4 根，总桩数 34 根。单个基础混凝土总量为 374.47m³。

风力发电机组单机容量 1.50MW，轮毂高度 61.5m，基础设计级别为 1 级，基础结构安全等级为 1 级。本项目荷载修正安全系数为 1.35，结构重要性系数为 1.10。

2. 桩基承载力计算结论

本项目基础桩长 30.00m，桩端落于第 4-2 层粉细砂层上，单桩抗压承载力特征值为 700.9kN，抗拉承载力特征值 238.2kN，水平承载力特征值 38.8kN。各工况计算结论见表 B-15。

表 B-15 各工况桩基承载力计算结论

工　况		最大桩压力/kN	最小桩压力/kN	桩水平力/kN	桩身弯矩/(kN·m)
正常运行工况	计算值	544.7	99.7	10.1	17.8
	校验值	满足	满足	满足	—
极端工况	计算值	790.4	−111.4	26.1	51.0
	校验值	满足	满足	满足	—
多遇地震工况	计算值	545.2	99.4	10.3	18.4
	校验值	满足	满足	满足	—

3. 桩基变形计算结论

本项目风力发电机组基础采用桩基础，其地基土为高压缩性土，基础允许最大沉降为 200mm，允许最大倾斜率为 0.005，各工况计算结论见表 B-16。

表 B-16 各工况桩基变形计算结论

工　况		最大沉降/mm	水平位移/mm	最大倾斜
正常运行工况	计算值	4.6	1.8	0.0002
	校验值	满足	满足	满足
极端工况	计算值	6.8	4.3	0.0005
	校验值	满足	满足	满足
多遇地震工况	计算值	4.6	1.8	0.0002
	校验值	满足	满足	满足

参 考 文 献

［1］ 王振宇，张彪，章子华，等．1.5MW风力机塔架-基础的动力特性研究［J］．能源工程，2011 (2)：29－36.

［2］ 熊礼俭．风力发电新技术与发电工程设计、运行、维护及标准规范实用手册［M］．北京：中国科技文化出版社，2005.

［3］ 风力发电机组规范［S］．北京：中国船级社，2008.

［4］ 牛山泉．风能技术［M］．刘薇，李岩，译．北京：科学出版社，2009.

［5］ 陈志华．钢结构原理［M］．武汉：华中科技大学出版社，2007.

［6］ 黄本才，汪丛军．结构抗风分析原理及应用［M］．2版．上海：同济大学出版社，2008.

［7］ 李本立，等．风力机结构动力学［M］．北京：北京航空航天大学出版社，1999.

［8］ 吴治坚，等．新能源和可再生能源的利用［M］．北京：机械工业出版社，2006.

［9］ Tony Burton，等．风能技术［M］．武鑫，等，译．北京：科学出版社，2007.

［10］ 王肇民．高耸结构设计手册［M］．北京：中国建筑工业出版社，2006.

［11］ 张相庭．工程结构风荷载理论和抗风计算手册［M］．上海：同济大学出版社，1990.

［12］ 李俊峰，施鹏飞，高虎．中国风电发展报告2010［M］．海口：海南出版社，2010.

［13］ GB 50135—2006 高耸结构设计规范［S］．北京：中国计划出版社，2007.

［14］ 宫靖远．风电场工程技术手册［M］．北京：机械工业出版社，2004.

［15］ 斯建龙，涂刚，沈凤亚，等．大型风力发电机组塔架顶端的水平位移的计算［J］．能源工程，2009 (2)：28－31.

［16］ 莫海鸿，杨小平．基础工程［M］．2版．北京：中国建筑工业出版社，2008.

［17］ 吴志钧．风电场建筑物地基基础［M］．北京：中国计划出版社，2009.

［18］ FD 003—2007 风电机组地基基础设计规定（试行）［S］．北京：中国水利水电出版社，2007.

［19］ 王明浩．2008年中国风电技术发展研究报告［M］．北京：中国水利水电出版社，2009.

［20］ 苏绍禹，苏刚．风力发电机组设计、制造及风电场设计、施工［M］．北京：机械工业出版社，2013.

［21］ 王明浩．中国风电场工程建设标准与成果汇编（2009年版）［M］．北京：中国水利水电出版社，2009.

［22］ 王伟，杨敏．海上风电机组地基基础设计理论与工程应用［M］．北京：中国建筑工业出版社，2014.

［23］ 于午铭．台风"杜鹃"的危害与思考//中国科协2004年学术年会电力分会场暨中国电机工程学会2004年学术年会论文集［C］．海南：2004，896－900.

［24］ 王民浩，陈观福．我国风力发电机组地基基础设计［J］．水力发电，2008，34 (11)：88－91.

［25］ 李娟．水平轴风力发电机组钢管塔架［D］．济南：山东大学，2009，5.

［26］ The International Association of Engineering Insurers // Engineering Insurance of Offshore Wind Turbines［C］．39th IMIA Annual Conference，Boston：2006.

［27］ GB 18306—2015. 中国地震动参数区划图［S］．北京：中国标准出版社，2016.

［28］ GB/T 18451.1—2012. 风力发电机组设计要求［S］．北京：中国标准出版社，2012.

［29］ GB 50007—2011. 建筑地基基础设计规范［S］．北京：中国计划出版社，2012.

［30］ GB 50009—2012. 建筑结构荷载规范［S］. 北京：中国建筑工业出版社，2012.

［31］ GB 50010—2010. 混凝土结构设计规范［S］. 北京：中国建筑工业出版社，2011.

［32］ GB 50011—2010. 建筑抗震设计规范［S］. 北京：中国建筑工业出版社，2010.

［33］ GB 50021—2001. 岩土工程勘察规范（2009 年版）［S］. 北京：中国建筑工业出版社，2009.

［34］ GB 50046—2008. 工业建筑防腐蚀设计规范［S］. 北京：中国计划出版社，2008.

［35］ GB 50153—2008. 工程结构可靠性设计统一标准［S］. 北京：中国计划出版社，2009.

［36］ GB 50223—2008. 建筑工程抗震设防分类标准［S］. 北京：中国建筑工业出版社，2008.

［37］ GB 50287—2006. 水力发电工程地质勘察规范［S］. 北京：中国计划出版社，2006.

［38］ GB/T 50146—2014. 粉煤灰混凝土应用技术规范［S］. 北京：中国计划出版社，2015.

［39］ FD 002—2007. 风电场工程等级划分及设计安全标准［S］. 北京：中国水利水电出版社，2007.

［40］ NB/T 35024—2014. 水工建筑物抗冰冻设计规范［S］. 北京：新华出版社，2014.

［41］ GB 50176—1993. 民用建筑热工设计规范［S］. 北京：中国标准出版社，1993.

［42］ JGJ 94—2008. 建筑桩基技术规范［S］. 北京：中国建筑工业出版社，2008.

［43］ JGJ 106—2014. 建筑基桩检测技术规范［S］. 北京：中国建筑工业出版社，2014.

编 委 会 办 公 室

主　　　　任　胡昌支　陈东明

副　主　任　王春学　李　莉

成　　　　员　殷海军　丁　琪　高丽霄　王　梅

　　　　　　　邹　昱　张秀娟　汤何美子　王　惠

本书编辑出版人员名单

总 责 任 编 辑　陈东明

副总责任编辑　王春学　马爱梅

责 任 编 辑　王　惠　李　莉

封 面 设 计　李　菲

版 式 设 计　杨文佳

责 任 校 对　张　莉　梁晓静

责 任 印 制　帅　丹　王　凌　孙长福